Fischer-Rizzi

BLÄTTER VON BÄUMEN

HEINRICH HUGENDUBEL VERLAG
IRISIANA

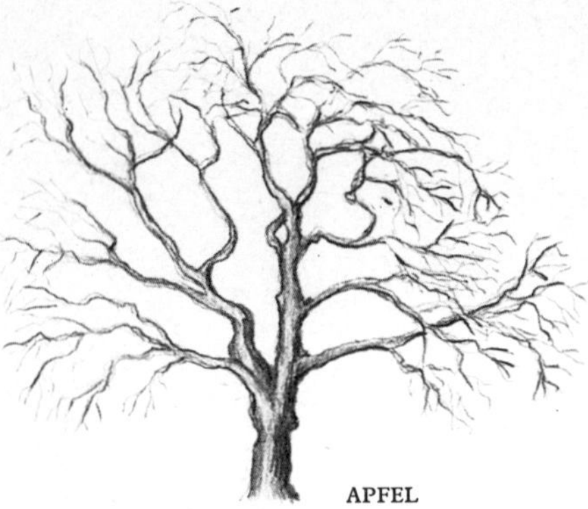

APFEL

BIRNE

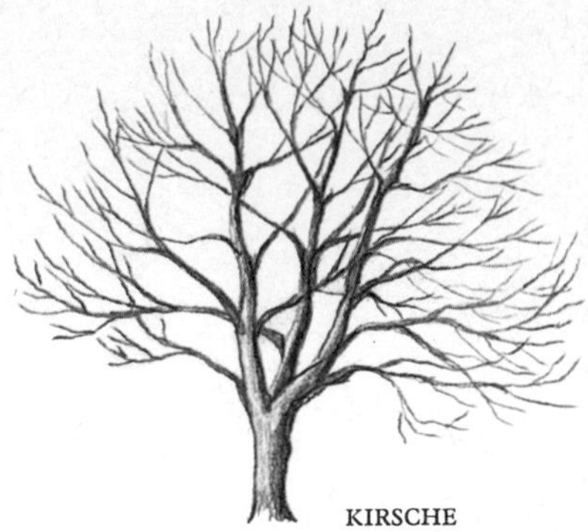

KIRSCHE

FICHTE

KIEFER

TANNE

BUCHE

HAINBUCHE

ULME

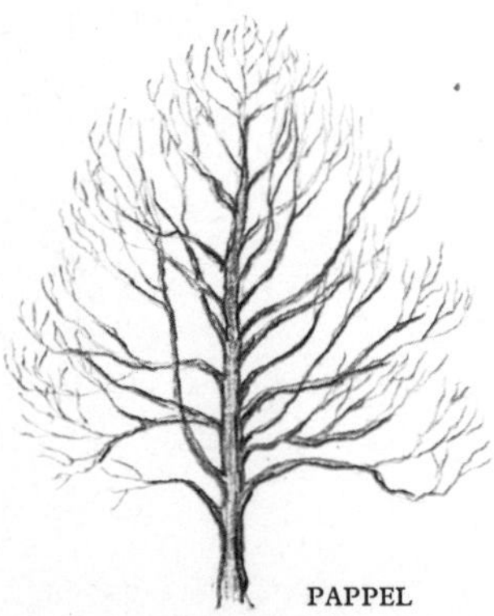

PAPPEL

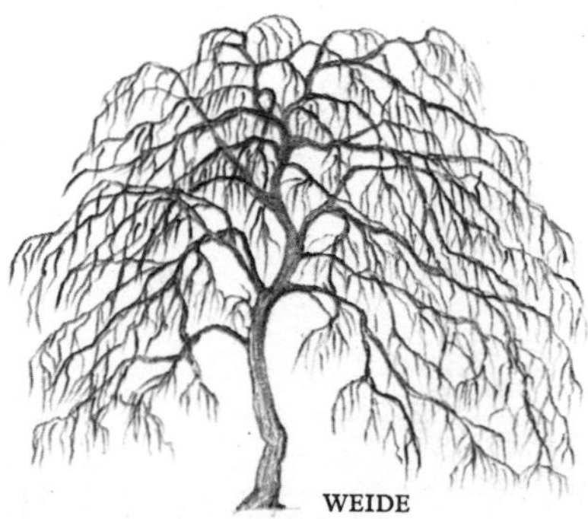

WEIDE

ESCHE

FAULBAUM

BERBERITZE

HASELNUSS

IM WINTER

WALNUSS

EICHE

ROSSKASTANIE

LÄRCHE

EIBE

WACHOLDER

SILBERAHORN

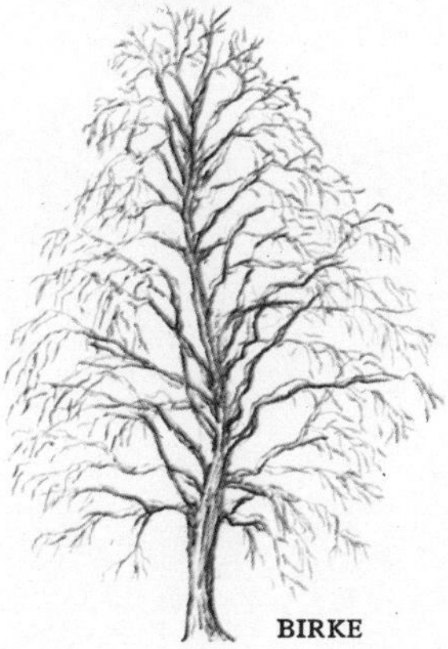

BIRKE

LINDE

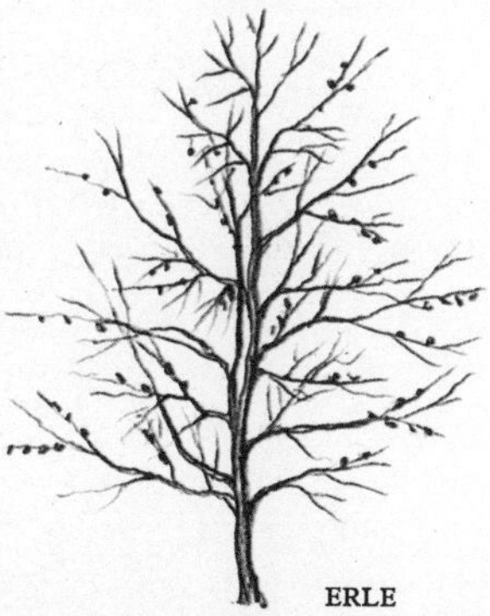

ERLE

WEISSDORN

HOLUNDER

BROMBEERE

HECKENROSE

SCHWARZBEERE

Susanne Fischer-Rizzi

BLÄTTER VON BÄUMEN

Zeichnungen von Peter Ebenhoch

Hugendubel

Die Deutsche Bibliothek – CIP-Einheitsaufnahme
Fischer-Rizzi, Susanne:
Blätter von Bäumen / Susanne Fischer-Rizzi. Zeichn. von Peter Ebenhoch. [Fotos von: Ursula Graubner . . .]. – 5. korr. Aufl. – München: Hugendubel, 1992
(Irisiana)
ISBN 3-88034-141-9

5. korr. Auflage 1992

Umschlaggestaltung: Peter Ebenhoch, Legau
Fotos: Ursula Graubner, Susanne Fischer-Rizzi, Georg Langer
Produktion: Tillmann Roeder, München
Gesamtherstellung: Wagner, Nördlingen

ISBN 3-88034-141-9
Printed in Germany

INHALTSVERZEICHNIS:

VORWORT

Die Idee zu diesem Buch kam mir im Bauch einer sehr alten Eiche. Bis jetzt hatte ich mich viel mit den Kräutern und ihrer Heilkraft beschäftigt und hier, in der geräumigen Höhlung dieses Baumriesen sitzend, wurde mir bewußt, wie wenig ich eigentlich über diese mythischen Gestalten unserer Landschaft wußte. Ich begann sie zu beobachten und zu studieren.

Und dann machte ich die Entdeckung, daß ich erhobenen Hauptes durch die Landschaft streifte, denn um die Bäume erkennen zu können, müssen wir aufschauen.

Ich reiste durch Deutschland, um sie zu bestaunen, die sagenumwobenen Baumriesen, wie jemand, der auf einer Kunstreise eine Kathedrale nach der anderen bewundert. Die Tassilo-Linde in Wessobrunn, die Donar-Eichen bei Kassel, einsame Wetterfichten im Gebirge und verwunschene Eiben waren einige der vielen Bau-m-werke, die ich bewunderte. Im Schatten der Großen fand ich auch einige Sträucher, die ihnen an Persönlichkeit und Heilkraft nicht nachstehen.

Diese Bäume haben einmal für die Menschen, die sie pflanzten, viel bedeutet. Sie waren der Mittelpunkt der Dörfer, der Sitz der verstorbenen Seelen, der Gerichtsplatz und Festsaal. Sie waren Heiligtümer.

Es gibt nur noch wenige Menschen, die etwas von dem alten Wissen um diese Bäume vermitteln können, und ich begann, sie zu fragen: Kräuterweiblein, Förster, Jäger, Holzschnitzer, Wanderer.

In Bibliotheken, Archiven und Museen trieb ich mich herum, um nach alten Quellen zu suchen. Was ich fand, stammt vorwiegend aus germanischer Zeit und aus dem deutschen Mittelalter, das in Bräuchen, Sagen und Liedern noch bis in unsere Zeit herüberklingt. Draußen versuchte ich dann selbst herauszufinden, was diese Bräuche und Rituale um die Bäume wohl für die Menschen früherer Zeiten bedeutet haben.

Ich schaute auch in andere Kulturen hinüber und zu anderen Völkern, wie z.B. zu den Indianern Nordamerikas, die noch ein ungebrochenes Verhältnis zur Natur haben. Wir haben heute unsere Natur entzaubert. Das Wissen um die sichtbaren und unsichtbaren Fäden zwischen Mensch und Natur, die wir heute unwissend und tolpatschig durchtrennen, ist bei uns fast verlorengegangen. Wir können damit unvorstellbare Katastrophen auslösen, wenn die Natur erst einmal aus dem Gleichgewicht geraten ist. Ich entdeckte auf meiner Suche nach den Bäumen viel Abgestorbenes und Zerstörtes. Alte, majestätische Alleen, von denen mir die Dorfbewohner erzählten, waren inzwischen abgeholzt, und durch die letzten geschlossenen Areale der Wälder fressen sich Autobahnen und Siedlungen. Und welcher Gartenbesitzer ist heute noch Optimist genug, einen Baum in seinem Garten zu pflanzen. Statt dessen vegetieren in den Vorgärten die Ausgaben einstiger Baumpracht, die Zwergkoniferen, die ihrem Besitzer wohl nie über den Kopf wachsen können und in deren ausladenden Kronen kein Wind rauschen wird.

Um die Osterzeit fand ich in unserer Zeitung eine kleine Notiz: ein Mann wollte einen Strauß Palmkätzchen pflücken. Die Weide war jedoch zu hoch, er konnte die Zweige nicht erreichen. So besorgte er sich kurzerhand eine Axt, fällte den Baum, um bequem pflücken zu können. Wahrscheinlich hätte diese Begebenheit nicht ausgereicht, um in der Zeitung zu erscheinen, doch der Baum hatte im Umfallen eine Stromleitung beschädigt, es gab einen Stromausfall, und der Palmkätzchenstrauß kam den Mann sehr teuer zu stehen. Sein Verhalten steht für die Beziehung zu den Bäumen, zur ganzen Natur, die wir heute haben; was uns im Weg steht, wird umgehackt.

Die Bäume unserer Landschaft sind noch immer Mittelpunkte. Ich habe auf meiner Entdeckungsreise viele alte und junge Bäume gefunden, die es wert sind, sie aufzusuchen. Was ich empfand, hat Günther Eich einmal sehr treffend gesagt:

"Wer könnte leben ohne den Trost der Bäume."

Bäume sind Gedichte,
die die Erde in den
Himmel schreibt.

Kahil Gibran

DER AHORN

Acer

Familie der Ahorngewächse – *Aceraceae*

Keine ernsthafte Mythologie, keine symbolträchtige Geschichte, kein weiser Zauberspruch beschäftigt sich mit dem Ahorn.
Denn er ist ein Luftikus. Er liebt den Wind, das Licht, die Farben und die Formen. Und damit spielt er, hoch oben in seiner Krone.
Manchmal winkt er jemandem zu, mit einem oder tausend Blättern zugleich. Diese Blätter sind meist 5-lappig und einer ausgespreizten Hand sehr ähnlich. Der Ahorn ist einfach nicht ernsthaft genug. Und deshalb hat man ihn mit weisen Sprüchen verschont. So kann eine große Schar Verehrer, die Kinder, ungehindert unter ihm spielen. Sie kleben sich A-hörner auf die Nase und werden zu Nas-hörnern. Einige ältere "Narren" freuen sich über seinen lustigen Schatten, den der Ahorn als lebendigen Teppich unter seine Krone legt.
"Es wird dieser Baum in Ehren gehalten wegen seines lustigen Schattens", schreibt Jakobus Theodorus Tabernaemontanus in seinem 1731 erschienenen Kräuterbuch.
Mild und lustig wurde der Ahorn zu allen Zeiten empfunden. Zusammen mit Lärche, Birke und Eberesche gehört er zu den heiteren Bäumen unserer Breiten. Es wäre auch gar zu düster, gäbe es nur Eichen und Fichten. Der Ahorn tröstet die traurigen und schweren Köpfe mit seiner Heiterkeit: "Halt, bleib stehen, nur einen Augenblick, schau mir zu", winkt er herüber. Und halten wir wirklich inne in unserer Geschäftigkeit, verzaubert er uns mit einem schnell erdachten Formen- und Farbenschauspiel.
Allein die Farben der Kulissen sind sehenswert: goldgelb, safrangelb, zitronengelb, purpurrot, weinrot, blutrot, gesprenkelt, getupft, gestreift. Die Formen sind in ständiger Bewegung: gesägt, gewinkelt, gespreizt, gebuchtet, gespitzt...und ab und zu segelt eine seltsame Flügelfruchtnase herunter.

In über 150 Arten der Gattung Ahorn beschäftigt er sich mit seinem Lieblingsthema: Farben und Formen. Das Kapitel Farben hat er in den Osten Amerikas verlegt. Die dort vorherrschenden kalten Nächte und warmen Tage begünstigen die Verfärbung der Blätter, und nirgendwo anders leuchtet der Ahorn bunter. Der dortige Zuckerahorn, *Acer saccharum*, führt in seinen Adern soviel Zuckersaft, daß er regelrecht "gemolken" werden kann. Die Bäume werden angebohrt, der austretende Saft wird aufgefangen und zu Sirup, Paste oder Zucker verarbeitet.
Was für uns die Bratäpfel an einem kalten Winterabend sind, das ist für Kanadier und Amerikaner der Pfannkuchen mit Ahornsirup.
Das Spiel der Ahornblätter mit den Formen wird im fernen Osten, besonders im westlichen China und Japan, aufgeführt. Hier ist nicht die Größe der Blätter Trumpf, sondern die Feinheit der Formen wird wichtig. Und die Chinesen und Japaner, mit ihrer Liebe zum Kleinen und fein Ausgestalteten, sind entzückt.

Keiner der dort ansässigen Ahorne wird höher als 15 Meter. Was zählt, sind die ausgefallenen und eleganten Formen der Blätter. Bis zu 15-fach sind sie gelappt, gefächert, in spitzen, runden und filigranen Formen. Einer davon, der Fächerahorn, *Acer palmatum*, hat es bei uns inzwischen zur größten Beliebtheit gebracht und darf viele Vorgärten mit seiner östlichen Eleganz bereichern.
Die vielen Variationen der Ahornbäume teilen sich in Japan den begrenzten Platz der japanischen Gärten vor dem dunklen Grün waghalsig geformter Kiefern und unter den weißen Blütenwolken der Zierkirschen.

Nach diesem Ausflug in den äußersten Osten und Westen sollten wir unseren einheimischen Ahornarten etwas auf die Finger, bzw. auf die ausgestreckten Blätterhände schauen. Was bleibt uns nach dem ganzen Zauber in Amerika und Japan noch übrig?
Uns bleiben nicht so viele Ahornarten. Wenn wir hier einen Ahornbaum entdecken, so werden wir sicherlich eine von diesen drei Arten vor uns haben:
Der Spitzahorn, *Acer platanoides*, macht dem Namen Ahorn die größte Ehre: Ahorn leitet sich vom lateinischen *acer* = scharf, spitz ab. Das im germanischen Sprachbereich verwendete Wort Ahorn hat seine Wurzel in der indogermanischen Silbe *ak*, was ebenfalls scharf und spitz bedeutet.
Scharf und spitz sind auch die Blätter des Spitzahorns. Seine 5 - 7 Blattzähne enden in einer langen Spitze. Die Blattbucht zwischen den einzelnen Zähnen ist rundlich geformt.
Doch bevor der Spitzahorn seine Blätter entfaltet, überrascht er mit einem Blütenzauber. Es ist sein duftendes Unterkleid aus gelb-grünen Blüten, über das er später sein Blattgewand streift.
Diese zeitigen Blüten sind, wie die der anderen Ahornarten, eine wichtige Weide für die eben aus dem Winter erwachten Bienen.
Schließlich erscheinen die geflügelten Früchte; sie waren es, die wir als Kinder spalteten und deren klebrige Samenhülle wir uns auf die Nase hefteten.
Auf seine schöne schwarze Rinde, die von feinen Rissen durchzogen ist, haben wir damals nicht geachtet.
20 Meter hoch wird dieser elegante Baum, und damals ist er uns viel riesiger erschienen.

Die zweite Ahornart, der Bergahorn, *Acer pseudoplatanus*, liebt mehr die Höhen. In kalter, feuchter Luft gedeiht er am besten. Er ist der Rübezahl unter den dreien, denn er erreicht eine Höhe bis zu 40 Metern. Er wirkt stämmig, seine Krone ist tief und dicht. Bis 600 Jahre kann dieser Baumriese alt werden.
Während der Spitzahorn gern als feiner Alleebaum in die Stadt geholt wird, läßt man den Bergahorn lieber draußen. Er wird sogar wieder vermehrt gepflanzt, um die anfälligen Fichtenwälder zu beleben.
In seinen ursprünglichen Verbreitungsgebieten Mittelgebirge, Alpen, Pyrenäen und Karpaten hat man ihn oft als beschützenden Hausbaum in die Nähe der Gehöfte gepflanzt. Er ist sehr anspruchslos und ein Pionier in der Bodenerschließung. Er durchpflügt mit seinen Wurzeln den Boden und befestigt ihn.

Weißbaum nannte man den Bergahorn wegen seines auffallend weißen Holzes. Es wird gern zu schönen Tischler- und Drechslerarbeiten verwendet. Auch zum Instrumentenbau gebraucht man das Bergahornholz. Spitz- und Bergahorn liefern das beste Klangholz für Geige, Zither, Laute und Flöte.
Das Holz des Spitzahorns ist im Gegensatz zu dem des Bergahorns gelblich-weiß.
Wie alle Ahornarten ist auch der Bergahorn sehr saftreich. Im Elsaß nennt man den Bergahorn deshalb auch Milchbaum, denn nach Abreißen der Blätter fließt aus den Stielen eine milchartige Flüssigkeit. Von allen drei Ahornarten kann der Bergahorn Verletzungen am wenigsten selbst wieder schließen. So ist schon mancher Bergahorn regelrecht verblutet, besonders im Frühjahr, wenn er die meisten Säfte beinhaltet.
Der Bergahorn wurde wie sein amerikanischer Bruder, der Zuckerahorn, zur Zuckerherstellung verwendet. Man mußte dabei sehr sorgsam vorgehen, um ein Verbluten des Baumes zu verhindern. Nur zu ganz bestimmten Zeiten war dies möglich. Besonders zwischen November und Johannistag hielt man das Anzapfen des Baumes für schädigend. Aus dem austretenden Saft hat man früher einmal Sirup, Zucker und Essig hergestellt. Sogar ein alkoholisches Getränk scheint man daraus gebraut zu haben. Diese Mengenangabe fand ich in einem alten Kräuterbuch: aus 50 Liter Saft erhält man 1 Pfund Zucker.
Die Blätter des Bergahorns sind das Gegenstück zu den Spitzahornblättern: die Zähne sind an der Spitze gebuchtet, zwischen den einzelnen Lappen sitzen kleine Spitzen. Der Blattstiel hat eine deutliche Rinne.
Der Bergahorn hält sich in der Farbauswahl etwas zurück. Die großen Blätter werden dem Herbst zu im-

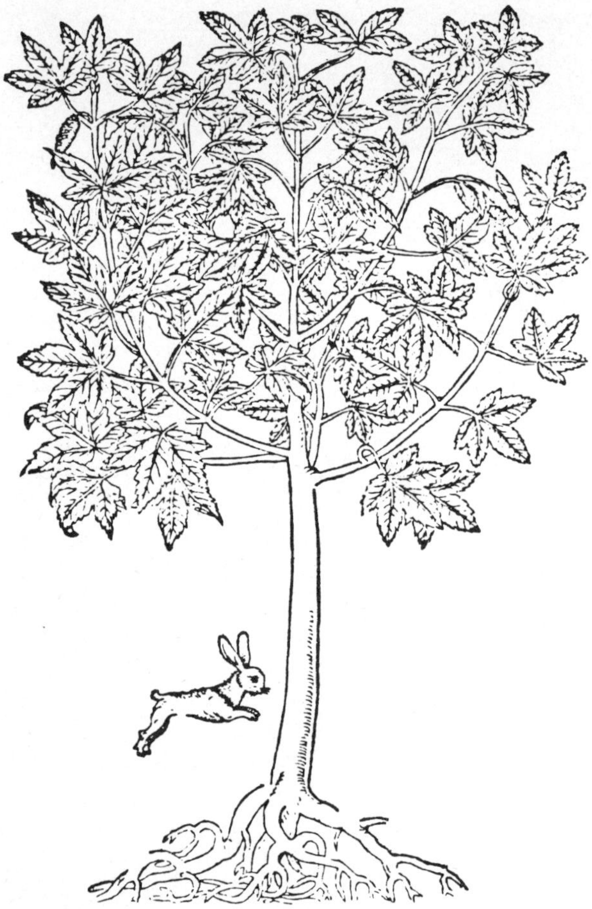

mer dunkler und fallen früh nach dem ersten Frost ab. Auch bei der Blütenbildung ist er zaghaft. Die schönen gelb-grünen Blütentrauben erscheinen erst nach der Blattentfaltung.
Bei der Betrachtung der Rinde taucht dann die Erklärung für seinen lateinischen Namen *"pseudoplatanus"* auf: die braun-graue, glatte Rinde hat sich bei älteren Bäumen in eine hellbraune Borke verwandelt, die in flachen Schuppen, genau wie bei der Platane, abblättert.

Der Kleinste von allen dreien ist der Feldahorn, *Acer campestre*. Er wirkt fast strauchartig und wird höchstens 15 Meter hoch. Unsere Vorfahren fühlten sich ihm besonders verbunden, er war der "deutsche Ahorn" oder der "Maßholder".
Der althochdeutsche Name, *mazzaltra*, der sich aus dem germanischen *mat(i)* = Speise ableitet, verrät uns, wofür der Feldahorn gebraucht wurde. Er war ein Speise-baum. Zuerst einmal sollte er Speise für das Vieh liefern: man pflanzte ihn als Laubfutterbaum auf die Weiden und in die Nähe der Gehöfte und verfütterte seine Blätter an Schafe, Ziegen und Pferde. Es schadete nichts, wenn er auf den Feldern und Wiesen stand, denn sein Laub verrottet leicht und säuert den Boden nicht an, wie z.B. die Nadeln der Fichten. Es bildet sogar einen guten Humus.
Nicht nur den Tieren, sondern auch den Menschen war er ein Speise-baum. Aus den jungen Blättern bereitete man eine Art Mus. Hierfür ließ man sie wie Sauerkraut vergären.
Die Krone des Feldahorns ist nicht so regelmäßig ausgebildet wie die der beiden anderen Arten. Sie wirkt etwas zerzaust. Die Zweige sind dicht belaubt mit kleinen 3 - 5-lappigen Blättchen. Sie sind auf der Oberseite dunkelgrün und in der "Handinnenfläche" behaart.
Wenn sich im Herbst die Flügelfrüchte der drei Ahornarten langsam durch die Luft zu Boden schrauben, gibt es noch eine weitere Unterscheidungsmöglichkeit zwischen den dreien: der Winkel, den die beiden Flügelhälften bilden, ist bei allen drei Arten verschieden. Es gibt alle Möglichkeiten: vom waagrechten des Feldahorns über den stumpfwinkligen des Spitzahorns bis zu den enggestellten, spitzwinkligen Flügeln des Bergahorns.

Medizinische Verwendung

Daß in dem lustigen Ahorn heilende Kräfte stecken, ist heute nur noch wenigen bekannt.
Umso mehr hat es mich verwundert, daß er auf der Liste der wichtigsten Heilpflanzen steht, die ägyptische Priester vor gut 4.000 Jahren angefertigt haben. Georg Ebers hatte 1873 diese Papyrusrolle erworben. Sie stellte sich als die früheste uns bekannte Abhandlung ägyptischer Heilkunde heraus und wird auf die Zeit um 1.600 v.Chr. datiert. Von den in diesem Buch angeführten Bäumen wird darauf außer dem Ahorn nur noch der Wacholder angegeben.
Die nächste Aufzeichnung über die heilkundliche Nutzung des Ahorns stammt aus dem 12. Jahrhundert. Hildegard v. Bingen, die große Seherin, Äbtissin und Ärztin schreibt in ihrem Buch über die Natur:*

"Der Ahorn ist kalt und trocken.
Er versinnbildlicht etwas Aufgeschrecktes.
Gegen tägliches Fieber hilft ein Bad in Wasser, in dem die Zweige des Baumes mit den Blättern gekocht sind, wenn man nach dem Bad den aus der Rinde gepreßten Saft in Wein trinkt.
Das Auflegen von am Feuer erwärmtem Ahornholz auf die erkrankten Stellen vertreibt die Gicht."

Das ganze Mittelalter hindurch wurde der Ahorn von den Heilkundigen als kühlendes Mittel verwendet. Überall da, wo am Körper krankhafte Hitze entstanden war, sollte der Ahorn als kühlende Auflage die Hitze lindern. So wurde er empfohlen bei hitzigen Geschwüren, geschwollenen Augen, Gerstenkorn, Fieber, Entzündungen und geschwollenen Gliedern. Eine Auflage aus Ahornblättern war leicht hergestellt: die frischen Blätter wurden angequetscht und so aufgelegt, oder man kochte sie zuvor in Wein etwas weich. Als erste Hilfe unterwegs kann man die Ahornblätter auf Insektenstiche, müde, geschwollene Füße und geschwollene Augen auflegen.

Kochrezepte

Ahornsirup ist in allen Naturkostläden, Reformhäusern und Feinkostgeschäften erhältlich. Er wird aus dem Saft des kanadischen Zuckerahorn gewonnen. Man sollte jedoch darauf achten, daß der Sirup 100%ig rein und nicht mit Zuckersirup gestreckt worden ist.
Ahornsirup ist ein natürliches Süßungsmittel. Er verleiht den Speisen einen feinen vanilleartigen Geschmack und ist zudem sehr gesund, da er nicht raffiniert ist und einen hohen Gehalt an Mineralien und Begleitstoffen hat.
Ahornsirup süßt Kuchen, Gebäck, Müsli, Marmeladen, Yoghurt und Quarkspeisen, Pudding und vieles mehr. Er läßt sich auch als Brotaufstrich und für Milchmixgetränke verwenden.

Ahorn-Mandel-Eis

1 Becher süße Sahne
1 Vanilleschote
1/2 Tasse Ahornsirup
2 Eigelb
1 Tasse geriebene Mandeln

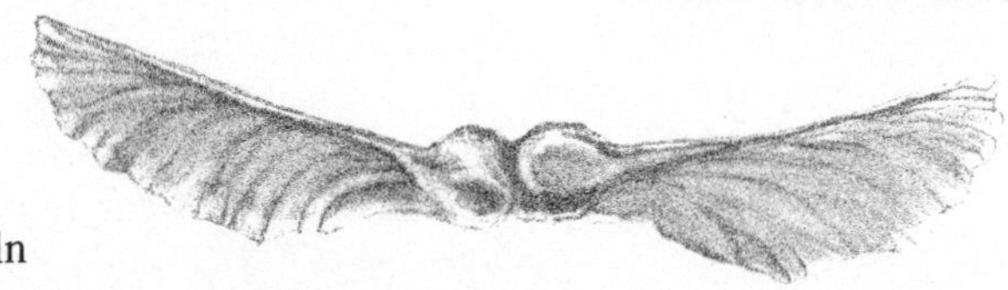

Die Sahne mit der aufgeschlitzten Vanilleschote kurz aufkochen. Abkühlen lassen. Den Ahornsirup mit den Eigelb verquirlen und unter die Sahne mischen. Nun die ganz fein geriebenen Mandeln darunterrühren. Das Eis erhält den intensivsten Geschmack, wenn man die Mandeln erst kurz vor dem Zubereiten mahlt. Statt der Mandeln kann man auch Walnüsse, Cashewkerne, Pistazien oder Erdnüsse verwenden. Nun wird alles in eine Schüssel gefüllt und ins Gefrierfach gestellt. Wenn die Flüssigkeit gefroren ist, nochmal etwas auftauen lassen, gut umrühren und wieder gefrieren lassen.

Kanadische Dampfknödel in Ahornsirup

2 Tassen Mehl
2 Teel Backpulver
2 Eßl Butter
1 Tasse Milch
1 Messerspitze Salz
3/4 Tasse Ahornsirup

Das Mehl mit dem Backpulver zusammensieben, das Salz dazugeben und die Butter darunterkneten. Nach und nach die Milch dazugeben, bis ein geschmeidiger Teig entsteht. Den Ahornsirup mit der gleichen Menge Wasser in einem Kochtopf zum Kochen bringen, und den Teig mit einem Eßlöffel in walnußgroßen Stücken in die kochende Flüssigkeit fallen lassen. Sofort den Deckel schließen und 25 Minuten bei mittlerer Hitze kochen lassen. Die Neugierde unbedingt bezähmen und den Deckel vorher nicht lüften, die Knödel fallen sonst zusammen.
Ergibt einen gemütlichen Winterabend für 4 Personen.

Kanadische Pfannkuchen mit Ahornsirup

4 Tassen Buchweizenmehl
1 Tasse Weizenmehl
3 Eier
1 Päckchen Backpulver
6 Tassen Milch
3 Eßl Butter

1 Messerspitze Vanille
Prise Salz
1 Schuß Bier

Alle Zutaten zu einem glatten Pfannkuchenteig rühren und in heißem Fett zu nicht zu großen Pfannkuchen backen. "Stilecht" schichtet man die warmen pancakes übereinander und bestreicht die einzelnen "Etagen" mit Butter. Über einen Turm von 3 - 5 pancakes wird warmer Ahornsirup gegossen.

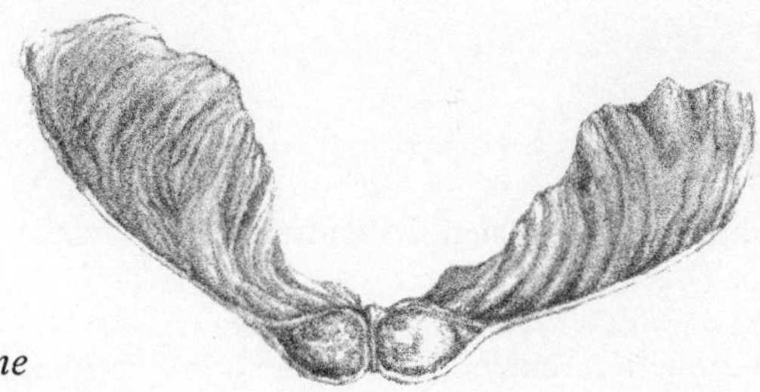

Bäume

Säulenheilige
Jahrhunderte angewurzelt
ans Denken der Erde

schöpfen Schatten
aus dem Sonnenquell

jeder Baum erwählt
die Luft zu bereichern
mit seinem Atem

im eingewachsenen Gewicht
ruhend

Aber die Unruhe
der Laublippen
diese Sprachspiele
jenseits
der verhärteten Rinde

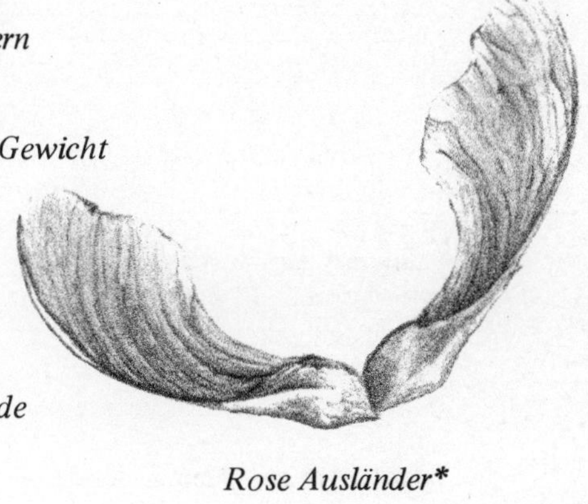

*Rose Ausländer**

Botanische Erkennungszeichen

	Spitzahorn - *Acer platanoides*	**Bergahorn** - *Acer pseudoplatanus*	**Feldahorn** - *Acer campestre*
Vorkommen	West-, Mittel- u. Osteuropa	West-, Mittel- u. Südeuropa	West-, Mittel- u. Osteuropa
Standort	Flußtäler, Tieflagen, Park- u. Alleebaum bis 700 m	Mittelgebirge und Gebirge bis 1.500 m	Laubwälder, Hecken, Hügelland bis 500 m
Höhe	25 - 30 m	bis 30 m	15 m
Rinde	schwarz, längsrissig, blättert nicht ab	glatt, braungrau, alte Bäume hellbraun und abschuppend ähnlich der Platanenrinde, deshalb der Name	graubraun, dicke Borke mit Netzmuster
Blätter	gegenständig, 5 - 7 cm lange, zugespitzte Lappen, Bucht dazwischen ohne Spitzen, beiderseits glänzend, im Herbst hellgelb gefärbt	gegenständig, langgestielt, 5 Lappen, Bucht gezähnt	gegenständig, klein, langgestielt, 5-lappig, Blätter sind so breit wie lang, variiert stark
Blüten	April, zweihäusig oder scheinzwittrig, gelbgrüne Doldentrauben, vor Laubausbruch	Anfang Mai, einhäusig, teilweise scheinzwittrig, nach Laubausbruch gelbgrüne, hängende Trauben	Anfang Mai, zweihäusig, mit oder nach Laubausbruch grüngelb, zuerst aufrecht, dann in hängenden Doldentrauben
Früchte	Flügelfrucht in stumpfem Winkel, darin ein flaches Nüßchen	Flügelfrüchte mit spitzem Winkel, kugeliges kleines Nüßchen	Flügelfrucht mit waagrechtem Winkel, kleines Nüßchen mit grauen Haaren bedeckt
Holz	gelblich, elastisch	weißlich, dicht, hart, zäh	rötlich, fest

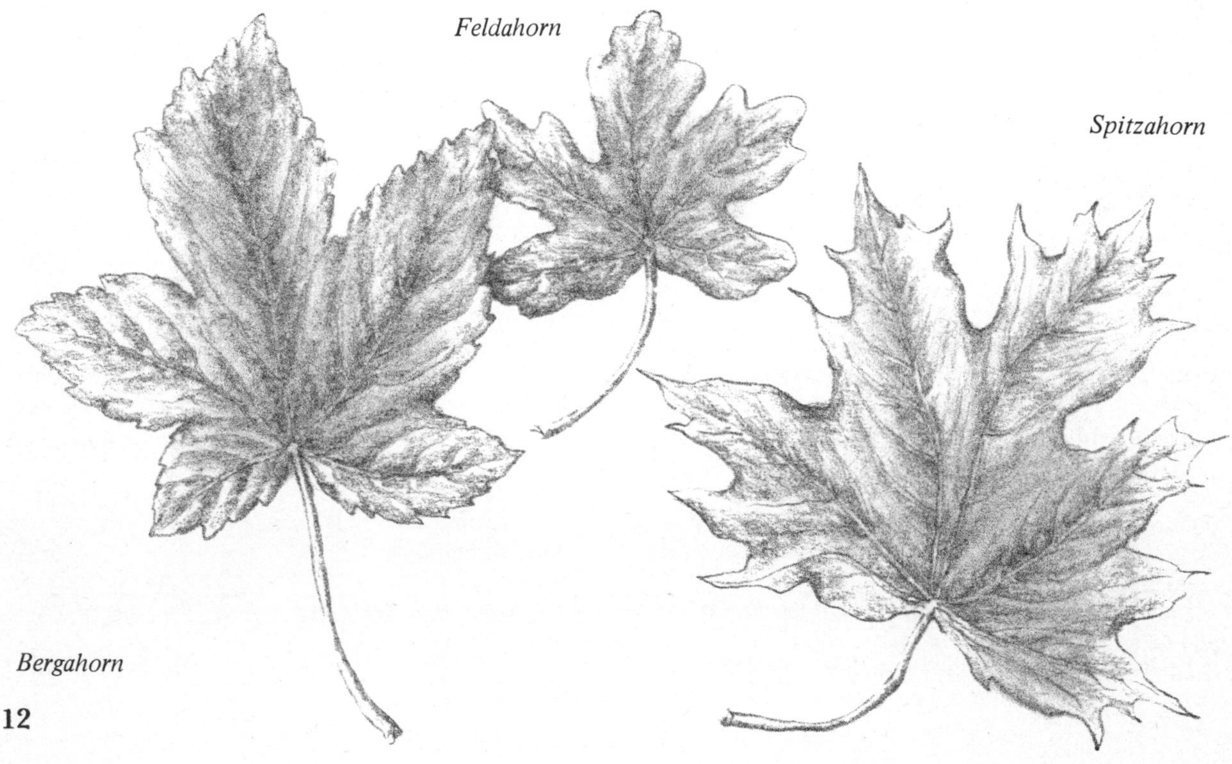

DER APFELBAUM

Malus communis
Familie der Rosengewächse – *Rosaceae*

"Der Apffelbaum ist allenthalben jederman wohl bekandt/es seyn aber desselbigen so viel und mancherley Geschlecht/daß es unmuglich ist/dieselbige alle zu erzehlen und zu beschreiben/wie dann unser Author derselbigen sehr viel hat abreissen lassen/welche allzumal mit ihrem Namen beschrieben seyn/davon in gemein soll gehandelt werden."

So stöhnt schon 1731 Tabernaemontanus in seinem Kräuterbuch über die Vielzahl der Apfelbaumsorten, die er beschreiben soll.
Heute würde er die Hände über dem Kopf zusammenschlagen, denn die Aufzählung könnte ein ganzes Buch füllen. Es gibt inzwischen über 1.000 Sorten, die aus vielen Kreuz- und Querzüchtungen entstanden sind.
Gemeinsamer Stamm-vater ist der wilde Holzapfelbaum. Er ist ein Bestandteil der Laub- und Kiefernwälder Europas und Asiens. Hauptsächlich ist er jedoch in Südosteuropa verbreitet.
Wie alle wilden Arten unserer Obstbäume besiedelt er die lichte Waldrandzone, denn seine Blüten benötigen genügend Licht zu ihrer Entfaltung.
Noch heute, als Obstbaum im Garten, bildet er nicht gern einen hochgewachsenen Stamm, sondern es liegt ihm mehr an der Ausbildung der dichtverzweigten Krone. Diese rundliche Gestalt der Apfelbaumkrone wiederholt sich in der Form der kugeligen Äpfel.
Das gleiche kann man übrigens auch beim Birnbaum beobachten: die längliche Form der Krone erscheint in den tropfenförmigen Birnenfrüchten wieder. So folgen beide, Baum und Frucht, derselben formenden Schwingung.
Die wilde Form des Apfelbaumes ähnelt noch sehr einem zerzausten Strauch. Deshalb eignet er sich gut zur Heckenbepflanzung. Im Frühjahr, wenn die schönen Blüten an den Zweigen stehen, wirkt der Wildling dann gezähmt.
Seiner Äpfelchen wegen wird er wieder vermehrt in den Wäldern angepflanzt, denn sie sind ein willkommenes Wildfutter.
Den Menschen aber kann er nicht so leicht zum Rein-

beißen verführen. Sie schmecken sehr sauer und zusammenziehend. Die 3 - 5 cm großen Holzäpfel passen eher in eine Puppenstube als in die Hand eines ausgewachsenen Menschen.
Die Germanen kannten nur diese kleinen Holzäpfel, bevor sie zum ersten Mal in einen "richtigen" Apfel beißen konnten. Den hatten ihnen die Römer mitgebracht, die in ihren Gärten, die sie in den germanischen Provinzen angelegt hatten, auf nichts verzichten wollten.
Diese veredelten Apfelbäume waren vor langer Zeit irgendwo in Asien gezogen worden. Wann und wer diese kunstvolle Arbeit getan hatte, ist nicht mehr herauszufinden. Die Germanen übertrugen den Namen ihres Holzapfels auf den neuen Apfel der Römer. Das war bei ihnen sonst nicht üblich, sie "germanisierten" meist das lateinische Wort, das die neue Obstart bezeichnete.
So ist Apfel noch ein sehr altes Wort, das sich weit zurückverfolgen läßt. Außer den tausenderlei Apfelsorten gibt es noch so manchen Apfel, der nicht unbedingt genießbar ist: Augapfel, Zankapfel, Adamsapfel, Streitapfel, Reichsapfel, Apfelschimmel.
Im Mittelalter wurde der Apfel auch "Affalter" genannt. Diese alte Bezeichnung hat sich in heutigen Ortsnamen erhalten. Affalterbach, Afholderbach, Affaltrach. Sicher wurden an diesen Orten schon im Mittelalter Äpfel angebaut.
Den herb schmeckenden Holzapfel scheinen unsere Vorfahren nicht verschmäht zu haben. In menschlichen Behausungen der Steinzeit wurden noch viele Kerne des Holzapfels gefunden.
Was im Mittelalter alles aus den kleinen Holzäpfelchen hergestellt wurde, das läßt sich aus Rezeptangaben der alten Kochbücher erkennen:
Salate und Speisen erhielten einen säuerlichen Geschmack, und auch einen Essig wußte man daraus zu bereiten. Auch zum Konservieren der Speisen bediente man sich der kleinen Äpfel. Sie haben einen sehr hohen Pektingehalt und gelieren deshalb leicht. So bereitete man aus ihnen meistens ein würziges Gelee.

Uralt ist die mythologische und magische Geschichte, die sich mit dem Apfel verbindet. In allen euro-asiatischen Kulturen war er ein Symbol des Lebens, der Liebe und der Fruchtbarkeit. Seiner Kugelform wegen war er das Sinnbild für die Vollkommenheit der Erde und des Kosmos.
In der Form des Reichsapfels sollte er die Herrschaft des Geistes auch auf der Erde durch den gottgewollten Herrscher zeigen.
Der Apfel war immer ein Symbol der Erde und des Weiblichen, und so galt er als Attribut der Göttin, die oft in einer Dreiergestalt erschien. In jeder Kultur war sie es, die mit ihrem Apfel dem Menschen den Weg zur Vollkommenheit zeigte. Ischtar, Hathor, Demeter, Aphrodite, Venus, Jduna,...die Namen wechselten, doch das Symbol der Göttin, ihr Apfel des Lebens, blieb. In vielen Märchen und Mythen wird vom Paradiesbaum erzählt, dessen Früchte ewiges Leben bringen sollen. Der Held der jeweiligen Geschichte zieht aus, um einen dieser Äpfel zu brechen. Schreckliche Abenteuer sind zu bestehen, bis er am Ziel ist. Sie stehen symbolisch für die Hindernisse, die ein Mensch auf dem Weg zu sich selbst zu bestehen hat. Oft sind es auch verschlüsselte Einweihungsriten des alten Kultes der Göttin.
In der nordischen Sage war es die Göttin Jduna, die im Besitz der goldenen Äpfel war. Sie gab davon den Asen zu essen, die darauf ewige Jugend erhielten. Die griechische Sage erzählt von den Hesperiden, den Töchtern des Atlas und der Hesperis. Zu ihnen wurde Hercules geschickt, um drei goldene Äpfel zu pflükken.
In keltischen Märchen wird ebenfalls von einem wunderschönen Baum berichtet, der, schwer bewacht, goldene Lebensäpfel trägt. Und wieder werden die abenteuerlichen Reisen des Helden beschrieben, die ihn zu dem Apfelbaum führen.
Auch in unserem Sprachraum sind viele Apfelmärchen erhalten geblieben. Das bekannteste ist wohl das von Frau Holle, das die Gebrüder Grimm aufgezeichnet haben. Das Mädchen trifft auf seinem Weg durch die Unterwelt auf einen Apfelbaum.
"Ach schüttle mich, schüttle mich,
wir Äpfel sind allemiteinander reif"
So bitten die Äpfel das Mädchen. Es hilft ihnen, es schüttelt den Baum recht kräftig, bis keiner der Äpfel mehr am Baum hängt. Dafür wird das Mädchen königlich belohnt.
Eine besondere "Apfelgöttin" beschreibt E.T.A. Hoffmann in seinem Märchen vom goldenen Topf. Ein böses Apfelweib verfolgt den Helden der Geschichte, den Studenten Anselmus, mit ihrem Fluch. Schließlich erblickt er ihr Gesicht sogar in einem bronzenen Türklopfer, der sich langsam und unheimlich zu einem grinsenden Apfelgesicht verzieht.

Auch Maria hält den Apfel als Himmelsfürstin in ihrer Hand. Jedoch hat der Apfel in der christlichen Symbolik eine zwiespältige Bedeutung. Nach der Umwandlung der frühen matriarchalen Mutterreligionen bekam das alte Apfelsymbol die Bedeutung der Sünde und des Verderbens zugesprochen. Die patriarchalen Kirchenväter wandelten den lebensspendenden Apfel in ein Objekt der Sünde und der Verführung. Die frühere weise Göttin war jetzt zur neugierigen, schwachen Eva geworden, die eine schwere Sünde verursachte, indem sie den Apfel vom Baum der Erkenntnis kostete.

Nicht mehr das Leben und die Erneuerung nach dem Tode waren jetzt die Symbolik des Apfels, sondern die Vergänglichkeit des Lebens. Deshalb ist auf vielen Darstellungen von Apfelbäumen, die im Mittelalter entstanden sind, ein Totenschädel oder der Tod selbst mit aufs Bild gebracht.

Die Griechen, die in ihrer Mythologie den Göttern so menschliche Eigenschaften zusprachen, haben in folgender Erzählung vom Parisapfel die Symbolik der Göttin mit dem Apfel etwas unterhaltsamer dargestellt, als es sonst üblich war:

Zur Hochzeit der Thetis mit Peleus hatte man alle Götter eingeladen, nur Eris, die Schwester des Kriegsgottes Ares, hatte man vergessen.

Sie sann auf Rache, und es fiel ihr etwas Besonderes ein. Sie ließ in den Festsaal einen Apfel rollen, den sie zuvor beschriftet hatte: "der Schönsten". Natürlich verursachte dies unter den anwesenden Göttinnen einen Streit, denn jede nahm doch an, daß sie die Schönste sei.

Endlich wurde dem nicht minder schönen Jüngling Paris die Aufgabe zugetragen, der schönsten Göttin den Apfel zu überreichen. Zur Auswahl in der Endentscheidung standen Juna, Minerva und Venus. Paris erlag der Venus, da sie ihm heimlich Helena, die schönste Frau der Erde, zur Ehefrau versprochen hatte.

Wie diese Geschichte endete, kann man dort nachlesen, wo über die Zerstörung Trojas berichtet wird. Paris war der Sohn des trojanischen Königs Priamus. Die gekränkten Göttinnen Juna und Minerva trugen alles dazu bei, damit Troja zerstört werde, um sich so an Paris zu rächen.

Medizinische Verwendung

Der Apfel enthält sehr viele heilwirksame Stoffe, deshalb ist er schon immer nicht nur zur Speise, sondern auch als Heilmittel verwendet worden.

Er wirkt verdauungsfördernd, stopfend, anregend, beruhigend, harntreibend, appetitanregend und fiebersenkend.

Diese Liste der Heilwirkungen erscheint paradox, der Apfel als Heilmittel kann doch nicht genau gegenteili-

ge Wirkungen hervorrufen. Die Lösung des Rätsels liegt in der Darreichungsform.
Wie einige andere Heilpflanzen auch, kann der Apfel je nach Zubereitungsart ganz gegenteilige Krankheiten heilen.
Die geeignetste Diät bei starken Durchfällen ist eine Apfelkur. Morgens, mittags und abends werden 2 - 4 Äpfel, je nach Verlangen, auf einer Reibe fein gerieben und frisch gegessen. Die Äpfel sollten nicht gespritzt sein, denn die Schale wird ebenso wie das Kernhaus mitgegessen.
Wichtig ist auch, daß die Äpfel nicht zu kühl sind, falls sie aus der kalten Speisekammer oder aus dem Keller kommen.
Die Kur sollte 1 - 3 Tage dauern. Außer den Äpfeln darf der Kranke in dieser Zeit keine weiteren Nahrungsmittel zu sich nehmen. Als Getränk eignen sich Kräutertees: Kamille, Nelkenwurz, Storchschnabel.
Eine anregende Wirkung auf die Darmtätigkeit haben gebratene Äpfel. Man kann sie im Grill oder Backofen wie Bratäpfel zubereiten.
Die harntreibende Wirkung des Apfels macht ihn zum geeigneten Diätmittel bei Rheuma, Gicht, Blasen- und Nierenkrankheiten. Besonders bei einer Neigung zu Blasen- und Nierensteinen hilft eine Apfelkur, die abgelagerten Stoffe auszuscheiden. Hierfür bereitet man sich frisch ausgepreßten Apfelsaft oder beißt einfach ohne lange Vorbereitung zu.
Auch der Apfelschalentee wirkt leicht anregend auf Blase und Nieren. Gleichzeitig ist dieser Tee ein beruhigender Nerventrank.
Die Apfelschalen werden in der Sonne oder im Backofen bei niedriger Temperatur (50°) getrocknet und anschließend gut verschlossen in einem Glas aufbewahrt. 2 Teelöffel der zerkleinerten Schalen übergießt man mit 1 Tasse kochendem Wasser. Gut ziehen lassen und eventuell mit Honig süßen.
Für einen fruchtigen Haustee können die Apfelschalen mit Hagebutten, Berberitzenbeeren und Birnenschalen gemischt werden.
Die fiebersenkende Wirkung des Apfels steckt ebenfalls im Apfelschalentee, mehr jedoch in den gedörrten Apfelscheiben.
Während man bei allen obigen Rezepten zu kultivierten Äpfeln greifen soll, ist bei dieser Zubereitung der kleine "Wilde" von keinem Kulturapfel zu schlagen. Wer also am Waldrand oder auf einer Lichtung einen Wildapfelbaum entdeckt hat, sollte ihn bis zum Herbst gut im Auge behalten. Dann werden sie geerntet, in feine Scheiben geschnitten und gut getrocknet. Bei warmem Wetter kann man sie an einem luftigen, trockenen Platz, auf Schnüre gefädelt, zum Trocknen aufhängen.
Ist dies nicht möglich, sollten sie im Backofen bei 50° getrocknet werden. Bei Bedarf werden sie in Wasser leicht aufgekocht, abfiltriert und ergeben so einen guten Fiebertrank, besonders für Kinder. Auf 1 Tasse Wasser gibt man 2 Teelöffel zerkleinerte Apfelscheiben.

Früher hat man noch eine weitere Zubereitungsart sehr geschätzt. Das Apfelblütenwasser war ein bekanntes Schönheitsmittel.
"Dieses Wasser macht ein schön klar Angesicht/ linde zahrte Haut", heißt es in einem alten Kräuterbuch darüber.
Für uns heute ist die einfachste Anwendung für die Schönheit mit dem Apfel eine Apfelmaske. Sie stärkt und reinigt die Haut. Hierfür werden 2 Äpfel zu Brei zerstoßen und mit etwas Rosenblütenwasser (aus der Apotheke) vermengt. Auf die Gesichtshaut auftragen und ca. 15 Minuten einwirken lassen.

Kochrezepte

Roh sind die kleinen Holzäpfel nicht genießbar. Sie ergeben jedoch ein sehr aromatisches Gelee. Bei allen Zubereitungen aus Äpfeln gebe ich einige der kleinen "Wildlinge" dazu, sie verstärken den Geschmack.

Dörren von Äpfeln

Die Äpfel schälen, das Kernhaus herausstechen und in Scheiben schneiden. Im Backofen bei 50° ca. 10 Stunden trocknen lassen.

Apfelchutney

Chutney ist eine indische Spezialität. Es hat die Konsistenz von Marmelade und wird zum Würzen von Reis, Fleisch, Fisch und allen Curry-Gerichten verwendet.

1 kg feste Äpfel
1 Zwiebel
7 enthäutete Tomaten
200 g Rosinen
600 g brauner Rohrzucker
1/2 l Essig
2 Eßl Salz
1 Messerspitze Muskatblüte
1 Messerspitze Nelken
3 - 5 Messerspitzen Cayenne-Pfeffer
4 Eßl eingelegten, gezuckerten Ingwer
1 Eßl Senf

Die Äpfel entkernen, aber nicht schälen, und feinhacken. Tomaten, Zwiebel und Ingwer ebenfalls kleinhacken und alles zusammen in einen Topf geben und erhitzen. Die restlichen Zutaten zugeben und kurz aufkochen lassen. Bei schwacher Hitze ca. 1 1/2 Stunden unter ständigem Umrühren zu Geleedicke einkochen lassen. In Marmeladegläser füllen und gut verschließen.

Apfelmolke

1 l Wasser
1 l Milch
4 saure Äpfel
Zitronensaft
Die Äpfel fein reiben und mit der Milch und dem Wasser kurz aufkochen. Abseihen und kalt servieren. Je nach Geschmack mit Zitronensaft verfeinern. Ein sehr gesundes und erfrischendes Getränk.

Apfelessig

Sehr reife Äpfel oder Falläpfel werden von fauligen Stellen oder Würmern befreit und grob zerkleinert. In einen Steinguttopf oder ein Holzfäßchen füllen und mit warmem Wasser übergießen, so daß alles abgedeckt ist. An einem warmen Ort einige Tage stehenlassen. Danach den Saft abpressen und in einen Glasballon füllen. Diesen nicht verschließen und wieder an einen warmen Ort stellen, bis sich der Saft nach etwa sechs Wochen zu Essig verwandelt hat. Vom Satz abgießen und in Flaschen füllen.

Konzentriertes Apfelgelee (Apfelkraut)

Die Äpfel in Stücke schneiden und im Dampfentsafter entsaften. Den Saft in einen Topf füllen und ca. 1 1/2 Stunden bis zur Geleedicke einkochen. In Marmeladegläser füllen. 4 - 5 Pfd Äpfel ergeben etwa 1 Glas Gelee!

Botanische Erkennungszeichen

Vorkommen:	ganz Europa
Standort:	Waldränder, Laubmischwälder bis 900 m
Höhe:	5 - 10 m, Baum oder Strauch
Rinde:	braun-grau, blättert in dünnen Schuppen ab
Blätter:	wechselständig, eiförmig, am Rande gesägt, unterseits weißfilzig, kurzer Blattstiel
Blüten:	Mai - Juni, zwittrig weiß-rötlich, gelbe Staubgefäße, kurzer Stiel, stehen in Büscheln
Frucht:	September 3 - 5 cm großer Holzapfel
Sammelzeiten:	Blüten: Mai Äpfel: Oktober - Dezember
Inhaltsstoffe:	Vitamin C, Pektin, organische Säuren, Enzyme
Holz:	rötlich, Hartholz, fest, dicht

Einkehr

Bei einem Wirte wundermild
Da war ich jüngst zu Gaste.
Ein goldner Apfel war sein Schild,
An einem langen Aste.

Es war der grüne Apfelbaum,
Bei dem ich eingekehret;
Mit süßer Kost und frischem Schaum
Hat er mich wohl genähret.

Es kamen in sein grünes Haus
Viel leichtbeschwingte Gäste;
Sie sprangen frei und hielten Schmaus
Und sangen auf das beste.

Ich fand ein Bett zur süßen Ruh'
Auf weichen, grünen Matten;
Der Wirt, er deckte selbst mich zu
Mit seinem kühlen Schatten.

Nun fragt' ich nach der Schuldigkeit,
Da schüttelt er den Wipfel.
Gesegnet sei er allezeit
Von der Wurzel bis zum Gipfel!

Ludwig Uhland

DIE BIRKE

Betula pendula - Hängebirke
Betula pubescens - Moorbirke

Familie der Birkengewächse – *Betulaceae*

Alte Bäume sind etwas Herrliches! Mit ihrem mächtigen Stamm, den kräftigen Ästen und dem riesigen Blätterdach scheinen sie den Himmel zu tragen. Je älter ein Baum wird, umso mehr festigt sich sein ihm ganz eigener Charakter in der Baumgestalt. Er wird immer mehr zur Persönlichkeit.
Die Birke macht da eine Ausnahme. Als junger Baum ist sie am schönsten. Später gleicht sie einer alten Frau, die ihre Falten mit viel Schminke zu verstecken versucht.
Aber in der Jugend übertrifft sie alle anderen Bäume an Schönheit und Grazie. Der weiße, schlanke Stamm ist so elegant und das feingliedrige, zartgrüne Blattkleid so anmutig.
Sie ist der leibhaftige Frühling. Eine Baumnymphe, die der Birke an einem Frühlingstag entstiege, würde sicher den zarten, blumigen Frauengestalten auf den Bildern Botticellis gleichen.
Haselnuß, Birke und Erle gehören alle zur Familie der Birkengewächse. Jeder dieser drei Bäume war für die

Menschen das Sinnbild eines bestimmten Punktes im Kreislauf des Lebens. Die Haselnuß stand am Anfang als Baum der Kinder und der Zeugung, die Birke verkörperte die Jugend, das Wachsen und Entstehen, die Erle symbolisierte das Alter, welches schon mit dem Geheimnis des Todes vertraut wird.

Das Fest der Birke wird bei uns schon seit uralter Zeit gefeiert, denn die Heimat dieses Baumes sind die nördlichen, gemäßigten und die arktischen Gebiete.
Auf Island und Grönland waren die Birken sogar einmal die einzigen Bäume. In diesen Ländern, in denen Väterchen Frost besonders arg wütet, ist die Freude groß über den Frühling mit seinen ersten, sich begrünenden Bäumen: Weide und Birke. Während die Weide auch das Absterben symbolisierte, war die Birke ein Baum der reinen Freude. Ihr Fest war jedesmal eine Freudenfeier der Wiedergeburt und der Hochzeit zwischen Himmel und Erde.
Der bekannteste Brauch um die Birke war der des Maibaums, der noch in unserer Zeit lebt.
Am ersten Mai holten die Bewohner des Dorfes eine große Birke aus dem Wald, schmückten sie mit bunten Bändern, Eiern, Brezeln und Kuchen.
Manchmal, so wie es bei einem russischen Pfingstbrauch üblich war, wurde der Baum mit Frauenkleidern behängt, und so zur leibhaftigen Frühlingsgöttin gemacht.
Mit dem Maibaum holten sich die Dorfbewohner einen Teil der neu erwachten Natur in ihr Dorf und stellten ihn als Pfand auf dem Dorfplatz auf, damit die Frühlingsgöttin ihre Familien segne. Auch für die einzelnen Höfe wurden am ersten Mai kleinere Bäumchen gehauen und vor die Tore und Türen gestellt.
An diesem Tag zogen in vielen Gegenden Europas die Menschen singend hinaus in den Wald, um "den Mai zu suchen".
Auch das "Pfeffern" oder "Schmackostern", das noch im letzten Jahrhundert weit verbreitet war, hat seinen Ursprung in alten, heidnischen Maifeiern. Frische Birkenzweige wurden zur Lebensrute, mit der die jungen Männer durchs Dorf zogen und die Bevölkerung, besonders die jungen Mädchen, pfefferten, d.h. schlugen. Wer mit solch einer Lebensrute eins übergezogen bekam, der war vor Krankheit für das weitere Jahr geschützt.
In der Nacht zum ersten Mai stellten die jungen Männer ihrer Angebeteten ein Birkenbäumchen vors Haus, als Zeichen ihrer Liebe und als symbolischen Heiratsantrag.
Warum es gerade in der Nacht zum ersten Mai Liebeserklärungen und Heiratsanträge nur so hagelte, das hat seinen Ursprung wieder in sehr alter Zeit. Das Fest der Urmutter, die hier in Form einer Birke verehrt wurde, das man in allen Kulturen zu Jahresbeginn feierte, stand immer im Zusammenhang mit der geheimnisvollen, heiligen Hochzeit, der Hieros Gamos. Die Urmutter, und mit ihr die ganze Erde, feierte in der Zeit des Neuerwachens der Natur Hochzeit mit dem Himmel. Beide, Himmel und Erde, müssen sich zusammentun, damit ein neuer Anfang entsteht. Ein Königs- oder Priesterpaar vollzog diese Hochzeit stellvertretend im Tempel, um die Fruchtbarkeit des Landes neu zu erwecken.
In Prozessionen trug man die frohe Botschaft des Neubeginns durch das Dorf und auf die Felder hinaus. Hochzeiten, die in diesen Tagen geschlossen wurden, galten als besonders glücklich.
Die wilden Feiern wurden später zu bösen Hexennächten wie die Walpurgisnacht umgemünzt.

Und wer war der Bräutigam der schönen Frühlingsgöttin?
Auf der Suche nach ihm bin ich auf einen wilden Gesellen gestoßen. Es ist der Laubmann, Pfingstbutz, wilde Mann, grüne Georg und zuletzt der heilige Georg.
Während der vorchristlichen Maiumzüge wurde ein männlicher Vegetationsdämon mitgeführt. Er war entweder eine geschmückte Strohpuppe oder ein ganz in Laub und Moos gehüllter Mann. Wahrscheinlich hat er so ähnlich ausgesehen wie die "wilden Männle" aus Oberstdorf, die alle fünf Jahre ihren uralten heidnischen Tanz aufführen, oder wie die vermummten Maskenmenschen bei einer Fastnacht in Süddeutschland.

Dieser Dämon war besonders für die Fruchtbarkeit der Haustiere und für das Regenmachen zuständig. Er symbolisierte jedoch auch die Notwendigkeit des Sterbens, um neues Leben entstehen zu lassen. Deshalb wurde er am Ende der Frühjahrsfeiern in den Bach geworfen oder während eines wilden Reiterfestes besiegt.
Aus dem grünen Georg ist der heilige Georg geworden, der noch heute am St. Georgstag die Pferde segnet.

Nach der Christianisierung haben die weltlichen und geistlichen Herren immer wieder versucht, die alten Maifeiern zu verbieten. Den Fürsten ärgerte es, daß alljährlich viele Birken aus seinem Waldbesitz geschlagen wurden. Es sind Aufzeichnungen überliefert, die vom strikten Verbot der Maibäume sprechen.
Auch der Kirche wäre es lieber gewesen, wenn nicht jedes Jahr zur Maienzeit die alten heidnischen Götter zu neuem Leben erweckt worden wären.
Aus dem Jahre 1225 ist ein Dokument erhalten geblieben, das von einem Pfarrer Johannes berichtet, der in Aachen versucht hatte, den alten Maibrauch abzuschaffen. Er soll, in geistigem Eifer, den mit Kränzen geschmückten Baum umgehauen haben, und das gerade zu dem Zeitpunkt, als die ganze Gemeinde fröhlich um den Baum tanzte. Die ganze Unternehmung endete angeblich in einem Tumult, denn die Bürger wollten sich ihr Fest nicht nehmen lassen.

Die Kirchenväter haben schließlich Kompromisse schließen müssen, und der alte Maibrauch wurde dann zum Fronleichnamsfest umgewandelt. Jetzt durften die Straßen wieder mit Birkenzweigen und Bäumchen geschmückt werden.

Die Birke ist ein Lichtbaum. In einem dunklen Wald kann sie nicht gedeihen. Birkenwälder sind immer licht und hell, das leichte Blätterdach läßt noch genügend Licht auf den Boden fallen.
Ansonsten stellt die Birke keine weiteren Ansprüche an ihren Standort. In einem Birkenwald stellt sich jedoch keine reichhaltige Flora unter den weißen Stämmen ein. Die Wurzeln der Birke holen ihre Nährstoffe nicht nur aus der Tiefe, sondern streichen auch an der Bodenoberfläche entlang und entziehen der oberen Schicht die Nährstoffe. Da bleibt nicht mehr viel übrig für andere Pflanzen.
Daß die Birke auch auf dem feuchtesten Boden gedeihen kann, hat sie bereits vor ein paar Jahrtausenden bewiesen. Damals, nachdem sich die Eisgletscher gegen Ende der Eiszeit zurückgezogen hatten und eine feuchte, baumlose Moorlandschaft zurückließen, gehörte die Birke zu den ersten Bäumen, die das Neuland besiedelten. Noch heute werden Birken auf Ödland, Geröllhalden und feuchten Böden zum Befestigen und zum Entwässern gepflanzt.
Selbst ein eisiger Winter kann der Birke nicht schaden, denn ihre luftgepolsterte Rinde ist ein guter Kälteschutz. Kein Laubbaum ist so winterhart wie die Birke. Außerdem ist die Birkenrinde besonders wasserundurchlässig.
Diese Eigenschaften der Rinde haben sich die Menschen nördlicher Breitengrade zu Nutzen gemacht. Sie gebrauchten die Birkenrinde zum Abdecken der Häuser und schufen so wasserdichte und gut isolierte Dächer.
Die Indianer Nordamerikas verwendeten die Rinde der dort heimischen Birkenarten zum Bau ihrer besonders leichten Kanus.
Die Rinde junger Birken läßt sich wie Leder gebrauchen, sie ist weich und geschmeidig. Die Lappländer fertigten aus ihr sogar Umhänge und Gamaschen.

Die innere Rinde enthält viel Zucker, Öl und sogar Vitamin C. Sie war für die Indianer und so manchen Trapper oder Goldsucher in besonders strengen Wintern eine Notration, die das Leben retten konnte. Eßbar ist aber nur die zarte, gelbe Innenrinde, das Cambium, das vorsichtig abgeschabt werden muß, nachdem man die äußere Rinde entfernt hat. Die Indianer zerschnitten sie in kleine Stücke, trockneten und pulverisierten sie. Aus diesem "Birkenmehl" backten die Frauen eine Art Pfannkuchen.
Ein weiterer Bestandteil der Rinde ist ein hoher Gehalt an Gerbstoff. Deshalb war die Rinde ein gebräuchliches Mittel zum Gerben. Die mit Birkenrinde behandelten Felle strömen einen intensiven, würzigen Geruch aus. Daran lassen sich die "Juchtenleder", die mit Birkenrinde gegerbten Felle, von den mit anderem Material gegerbten Fellen unterscheiden.

Die Rinde blättert nicht in dicken Schuppen ab, sondern sie schält sich elegant in papierähnlichen Querbändern. Dieses "Baumpapier" war früher ein billiges Schreibmaterial.
Hironymus Bock berichtet darüber in seinem Kräuterbuch, das im 16. Jahrhundert erschien:

"Der Birkenbaum ist vor zeitten in grosser würde gewesen/darumb das man auff die weissen Rinden des selben baums etwan geschriben/ehe dann die lumpen zum Papyr erfunden seind worden/wie ich danselbs zu Chur im Schweitzerland etlich Carmina Vergilii auff weisse Birkenrinden geschriben/gesehen und gelesen hab/"

Vom Birkenholz läßt sich nicht viel Rühmliches berichten. Es ist nicht von bester Qualität. Sehr selten wird es zum Möbelbau verwendet.
Aber es ist ein Geheimtip für alle, die im nassen Wald ein Feuer entfachen müssen. Das Holz brennt auch in frischem und feuchtem Zustand durch den eingelagerten Birkenteer. Auch die feine, innere Rinde ergibt einen guten Zunder bei feuchtem Wetter. Durch den Birkenteer brennt das Holz mit einer sehr hellen Flamme, weshalb es bevorzugt zum Verbrennen im offenen Kamin gebraucht wird.

Medizinische Verwendung

Im zeitigen Frühjahr, wenn die Schwere und Müdigkeit des Winters noch in den Gliedern steckt, dann ist es Zeit für eine Frühjahrskur, die den Körper reinigt und neu belebt.
Gerade jetzt ist die Birke zu neuem Leben erwacht. Sie schiebt ihre harzig duftenden Blätter heraus, und in den Stamm steigt süßer Saft.
Jetzt hat die Birke in Blättern und Saft die meisten Heilstoffe und bietet sich für eine Frühjahrskur geradezu an. Ihre Heilstoffe bilden zusammen eine gelungene Komposition, die belebend und reinigend auf den menschlichen Körper wirkt.
Die Birke, die als Moorbewohner so gut mit dem Wasser umzugehen weiß, kann als Heilmittel in den Wasserhaushalt des menschlichen Körpers regulierend eingreifen. Sie regt Blase und Nieren an und hilft so bei Wassersucht, Rheuma, Gicht, Arthritis, Nieren- und Blasensteinen.
Diese Eigenschaften wirken sich außerdem günstig zur Behandlung verschiedenster Hautkrankheiten aus, da neben Blase und Nieren die Ausscheidungstätigkeit der Haut angeregt wird. Schon bei den alten Germanen galt der Birkensaft als Schönheitstrunk. Zur Unterstützung empfiehlt sich auch die äußerliche Anwendung in Form von Waschungen und Umschlägen mit Birkenblättertee und Birkenwasser.
Nicht umsonst peitscht man sich in nordischen Saunen mit frischen Birkenreisern, denn dies unterstützt die Ausschwitzungen der Haut.
Für einen Birkenblättertee sammelt man die jungen, noch klebrigen Blattknospen im April oder Mai. Durch ihren hohen Gehalt an ätherischem Öl strömen sie einen balsamischen Duft aus. Nach dem Sammeln müssen sie gleich zum Trocknen auf einem Tuch oder feinen Gitterrost ausgebreitet werden. Bei feuchter Witterung trockne ich die Blättchen im Backofen bei sehr niedriger Temperatur.

Von den getrockneten Blättern reichen 2 Teelöffel auf eine Tasse Wasser. Man übergießt sie mit dem kochenden Wasser und läßt gut ziehen.
Die Frühjahrskur sollte ca. 3 Wochen dauern. In diesem Zeitraum trinkt man vom Tee täglich 2 - 3 Tassen.
Eine noch durchgreifendere Wirkung hat der frische Birkensaft. Wenn im März und April die Säfte in den Stamm steigen, dann ist die günstigste Zeit, um eine Birke zu "melken".
Wer nicht in der glücklichen Lage ist, eine eigene Birke im Garten zu haben, der sollte sich zuerst mit dem Förster in Verbindung setzen, bevor er eine Birke draußen im Wald anzapft. Sonst kann es als Waldfrevel ausgelegt werden. Eine kräftige Birke übersteht das Anzapfen ohne Schaden, wenn es nur alle zwei Jahre wiederholt wird.
In ca. einem Meter Höhe bohrt man die Birke etwa 3 cm tief an. Der Durchmesser des Bohrloches sollte nicht viel mehr als 1/2 cm betragen. Nun steckt man ein Glasröhrchen in die Öffnung und bindet einen Behälter um den Baum, so daß der Saft aufgefangen wird. Nie ein Metallgefäß verwenden, sondern nur emaillierte oder Kunststoffbehälter. Statt einem Glasröhrchen kann man auch ein Stückchen von einem Holunderast verwenden. Das Mark läßt sich leicht herausschieben.
Nach einem "Aderlaß" von 2 - 3 Litern muß der Baum wieder gut verschlossen werden, da er sonst verbluten kann. Man besorgt sich für diese Operation Baumwachs oder Pech. Normales Wachs eignet sich nicht dafür, denn es rutscht wieder heraus.
Der frische Saft ist eine glasklare Flüssigkeit, die leicht süßlich schmeckt. Zu einer Trinkkur genehmigt man sich davon täglich 2 Schnapsgläschen, so lange bis die 2 oder 3 Liter aufgebraucht sind.
Und da ergibt sich schon eine Schwierigkeit. Der Saft beginnt sehr schnell zu gären. Deshalb muß er im Kühlschrank aufbewahrt werden. Man kann ihn auch portionsweise im Gefrierfach einfrieren. Gibt man in die Flaschen eine halbe Stange Zimt und einige Gewürznelken, so hält sich der Saft länger durch die keimtötende Eigenschaft des Zimtes und der Nelken.
Der Saft kann auch äußerlich verwendet werden. Er ist ein gutes Waschmittel für schlecht heilende Wunden und Hautausschläge. Will man ihn hierfür das ganze Jahr zur Verfügung haben, so gibt man 1/3 der Menge hochprozentigen Alkohol dazu. Als Wundmittel kann er mit Arnikatinktur gemischt werden. Gleichermaßen ist der Saft ein gutes Gesichtswasser. Er reinigt und pflegt die Haut.
Als haarwuchsförderndes Mittel ist der Birkensaft noch sehr populär. Hier ist ein Rezept für ein hausgemachtes Haarwasser:

Birkenhaarwasser

2 Handvoll frische Birkenblätter
1 Eßl Brennesselwurzeln

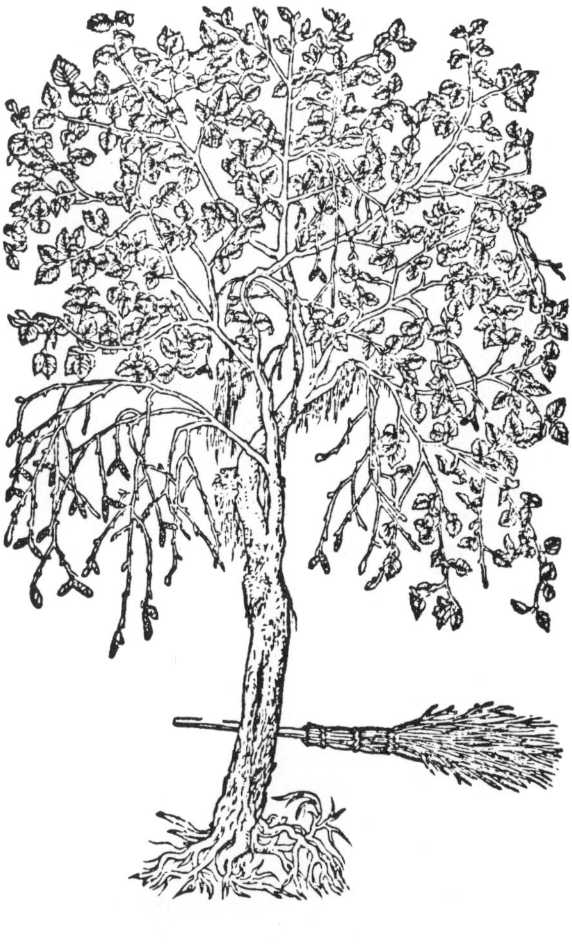

2 Eßl Brennesselblätter
1 Eßl Kapuzinerkresse, Blätter und Blüten
1 Eßl Arnikablüten
1/2 Eßl Rosmarin
eventuell 4 Gewürznelken
1 l 70 %iger Alkohol

Die Birkenblätter sollten frisch gepflückt sein. Alle anderen Kräuter können auch in getrocknetem Zustand verwendet werden, jedoch ergeben frische Kräuter ein besseres Haarwasser.
Alles in ein Schraubglas füllen und mit dem Alkohol übergießen. Verschließen und 3 Wochen ziehen lassen. Gelegentlich umschütteln. Abseihen und in eine Tropfflasche füllen.

Birkenlegendchen

Birke, du schwankende, schlanke,
Wiegend am blaßgrünen Hag.
Lieblicher Gottesgedanke
Vom dritten Schöpfungstag!

Gott stand und formte der Pflanzen
Endlos wuchernd Geschlecht,
Schuf die Eschen zu Lanzen,
Weiden zum Schildegeflecht.

Gott schuf die Nessel zum Leide,
Alraunenwurzeln zum Scherz,
Gott schuf die Rebe zur Freude,
Gott schuf die Distel zum Schmerz.

Mitten in Arbeit und Plage
Hat er leise gelacht
Als an den sechsten der Tage,
Als er an Eva gedacht.

Sinnend in göttlichen Träumen
Gab seine Schöpfergewalt
Von den mannhaften Bäumen
Einem die Mädchengestalt.

Göttliche Hände im Spiele
Lockten ihr blonden das Haar,
Daß ihre Haut im gefiele,
Seiden und schimmernd sie war. –

Biegt sie und schmiegt sie im Winde
Fröhlich der Zweiglein Schwarm,
Wiegt sie, als liegt ihr ein Kinde
Frühlingsglückselig im Arm.

Birke, du mädchenhaft schlanke,
Schwankend am grünenden Hag,
Lieblicher Gottesgedanke
Vom dritten Schöpfungstag.

*Börries von Münchhausen**

Botanische Erkennungszeichen

Vorkommen:	ganz Europa, jedoch bevorzugt in nördlichem Klima
Standort:	Hängebirke (Betula pendula): Waldlichtungen, Geröllhalden, Brachland Moorbirke (Betula pubescens): feuchte Böden, Moore
Höhe:	bis 30 m
Rinde:	glänzend gelbbraun, später weiß mit schwarzen Querstreifen
Blätter:	wechselständig, zugespitzt, dreieckig, am Rande doppelt gesägt
Blüten:	März - Mai, einhäusig weibliche: grünliche Zapfen, am Ende der neuen Kurztriebe aufrecht, später hängend männliche: gelbliche, lange Kätzchen, ungestielt, an der Spitze der Langtriebe sitzend
Früchte:	Juni - August hellbraune Zäpfchen, Nüßchen mit beidseitigen Flügeln
Sammelzeiten:	Saft: März - Mai Blätter: Mai - Juni Blattknospen: März
Inhaltsstoffe:	Gerbstoffe, Bitterstoffe, Vitamin C, ätherische Öle, Harz, Saponine, Flavone
Holz:	hell, gelblich bis rötlich, elastisch, weich

DIE BERBERITZE

Die Berberitze Berberis vulgaris

Familie der Berberitzengewächse – *Berberidaceae*

Die Berberitze ist in Verruf geraten. Lange Zeit hindurch war sie ein beliebter Heckenstrauch gewesen. Bis man entdeckte, daß sie der Zwischenwirt des Getreiderostes, eines gefährlichen Schädlings für das Getreide, ist. Auf der Unterseite ihrer Blätter sitzen die gelb-roten Wintersporen. Sind diese reif, werden sie vom Wind, oder von eigens dafür durch Nektar angelockten Insekten verbreitet. Auf dem Getreide angelangt, beginnen sie mit dessen Zerstörung. Deshalb wird die Berberitze besonders in Getreideanbaugebieten vernichtet und ist in manchen Gegenden schon fast ausgerottet.

Als Heckenpflanze im Garten kann man sie jedoch bedenkenlos anpflanzen. Mit ihren hellgelben Blütentrauben und den korallenroten Früchten, die bis in den Winter hinein hängenbleiben, ist sie das ganze Jahr über schön.

Womit sich die Berberitze gegen den Verbiß durch Tiere wehrt, das spürt man sehr schnell, wenn man ihre Blüten und Beeren ernten will:

Ihre Zweige sind mit langen Dornen besetzt. Wehrhaft halten sie sich in Grüppchen zu dreien oder zu fünfen die Tiere vom Leibe, die die säuerlichen Blättchen gern kosten würden. Diese Dornen sind umgewandelte Blätter, von denen nur noch die Hauptrippen stehenblieben. Die längsten und kräftigsten Dornen finden sich an den untersten Zweigen zusammen.

Die ursprüngliche Heimat der Berberitze soll Nordafrika sein. Der deutsche Name Berberitze ist nur eine leichte Umwandlung des lateinischen Berberis, womit die Römer den arabischen Stamm der Berber benannten. Aus der nordafrikanischen Heimat dieses Volksstammes soll die Berberitze stammen.

Durch ihre große Heilkraft gehört die Berberitze seit jeher zum Pflanzenschatz unseres Sprachgebietes und wurde deshalb mit vielen volkstümlichen Namen belegt: Erbsel, Essigbaum, Kuckucksbaum, Dreidorn, Himmelbrot.

Die Berberitze gehört in die Reihe der Pflanzenorakel, mit denen die Bauern die Fruchtbarkeit und das Wetter der folgenden Jahreszeiten zu deuten versuchten. Im Allgäu schaute man sich im Herbst die Berberitzenfrüchte genauer an: sind sie dick und kurz, so steht ein strenger, aber kurzer Winter bevor. Sind sie jedoch lang und dünn, so wird der Winter lang und mild.

Medizinische Verwendung

In keinem Kräuterbuch, in dem die wichtigsten Heilpflanzen aufgezählt sind, fehlt die Berberitze. In allen Teilen enthält sie heilwirksame Stoffe.

Eine Besonderheit der Berberitze ist die hellgelbe Innenseite der Rinde. Durch Abschaben der äußeren Rinde erscheint das darunter Verborgene gelb. Dieser gelben Rinde werden besonders große Heilkräfte zu-

gesprochen. Die Rinde der Wurzel soll am wertvollsten sein. Sie wird im Herbst ausgegraben. "Goldsuchen" nannten die Kräuterkenner diese Prozedur. Wer aber einmal aus der dunklen Erde dieses leuchtende Gelb gegraben hat, wird diese Bezeichnung verstehen.

Nachdem die Wurzel sorgfältig gereinigt worden ist, wird die Rinde abgeschabt und in kleine Stücke geschnitten. Nun trocknet man sie an der Sonne. Das "gelbe Gold" verwendete man nicht nur zum Heilen, sondern man färbte damit Wolle und Leinen. Sogar Leder nimmt die Farbe an.

Der gelbe Farbstoff der Berberitze, das Berberin, ist der Hauptwirkstoff der Pflanze. Berberin ist ein Alkaloid, deshalb müssen die Dosierungen genau eingehalten werden, da es sonst zu Nebenerscheinungen kommen kann.

Das Berberin wirkt zusammen mit den anderen Stoffen der Berberitze auf Leber, Galle und Nieren. Daß die Berberitze ein Leber- und Galleheilmittel ist, war schon, bevor man das Berberin im Labor bestimmt hat, bekannt.

Mit Hilfe der Signaturenlehre wurde die Berberitze schon immer den leber- und gallewirksamen Pflanzen zugeordnet. Diese mittelalterliche Lehre von den Signaturen läßt sich bis in die Antike zurückverfolgen. Sie besagt, daß jede Pflanze eine Signatur, d.h. ein Zeichen besitzt, an dem man ihre Bestimmung ablesen kann. Am Äußeren ist das Innere zu erkennen für den, der die Zeichen zu lesen versteht.

Die Signatur suchte man in Form, Farbe und Standort. Für Eingeweihte war auch eine Ausstrahlung der Pflanze maßgebend.

Gleiches wurde mit Gleichem geheilt. Mit der Walnuß z.B. suchte man Kopfkrankheiten zu heilen, denn die Walnußhälften ähneln sehr stark dem menschlichen Gehirn. Und tatsächlich hat sich diese Annahme, oder besser, diese alte Gewißheit, bestätigt; Walnüsse wirken stärkend auf die Gehirnfunktion.

Mit den am Wasser stehenden Pflanzen heilte man durch schädlichen Wassereinfluß entstandene Leiden wie Rheuma, Gicht, Nieren- und Blasenkrankheiten. Tatsächlich wachsen die meisten Pflanzen, die sich bis heute zur Heilung dieser Krankheiten bewährt haben, in Wassernähe: Wiesengeißbart, Weide, Goldrute, Zinnkraut.

Auch die Farbe der Pflanze war wichtig zur Bestimmung der Signatur. Rotblühende Pflanzen, oder solche, die in irgendeinem Teil rot waren, wurden zur Heilung von Blutflüssen verwendet: Tormentille, Wiesenknopf.

Gelbe Pflanzen waren als Leber- und Gallemittel bekannt. Und jetzt sind wir wieder bei der Berberitze angelangt mit ihrer hellgelben Innenrinde.

Das Wissen um die Signaturen ist zum größten Teil verlorengegangen, es hat sich mit der Zeit immer mehr verwässert und ist schließlich ganz verworfen worden. Mit der Berberitze haben die Signaturenfinder Recht behalten.

Noch heute wird sie in der Naturheilkunde erfolgreich bei Leber- und Gallekrankheiten verwendet. Sie hilft bei Leberfunktionsstörungen, Gallesteinen und Gallestau.

Der zweite Angriffspunkt der Berberitze sind die Nieren. Hier wirkt sie anregend auf die Nierentätigkeit und hilft so bei Nierensteinen. Sie fördert die Ausscheidung von Harnstoffen bei Rheuma, Arthritis und Gicht.

Als Gurgelmittel bei Zahnfleischentzündung und lokkerem Zahnfleisch hilft der Berberitzentee als Spülung.

Zur Bereitung des Tees muß man nicht unbedingt die Wurzel des Strauches ausgraben. Meist reicht die abgeschabte Rinde eines Astes. Diese wird dann getrocknet, zerkleinert und gut verschlossen aufbewahrt. 1 - 2 Teelöffel der Rinde werden mit 1 Tasse Wasser kurz aufgekocht und danach abgeseiht. Bitte nicht den Tee mit Honig oder Zucker süßen, er verliert dadurch an Wirkung. Die Tagesdosis sollte 2 Tassen nicht überschreiten.

Leber- und Galletee

Berberitzenrinde
Löwenzahnwurzel
Mariendistelsamen
Berberitzenfrüchte
Wegwartenwurzel

Will man sich den Tee im Kräuterhaus mischen lassen, werden von jeder Pflanze 20 g gerechnet. Von selbstgesammelten Pflanzen mischt man sich von jeder Sorte etwa den gleichen Teil. 1 Teelöffel dieser Mischung gibt man auf 1 Tasse Wasser. Alles erhitzen und einige Minuten kochen lassen. Vom Herd nehmen, noch etwas ziehen lassen und abseihen.

Nieren- und Blasentee

2 Teile Berberitzenrinde
2 Teile Berberitzenfrüchte
2 Teile Birkenblätter
2 Teile Goldrutenkraut
1 Teil Wacholderbeeren
1 Teil Bärentraubenblätter

Der Tee wirkt anregend und harntreibend. 1 Teelöffel der Mischung mit 1 Tasse kochendem Wasser übergiessen; 5 Minuten ziehen lassen.

Kochrezepte

Die Früchte der Berberitze haben einen angenehmen säuerlichen Geschmack. Sie gelieren besonders leicht. Sie sollten jedoch erst nach dem ersten Frost gesammelt werden, dann haben sie einen milderen Geschmack. Besonders in der Biedermeierzeit waren die Kochbücher voll von Berberitzen-Rezepten. Es gab Berberitzengelee, -pasten, -eis, -essig, -saft und vieles mehr.

Berberitzengelee

2 Pfd Berberitzen
1 Pfd Zucker

Die Beeren waschen und von den Stengeln befreien. Mit wenig Wasser weichkochen. Mit einem Tuch auspressen oder durch ein Sieb passieren. Den Saft mit dem Zucker zu Geleedicke einkochen. Heiß in Marmeladegläser füllen.
Die Marmelade schmeckt weniger herb, wenn man einen Teil der Berberitzen durch Äpfel, Birnen, Kirschen oder Zwetschgen ersetzt.
Statt Zucker können Sie auch Honig und ein Geliermittel wie Agar-Agar verwenden.

Berberitzensaft

2 Pfd Berberitzen
1 Pfd Zucker

Die Berberitzen in wenig Wasser weichkochen und mit einem Tuch auspressen. Erhitzen und den Zucker darin auflösen. Heiß in vorbereitete Flaschen füllen und gut verschließen. Berberitzenzubereitungen sind sehr haltbar, der Saft hält sich auch ohne weiteres Sterilisieren.

Botanische Erkennungszeichen

Vorkommen:	Mitteleuropa
Standort:	Waldränder, Hecken
Höhe:	bis 2 m hoher Strauch
Rinde:	hellbraun, Längsfurchen, junge Zweige rötlichbraun
Blätter:	wechselständig, buschig angeordnet, länglich, scharf gesägt, kurzgestielt, lange Dornen am Grund der Blätter
Blüten:	Mai - Juni, hellgelbe, hängende Trauben, riechen unangenehm
Früchte:	Oktober - November, länglich, korallenrot, mit 1 - 2 Samen
Sammelzeiten:	Blüten: April - Juni Blätter: April - Mai Beeren: November, nach dem ersten Frost Rinde: Herbst, Winter
Inhaltsstoffe:	Alkaloid Berberin, Oxyacanthin, Vitamin C, ätherische Öle

DER BIRNBAUM

Der Birnbaum Pyrus communis

Familie der Rosengewächse – *Rosaceae*

Der Birnbaum, so wie er heute in unseren Obstgärten steht, war einmal ein kleiner, struppiger Baum mit aufrechten, dornenbesetzten Zweigen.
Schon im Altertum ist es den Griechen gelungen, ihn so zu veredeln, daß aus den kleinen, sauren Holzbirnen große, süße Früchte geworden sind. Die Römer übernahmen diese veredelte Art, und bereits im 1. Jahrhundert n.Chr. kultivierten sie über 40 Birnenarten in ihren Gärten.

Den Wildbirnenbaum gibt es heute noch, er wächst verstreut in den Wäldern Europas. Im Frühjahr, wenn die dunklen Äste mit weißlichen Blüten besteckt sind, leuchtet er zwischen den anderen Bäumen hervor.

Er gehört, wie unsere anderen Obstbäume auch, zur Familie der Rosengewächse.

Birnbaum und Apfelbaum sind das "Paar" im Obstgarten. Wurde der Apfelbaum schon seit Urzeiten mit

dem weiblichen Element in Zusammenhang gebracht, so symbolisierte der Birnbaum das männliche.
Eine alte Bauernregel sagt:
"Willst du ein Kuhkalb, so vergrabe die Nachgeburt einer Kuh unter einem Apfelbaum, wünschst du lieber ein Stierkalb beim nächsten Mal, so vergrabe die Nachgeburt unter einem Birnbaum."
Durch ihre Symbolik als Paar wurden beide, Apfel- und Birnbaum, als Liebesorakel gebraucht. Der Apfelbaum sollte die Fragen der jungen Männer beantworten, während es die Mädchen mehr zum Birnbaum hinzog.
In den Rauhnächten zwischen Weihnachten und Neujahr holten sie sich Auskunft über den Ablauf des kommenden Jahres. Um Mitternacht schlichen sich die Mädchen zum alten Birnbaum hinter dem Hof. Sie schlüpften aus ihren Holzschuhen und warfen sie auf den Baum. Blieb der Schuh an einem Zweig hängen, so würde auch ein schöner Freier im nächsten Jahr an ihr hängen bleiben.
Selbst die Fähigkeit, dem Menschen eine Krankheit abzunehmen, sprach man dem Birnbaum zu. Eine sehr alte und merkwürdige Vorstellung, die weit zurückreicht, ist die von der Krankheitsentstehung durch Insekten und Würmer. Im Mittelalter glaubte man, in der Rinde und in den Wurzeln der Bäume hielten sich diese krankheitserzeugenden Tiere auf. Sie sollen so klein sein, daß man sie mit bloßem Auge nicht erkennen kann. Diese Tiere, so glaubte man, können in den Körper des Menschen eindringen und bestimmte Krankheiten verursachen. Typische "Wurmkrankheiten" waren Schwindsucht, Kopfschmerzen, Magenkrankheiten, Zahnschmerzen.
Diese Vorstellungen finden sich auch in der alten Heilkunde der Inder und Chinesen und lassen sich bis in die Zeit der Assyrer und Babylonier zurückverfolgen. Bei verschiedenen Eingeborenenstämmen Südamerikas ist es noch heute die Aufgabe des Medizinmannes, die krankheitserzeugenden Würmer aus dem Körper des Patienten zu vertreiben.
Selbst in unserer Zeit werden einige Krankheiten noch mit Namen bezeichnet, die sich aus diesen alten Vorstellungen herleiten. Das Nagelgeschwür, Panaritium, ist vielen nur unter dem Namen "Fingerwurm" bekannt.
War dieser Glaube vielleicht eine Ahnung der erst viel später entdeckten Bakterien und Viren?
Half bei einer dieser Krankheiten kein Mittel mehr, so suchte sich der Kranke einen geeigneten Baum, den er "anklagte".
Folgender Spruch sollte beim Umschreiten eines Birnbaumes hergesagt werden, damit die Krankheit auf den Baum übertragen werden konnte.

"Birnbaum, ich klage dir
Drei Würmer, die stechen mir.
Der eine ist grau,
der andere ist blau
der dritte ist rot,
ich wollte wünschen, sie wären alle drei todt."

Trotz ihres sauren Geschmacks hat man für die Holzbirnen schon immer eine Verwendung gefunden. Um einen guten Obstwein zu brauen, mischte man einige Holzbirnen unter die veredelten Birnen. Auch Marmeladen und Gelees bekommen einen würzigeren Geschmack, wenn man einige kleine Wildbirnchen mitkocht.
Selbst aus den Birnenkernen stellte man früher noch etwas Nützliches her. In Notzeiten, wenn das Speiseöl knapp war, bereitete man aus ihnen ein gutes Speiseöl. In einem Kräuterbuch aus dem Jahre 1874 fand ich die Anleitung dafür. Aus 25 Pfund Birnenkernen erhält man 3 Pfund Öl!

Was man am wilden Birnbaum am meisten schätzte, war sein Holz. Hart, fein und gleichmäßig gemasert, war es ein bevorzugtes Holz für Bildhauer und Holzschnitzer, die daraus unter anderem Formen für die Zuckerbäcker schnitzten.
Noch heute schätzt man es als besonders wertvolles Holz für den Möbelbau.
Das Holz des Wildbirnenbaumes ist noch härter als das des veredelten Birnbaumes. Das Holz sollte fest und widerstandsfähig sein, und deshalb fällte man früher die Bäume nur zu ganz bestimmten Zeiten. Im Winter bei Neumond an einem Nordhang geschlagenes Holz galt als das Beste. Noch im Wald wurde es gespalten und zuhause an einem luftigen Ort lange gelagert. Solch ein vorbereitetes Holz ist tatsächlich viel fester und widerstandsfähiger als anderes Holz.
In einer Zeit, in der es noch keine künstlichen und stark giftigen Imprägnierungsmittel gab, war man auf diese alten Erfahrungen angewiesen.
In alten Holzhäusern tragen noch jahrhundertealte Holzbalken schwere Decken, ohne von Holzschädlingen befallen zu sein.
Das Holz des Birnbaumes beizte man gelegentlich mit Pflanzensäften schwarz und erhielt so ein dem Ebenholz sehr ähnliches Holz, das man besonders gern zur Herstellung von Truhen verwendete.

Medizinische Verwendung

Die alten Ärzte haben vor den Birnen gewarnt; sie sollen für die Verdauung schlecht sein, den Magen beschweren, Galle und Leber verstopfen.
Die salernitanischen Ärzte der mittelalterlichen Hochschule der Medizin haben die Birnen sogar ein Gift genannt: *

"Auch mit den Birnen sei auf der Hut! Man muß sie begießen. Roh die Birne vom Baum, ohne Wein, zu essen ist giftig. Sind die Birnen ein Gift, sei dem Birnbaum geflucht. Gegengift sind Birnen gekocht, doch meide die rohen. Solche beschweren den Magen, gekochte hingegen erleichtern. Wer aber Birnen genießt, er heile es wieder mit Trinken."

So liegt das Geheimnis der Birnen wie beim Apfel in der Zubereitungsart. Rohe Birnen sind zwar nicht gif-

tig, sie eigenen sich jedoch nicht als Diätkost, da sie tatsächlich schwerer verdaulich sind als Äpfel.

Als Kompott oder Saft zubereitet, werden sie zum Heilmittel. Sie enthalten zwar weniger Vitamine als die Äpfel, dafür sind sie reicher an Mineralstoffen, organischen Säuren und Gerbstoffen. Sie wirken harntreibend, desinfizierend und adstringierend. Sie eignen sich als Diätkost bei Herz- und Kreislauferkrankungen, Bluthochdruck, Blasenentzündung, Nierenkrankheiten. Außerdem stärken sie den Magen.

Als Diätkost reicht man am besten das Kompott oder den Birnensaft. Der frisch ausgepreßte Saft stopft und bläht nicht und eignet sich besonders gut zur Trinkkur bei Herz- und Kreislaufschwäche und Bluthochdruck.
Die getrockneten Birnenblätter können als Tee für alle obengenannten Krankheiten verwendet werden. Auch als Getränk während einer Fastenkur ist dieser Tee zu empfehlen.

Nieren- und Blasentee

1 Teil Birnenblätter
1 Teil Birkenblätter
2 Teile Goldrutenkraut

2 Teelöffel der Kräuter mit 1 Tasse kochendem Wasser übergießen. 5 Minuten ziehen lassen. Tagesdosis: 2 - 3 Tassen.

Kochrezepte

Die kleinen Holzbirnen eignen sich hauptsächlich zur Herstellung von Most und Essig. Für die folgenden Rezepte habe ich "kultivierte" Birnen verwendet. Birnenmarmeladen oder Gelees bekommen einen aromatischeren Geschmack, wenn man einige Holzbirnchen daruntermogelt.
Roh sind sie kaum genießbar. Ein Gelee aus ihrem Saft jedoch schmeckt vorzüglich. Hierfür wird der Saft mit dem gleichen Teil Zucker zu Gelee gekocht. Mit Zimt, Muskatblüte oder Vanille würzen.

Dörren von Birnen

Herbe Sorten:

Die ganzen Birnen in Wasser kurz aufkochen. Schälen und das Kernhaus herausstechen. In Scheiben schneiden, auf einen Rost legen und im Backofen bei 50° ca. 10 Stunden trocknen lassen.

Saftige, süße Sorten:

Die Birnen schälen, das Kernhaus herausstechen und in Scheiben schneiden. Auf einen Rost legen und im Backofen bei 50° ca. 8 - 10 Stunden trocknen lassen. Man kann auch ganze Birnen trocknen, allerdings dauert dies sehr lange. Die getrockneten Birnen ergeben dann die runzligen Hutzeln oder Kletzen, aus denen das Hutzelbrot gebacken wird. Hierfür trocknet man am besten süße Wasserbirnen.

Birnenbutter

3 Pfd Birnen
1 Tasse Zucker oder Honig
2 Zitronen (Saft)
1/2 Tasse Wasser
1/4 Teel Muskatblüte
1/2 Teel Zimt

Birnen vom Kernhaus befreien und in kleine Stücke schneiden. Nicht schälen. Mit den restlichen Zutaten in einen Topf geben und bei mittlerer Hitze kochen. Wenn die Birnen weich sind, sie mit einem Kartoffelstampfer zerdrücken. Ca 2 Stunden lang kochen und öfters umrühren. In vorbereitete Marmeladengläser füllen. Zur besseren Haltbarkeit im Dampfkochtopf 30 Minuten bei 90° einkochen. Falls kein Dampfkochtopf im Hause ist, kann man genausogut im Elektroherd einmachen. Hierfür füllt man die Marmeladegläser wie für den Dampfkochtopf mit Gummiring und Klammer. Die Fettpfanne des Elektroherdes (Blech mit hohem Rand) mit 1/2 Liter heißem Wasser füllen und auf den Boden oder die unterste Leiste des

Backofens schieben. Den Herd auf 180° einstellen. Sobald die Temperatur erreicht ist, die Gläser ins heisse Wasserbad setzen. Die Einkochzeit im Elektroherd ist die gleiche wie die im Dampfkochtopf. Sie wird erst vom Perlen des Inhalts der Gläser an gerechnet.

Hutzelbrot

400 g Hutzeln (getrocknete Birnen)
100 g Datteln
150 g Feigen
150 g Zwetschgen
100 g Rosinen
30 g Orangeat
30 g Zitronat
100 g gemahlene Nüsse
30 g Hefe
500 g Mehl
4 Eßl Zucker
1/2 Teel Salz
1/2 Teel Zimt
1 Eßl Anis
1/2 Teel Nelken

Die Hutzeln waschen, Stiel und Blüte entfernen und in warmem Wasser 2 Stunden einweichen. Die getrockneten Zwetschgen und die Feigen ebenfalls einweichen und danach kleinschneiden. Die Hutzeln im Einweichwasser ca. 20 Minuten kochen und abseihen (das Einweichwasser nicht wegschütten) und in Stükke schneiden. Alle Früchte zusammengeben, das Einweichwasser der Hutzeln darübergießen und über Nacht ziehen lassen. Am nächsten Tag die restlichen, kleingeschnittenen Früchte, die Nüsse und Gewürze unter die eingeweichten Früchte mischen. Mit 1/3 Mehl, der Hefe und 1/2 Tasse lauwarmem Einweichwasser einen Teig anrühren und an einem warmen Ort 1 Stunde gehen lassen. Das übrige Mehl unter die angemachten Früchte mischen. Jetzt den Vorteig dazugeben und alles zu einem Teig durchkneten. Eventuell noch etwas Einweichwasser zugeben. Der Teig soll sich gut von der Schüssel lösen. Zwei Laibe formen, nochmals 1/2 Stunde gehen lassen und im Backofen bei 200° ca. 2 Stunden backen.
Vor dem Anschneiden das Hutzelbrot noch 2 Tage "ruhen" lassen.

Botanische Erkennungszeichen

Vorkommen:	Mittel- und Osteuropa
Standort:	Waldränder, lichte Laubwälder
Höhe:	bis 30 m hoher Baum oder niederer, sperriger Strauch
Rinde:	schwarz-grau, würfelförmig in Felder eingeteilt
Blätter:	wechselständig, eiförmig, feingesägt, unterseits heller rundlich, glatt
Blüten:	April - Juni, zwittrig weiß mit roten Staubbeuteln

Früchte:	rundliche Birnchen, langgestielt, flache, schwarze Samen
Sammelzeiten:	Blätter: April - Mai Früchte: September
Inhaltsstoffe:	Gerbstoffe, Pektin, Kalium, Mineralsalze, organische Säuren
Holz:	bräunlich, rötlich, hart, glanzlos, fest, zäh

DIE BROMBEERE

Die Brombeere **Rubus fructiosus**

Familie der Rosengewächse – *Rosaceae*

Der Brombeerstrauch ist eigenwillig. Von keinem Botaniker läßt er sich vorschreiben, wie seine Blüten gefärbt, seine Blätter behaart, gefiedert oder gezähnt sein sollen. Der Strauch läßt sich in seinem Wachstum von verschiedenen Faktoren wie Boden, Klima und Wetter beeinflussen. An einem sonnigen, trockenen Standort z.B. sind seine Blätter an der Unterseite mit hellen, dichten Haarpelzen bedeckt. An feuchten Plätzen ist das Haarkleid sehr spärlich.
Auch an die klassische 5-Zahl der Kelchblätter, die den Brombeerstrauch der Familie der Rosengewächse zuordnet, hält er sich nicht immer. Ob sie jetzt weiß, zartrosa oder rötlich gefärbt sind, das muß man ganz ihm überlassen und nicht einer Beschreibung in einem Pflanzenbuch. Die verschiedenen Arten des Brombeerstrauches kreuzen sich immer wieder untereinander, so daß sehr viele verschiedene Arten entstanden sind. Inzwischen wurden über 300 Arten gezählt.

Auf eines kann man sich aber bei allen wilden Brombeerarten verlassen: mit riesigen Haifisch-Dornen schützen sie sich gegen Blätter-, Blüten- und Beerensammler. Da wirken die Stacheln der verwandten Himbeere geradezu harmlos dagegen. Diese scharfen Dornen gaben den Grund zur Namensgebung. Das althochdeutsche Wort *brama* bezeichnete einen Dornenstrauch. Im Laufe der Zeit hat sich unser heutiges "Brombeere" daraus entwickelt. Neben diesem "offiziellen" Namen gibt es aber noch eine ganze Reihe volkstümlicher Bezeichnungen: Mohrenbeere, Braunbeer, Hirschbollen, Schwarzbeer.

Der Brombeerstrauch hat besonders lange, überhängende Zweige. Deshalb wurde er in früheren Zeiten als Zauberstrauch verwendet.
Das Hindurchgehen unter besonders lang gebogenen Baum- oder Strauchästen galt als eine Möglichkeit, Unglück und Krankheit abzustreifen. Schon aus antiker Zeit sind uns solche Bräuche überliefert (siehe Weißdorn).
Wer unter einer Brombeerranke hindurchkroch, konnte dadurch besonders von Hautkrankheiten geheilt werden. Oft wurde diese Zeremonie von einem bestimmten Zauberspruch begleitet.

Zu solch einem Ritual gebrauchte man Bäume und Sträucher mit besonders langen Dornen. Brombeere, Schlehdorn und Weißdorn waren die bekanntesten dafür. Man glaubte, daß die Krankheit beim Hindurchschlüpfen in den Dornen hängenbleibt.
Die Brombeere fand natürlich zu allen Zeiten für viel einfachere Dinge wie die Zauberei Verwendung. Die schmackhaften und vitaminreichen Beeren wurden in früheren Zeiten häufiger gesammelt als heute, da man auf die kostenlosen Früchte des Waldes angewiesen war. Zu Mus, Gelee und Saft verarbeitet, überbrückten sie die karge Winterszeit. Ein "köstlich Branntwein" wurde ebenfalls aus den Beeren hergestellt. Mit dem Beerensaft färbte man den zu blaß geratenen Wein.
Für die Blätter hatte man noch eine weitere Verwendung. Sie wurden in Aschenlauge kräftig ausgekocht, und mit diesem Absud färbten sich die Frauen ihre Haare schwarz.
Die Blätter lassen sich zudem gut fermentieren, sie schmecken danach wie schwarzer Tee.
Selbst das Holz des Brombeerstrauches ist zu etwas zu gebrauchen. Man brannte daraus Pulverkohle.
In der Gemeinschaft der Waldpflanzen hat der Brombeerstrauch die Aufgabe eines Pioniers. Auf Böden, wo sich noch kein Baum hinwagt, lockert er mit seinen Wurzeln die Erde und bereitet sie so für weitere Neuansiedlungen vor.

Medizinische Verwendung

Die Brombeere ist eine alte Heilpflanze. Schon aus antiker Zeit sind uns Aufzeichungen über ihren Gebrauch überliefert. In der altägyptischen Medizin war das "Ibisblut", wie man die Brombeere damals nannte, ein gebräuchliches Heilmittel.
Noch heute wird die Brombeere, wenn auch nur noch selten, als Heilmittel verwendet.
Der Tee aus den Blättern ist blutstillend, blutreinigend, stopfend, blutzuckersenkend und zusammenziehend. Außerdem beruhigt er entzündete Schleimhäute. Die Blätter sammelt man in der Zeit zwischen April und Juni. Sie werden kleingeschnitten, getrocknet und in Pappschachteln oder Leinensäckchen aufbewahrt. Wegen seiner blutstillenden Eigenschaft hat sich der Tee auch bei zu starker Menstruation, Magenblutungen und blutigen Durchfällen bewährt. Er wirkt leicht stopfend und kann als unschädliches Mittel auch von Schwangeren getrunken werden. Von den Blättern übergießt man 2 Teelöffel mit kochendem Wasser, läßt 5 Minuten ziehen und seiht ab. Tagesmenge sind 2 - 3 Tassen.
Folgende Mischung wird als Tee getrunken und kann gleichzeitig für Spülungen gebraucht werden. Dieser Tee wirkt besonders durch seine Gerb- und Schwefelstoffe stärkend auf die Schleimhaut.

Frauentee bei Weißfluß

2 Teile Brombeerblätter
2 Teile Frauenmantel
1 Teil Taubnesselblüten
1 Teil Walnußblätter

2 Teelöffel der Mischung mit 1 Tasse kochendem Wasser übergießen, 5 Minuten ziehen lassen.
Tagesdosis: 2 Tassen. Dazu 2 x wöchentlich körperwarme Spülung.

Brombeerblätter, zu gleichen Teilen mit Frauenmantel gemischt, ergeben einen guten Tee zur Stärkung der Unterleibsorgane. Einige Wochen vor der Geburt beginnt man mit einer Teekur, die bis zur Geburt durchgeführt werden soll. Hierfür trinkt man von der Mischung täglich 1 Tasse.
Brombeerblätter gehören zu den wenigen blutzuckersenkenden Heilpflanzen. Man gebraucht sie am besten in einer Teemischung.

Blutzucker - Tee

3 Teile Brombeerblätter
2 Teile Bohnenschalen
2 Teile Wegwartenwurzeln
2 Teile Heidelbeerblätter
1 Teil Tormentillwurzel (Blutwurzel)

1 Teelöffel der Mischung wird mit 1 Tasse kaltem Wasser übergossen. Erhitzen und kurz aufkochen lassen. Nochmal 5 Minuten ziehen lassen und abseihen. Tagesdosis: 2 - 3 Tassen.

Die blutreinigende Wirkung der Brombeerblätter macht sie zu einem unterstützenden Mittel zur Behandlung von Hautunreinheiten, Flechten und Hautausschlägen. Die kurmäßige Anwendung des Tees sollte aber durch eine reinigende Diät unterstützt werden. Alkohol, fette Speisen, Fleisch, Weißmehl und weißer Zucker sollen möglichst gemieden werden.

Blutreinigender Tee

2 Teile Brombeerblätter
2 Teile Brennesselblätter
2 Teile Klettenwurzel
1 Teil Feldstiefmütterchenkraut
1 Teil Endrauchkraut
1 Teil Birkenblätter
1 Teil Wasserdostkraut

1 gehäufter Teelöffel der Mischung mit 1 Tasse Wasser übergießen. Erwärmen und kurz aufkochen lassen. Zugedeckt 5 Minuten ziehen lassen, abseihen.
Tagesdosis: 2 - 3 Tassen.

Auch die Beeren haben besondere Heilkräfte. Heißer Brombeersaft mit Honig ist ein guter Erkältungstrank. Er erwärmt und stärkt die Bronchien. Außerdem wirkt er krampflösend bei Asthma. Für Kinder ist er ein blutbildendes und stärkendes Getränk. Selbst die Wurzel wurde früher zum Heilen verwendet. Man sprach ihr starke harntreibende Wirkung zu.

Kochrezepte

Brombeerblätter sind ein fester Bestandteil vieler Hausteemischungen. Es gibt eigentlich keine festgelegten Rezepte für Hausteemischungen, jedes Haus schwört auf seine eigene Zusammenstellung.
Ein Haustee hat meist keine tiefgreifende Wirkung auf den Körper, da zu viele verschiedene Kräuter zusammenwirken. Meist gebraucht man schwach wirkende Pflanzen. Deshalb kann man eine Hausteemischung über längere Zeit hindurch trinken. Gesund ist er auf alle Fälle, und gut schmecken soll er auch. Folgende Kräuter können zu einer Hausteemischung verwendet werden:
Brombeerblätter, Himbeerblätter, Walderdbeerblätter, Johannisbeerblätter, Waldmeister, Schlüsselblumen, Schlehdornblüten, Fichtenspitzen, Kirschblätter, Lindenblüten, Apfelschalen, Birnenschalen, Hagebutten.
Die Blätter der Brombeere kann man durch Fermentation in einen "chinesischen" schwarzen Tee verwandeln.
Hierfür pflückt man junge, besonders zarte Blätter und läßt sie einen ganzen Tag liegen, damit sie leicht antrocknen. Auf keinen Fall sollen sie ganz austrocknen. Nun breitet man sie auf einem Tisch aus und quetscht sie mit einem Nudelholz. Mit warmem Wasser besprengen, in ein Tuch einschlagen und 3 - 4 Tage an einem warmen Ort aufbewahren. Bei warmem Wetter kann man sie tagsüber in die Sonne legen. Die jetzt schwarz verfärbten Blätter auseinandernehmen und ausgebreitet an einem luftigen Ort trocknen. Eventuell im Backofen bei niedriger Hitze trocknen. Danach wie schwarzen Tee gut verschlossen aufbewahren.
Zu den Brombeerblättern kann man auch Himbeer- oder Walderdbeerblätter mischen, sie eignen sich ebenfalls zum Fermentieren.

Die Brombeeren gehören zu den feinsten Einmachfrüchten. Sie ergeben wunderbare Marmeladen, Gelees, Säfte, Liköre usw.
Man kann sie aber auch ganz einfach eindünsten, um sie das ganze Jahr über zum Kuchenbacken oder Garnieren als Kompott oder Pudding bereit zu haben.

Brombeerlikör

500 g Brombeeren
300 g Zucker
1 Vanillestange
1 l Korn

Die Brombeeren in ein weithalsiges Glas geben, den Zucker darüberfüllen und umrühren. 1 Stunde ziehen lassen. Mit dem Korn auffüllen, die Vanillestange zugeben, gut verschließen und 6 Wochen ziehen lassen. Hierzu das Glas an einen sonnigen, warmen Platz stellen. Danach filtern und in Flaschen füllen. Noch mindestens 3 Wochen ruhen lassen.

Brombeersaft

Die Beeren können roh in einer Saftzentrifuge oder auch im Dampfentsafter entsaftet werden. Man kann sie auch mit wenig Wasser weichkochen und anschließend durch ein Tuch ablaufen lassen. Auf 1 l Saft gibt man 400 g Einmachzucker. Den Saft abmessen, mit dem Zucker vermengen und 5 Minuten kochen lassen. In Flaschen füllen und gut verschliessen.

Brombeeren eingekocht

2 kg Brombeeren
400 g Zucker

Die Brombeeren von den Stielen befreien und mit Zucker bestreuen. In Gläser füllen und im Dampfkochtopf bei 75° 25 Minuten sterilisieren.

Brombeermarmelade

1 kg Brombeeren
1 kg Zucker
Zitronensaft aus 1/2 Zitrone

Die Brombeeren nicht waschen, sondern nur gut verlesen. Mit dem Zucker vermischen und 20 Minuten kochen lassen. Den Zitronensaft zugeben und heiß in Gläser füllen. Mit Cellophanpapier verschließen.

Wer den Zucker scheut, kann die Marmeladen auch mit Agar-Agar einmachen. Agar- Agar ist im Naturkostladen oder Reformhaus erhältlich.
Diese Marmeladen sind jedoch weniger haltbar als die mit Zucker eingekochten. Die angebrochenen Gläser sollten kühl, eventuell im Kühlschrank aufbewahrt werden. Alle weiteren Marmeladerezepte können auch auf diese Weise zubereitet werden.

Brombeermarmelade ohne Zucker

1 kg Brombeeren
3 Tassen Wasser
4 - 5 Eßl Honig
3 Teel Agar-Agar
1 1/2 Eßl Zitronensaft

Die Brombeeren verlesen und mit einem Kartoffelstampfer oder im Mixer zerkleinern. Mit dem Wasser 4 Minuten kochen lassen. Honig und Agar-Agar zufügen und nochmals 4 Minuten kochen lassen. Den Zitronensaft zugeben und heiß in saubere Gläser füllen. Gut verschließen. Die Gläser kühl und dunkel aufbewahren.

Botanische Erkennungszeichen

Vorkommen:	ganz Europa
Standort:	Waldränder, Wegränder, Waldlichtungen, bis 800 m
Höhe:	bis 2 m hoher Strauch
Blätter:	wechselständig, drei- bis fünfzählig, gefiedert, Unterseite heller, Blattstiel und Nerven stachelig
Blüten:	Juni - August, einhäusig, weiß bis rötlich, in Trugdolden
Früchte:	August - Oktober, dunkelrot bis schwarz
Sammelzeiten:	Blüten: Mai - Juni Blätter: April - Mai Beeren: Oktober
Inhaltsstoffe:	Beeren: Vitamin C, Fruchtzucker, organische Säuren, Pektin Blätter: Gerbstoffe, Vitamin C

DIE BUCHE

Die Buche Fagus silvatica

Familie der Buchengewächse – *Fagaceae*

Während der Eiszeit war Deutschland von großen Gletschern bedeckt, die sich von Skandinavien aus im Norden und von den Alpen her im Süden über das Land geschoben haben.
Nur ein schmaler Streifen war übriggeblieben, der eine baumlose Tundralandschaft trug. Die großen Bäume waren verschwunden. Sie "überwinterten" in wärmeren Gegenden, am Mittelmeer und im Balkangebiet.

Vor ca. 15.000 Jahren wurde es dann endlich etwas wärmer, und die Bäume breiteten sich langsam von ihren südlichen Bauminseln in Richtung ihrer alten Standorte aus.
Nach der Mittleren Wärmezeit, nachdem die meisten größeren Bäume hier wieder Fuß gefaßt hatten, änderte sich wieder das Klima. Es wurde kühler und feuchter.
Damit herrschte ein optimales Klima für die Buchen, die zu Beginn der Bronzezeit zusammen mit den Tannen als die letzten der großen Bäume zurückgekehrt waren. Einige Baumarten blieben allerdings auf der Strecke, und wir können sie heute nicht mehr zu unseren einheimischen Bäumen zählen. Riesige Mammutbäume gehören zu den niemals zurückgekehrten Flüchtlingen.
Diese genaue Kenntnis über die Entwicklung der Vegetation unseres Landes verdanken wir den Mooren. Sie sind riesige lebendige Archive, die jede Veränderung genau registrieren. Blätter, Samen, Holzstücke aus der jeweiligen Pflanzenwelt werden im Moor chronologisch übereinandergeschichtet. Alles, was das Moor einmal geschluckt hat, konserviert es für viele tausend Jahre, und deshalb ist dieses peinlich genau geführte Archiv schon so alt.
Eine Häufung von Pflanzenteilen einer bestimmten Baumart läßt darauf schließen, daß diese Baumart zu dieser Zeit vorherrschend war.
Seit der letzten, oben beschriebenen Klimaschwankung, die die Buchenzeit eingeleitet hat, hält sich das feucht-kühle Klima in unseren Breiten bis heute.

Ohne Eingreifen des Menschen wäre Deutschland hauptsächlich von Buchenwäldern bedeckt. In den niederen Lagen würden Eichen die Buchen begleiten, Fichten ständen an ihren natürlichen Standorten, den Mittel- und Hochgebirgen, und die Flüsse wären vom schmalen Band des Auenwaldes begleitet.
Die Buche hat es schon damals, bald nach ihrer Einwanderung, geschafft, die anderen Bäume zu verdrängen. In Konkurrenz mit ihr bleiben Eiche, Ahorn und Fichte zurück. Dabei wirkt die Buche gar nicht so kämpferisch. Im Gegenteil, sie steht wie eine grazile Königin mit silbrigem Rindenkleid und zartgrünem, gläsernem Blattschleier neben dem knorrigen Eichenkönig.
Ihre langgestreckten Äste verzweigen sich im feinen Filigranwerk der äußersten Zweige und enden in länglichen, rehbraunen Knospen, die Tupfer vom samtenen Silber des Stammes tragen.
Im Frühjahr strecken sich diese spitzen Knospen immer mehr, bis sich endlich neue Blätter herausschieben und die Knospenhülle abstreifen.
Es gibt keine zarteren Frühlingsblätter als die der Buche. Sie sind mit seidigen, glänzenden Wimpern bedeckt und scheinen in der Sonne so hellgrün, als wären sie aus venetianischem Glas.
Alle Blätter sind an den fächerartig verzweigten Ästen so dicht und exakt übereinandergestellt, daß sehr wenig Licht durch das Blätterdach auf den Boden fällt. Eine alte Buche mit ca. 15 Metern Kronendurchmesser hat etwa 600.000 Blätter, die zusammen eine Fläche von ca. 1.200 Quadratmetern ergeben.

Für die Buche ist dieser Schatten lebenswichtig. Sie umhüllt ihren Stamm nicht mit einer dicken, schützenden Rindenschicht und muß ihn deshalb vor Sonneneinstrahlung und Temperaturschwankungen schützen. Auch ihre flach am Boden entlangstreichenden Wurzeln brauchen Sonnenschutz.

So raubt die Buche den anderen emporwachsenden Bäumen das Licht. Den jungen Buchen schadet das Dämmerlicht nicht, doch junge Eichen, Fichten oder ein kleiner Ahornbaum können sich nicht mehr durchsetzen.

Der Buchenwald hat wegen dieser besonderen Lichtverhältnisse seine eigene Flora. Die Blumen im Schatten der Buchen müssen sich mit ihrer Blüte beeilen, denn wenn die Bäume darüber sich anschicken, ihr Blättergewölbe zu schließen, bleibt nicht mehr genügend Licht für die Entwicklung einer Blütenpracht. Deshalb ist der goldbraune Blatt-Teppich unter den Buchen schon zeitig im Frühling mit bunten Blüten bestickt: mit den weißen Sternen des Buschwindröschens, dem leuchtenden Blau der Leberblümchen, der kühnen rot-violetten Komposition des Lungenkrautes, dem Biedermeierblau der Veilchen und den hellgelben Kelchen der Himmelsschlüssel. Diese Pflanzen lieben wie die Buchen den feuchten Kalkboden. Die schönsten geschlossenen Buchenwälder finden sich deshalb auf kalkreichen Böden wie auf der Schwäbischen Alb und dem Fränkischen Jura ein.

Schon früh hat der Mensch begonnen, die Buchen zu dezimieren. Im Mittelalter gehörten Buchen wie Eichen zu den "fruchtbaren" Bäumen. Der botanische Name *"Fagus"* leitet sich vom griechischen Wort für Essen ab. Wahrscheinlich war damit auf den Gebrauch der Eckern zur Schweinemast hingewiesen.
Der Dorfhirte trieb seine Schweineherde in den Wald und schlug die Früchte der Buchen, die Bucheckern, von den Bäumen, über die dann die Schweine schmatzend herfielen.

"Die Schwein haben sonderlich lustzu diesen Buchnußlein/und wird das Fleisch wolgeschmack und lieblich darvon. Wie wol der Speck der von Buchackeren gemasteten Schweinen nicht so fein hart ist/wie der von Eicheln/sondern wenn er in dem Rauch und Schornsteinen henckt/gewaltig tropfft."

So berichtet Adamus Lonicerus in seinem 1679 erschienen Kräuterbuch über die damalige Eckernmast.
Auch das übrige Vieh wurde in den Wald getrieben. Ziegen, Schafe und Rinder "kümmerten" sich besonders um die jungen, schmackhaften Buchentriebe.
Im Herbst zog man dann zur Bucheckernernte in den Wald. Aus den ölhaltigen Eckern wurde ein Speiseöl hergestellt. Die Arbeit lohnte sich, denn die Eckern enthalten bis zu 40 % Fett. Sie wurden in Ölmühlen zerkleinert und anschließend gepreßt. Aus 1 Kilogramm Bucheckern erhielt man immerhin 1/2 Liter gutes Speiseöl. Der übriggebliebene Ölkuchen war noch ein zusätzliches Schweinemastfutter.

Das Holz der Buche ist auch heute noch als sehr wertvolles Brennholz geschätzt. Als Bauholz eignet es sich weniger, da es leicht reißt, brüchig wird und zudem

gern von Schädlingen befallen wird. Es arbeitet nach der Verarbeitung noch stark und schwindet leicht. Deshalb wird es nur zur Werkzeugherstellung, für Dübel und Schwellen gebraucht. Auch die Buchen hatten in unserem Land unter dem Raubbau zu leiden. Das Holz wurde in großen Mengen in der Köhlerei zur Holzkohleherstellung verwendet. Der Bergbau und die Hüttenbetriebe verschlangen ebenfalls Unmengen. Die Buchenasche, die sich in den Herdstellen und Öfen ansammelte, war früher ein gebräuchliches Ausgangsmaterial zur Herstellung einer Lauge. Die Asche enthält sehr viele Kaliumverbindungen, und die daraus zubereitete Lauge schäumt und reinigt wie Seifenlauge.
Die Buchenasche wurde einfach mit lauwarmem Wasser übergossen und über Nacht stehengelassen. Am nächsten Morgen seihte man die Brühe ab.
Wurde die Asche im Haushalt nicht zur Laugenherstellung gebraucht, so streute man sie als Dünger auf die Felder.
In den Glashütten gebrauchte man die Buchenasche an Stelle des heute verwendeten Sodas.

Eichen sollst du weichen
Vor Fichten sollst du flüchten
Weiden sollst du meiden
Buchen aber suchen.

So lautet der Ratschlag im Volksglauben. Tatsächlich schlägt der Blitz in die Buchen sehr selten ein, und man suchte früher bei Hereinbrechen eines Gewitters unter den Buchen Schutz.

Wie aus Buchenstäben unsere heutigen Buch-staben wurden, ist eine alte Geschichte. Dazu beigetragen hat jedenfalls die Buche mit ihrer besonders glatten Rin-

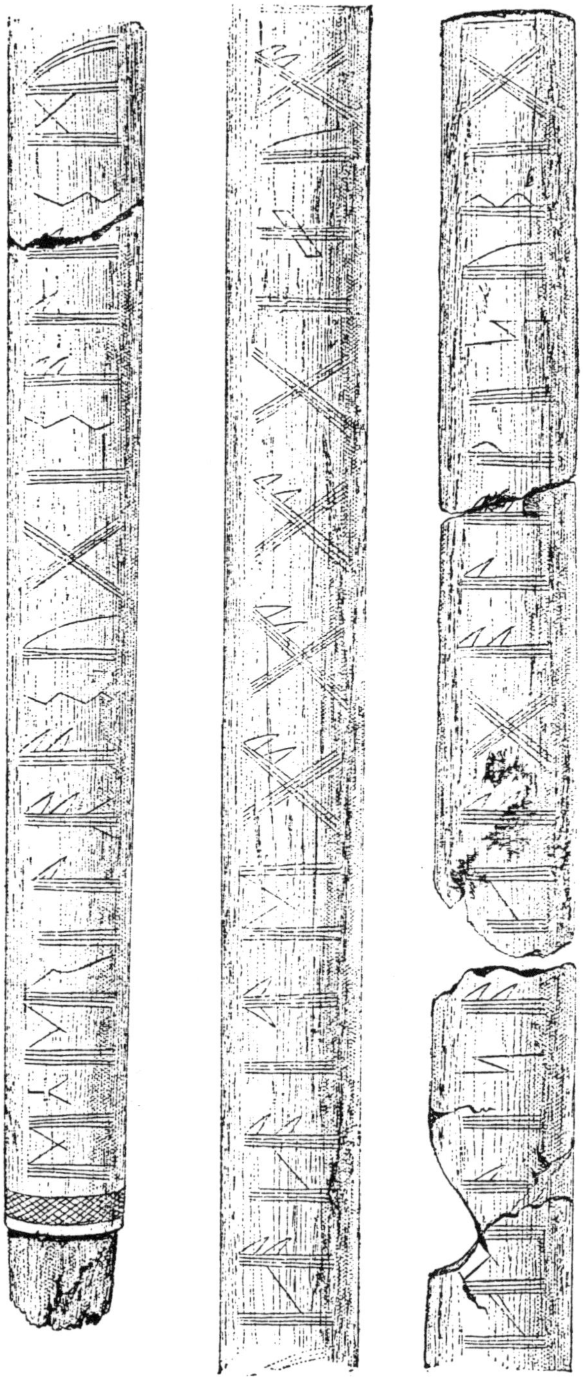

denden Äste schützend gebreitet hat. Sie hat all die Liebespaare unter ihrem Dach beherbergt, die vielleicht heute schon längst Großmütter und Großväter sind.
Die Herzen haben sich mit der Zeit etwas verzogen, sind dunkler geworden, aber sie sind noch immer in dem alten Baum-Buch aufgezeichnet.
Vor langer Zeit waren es einmal nicht nur Herzen, Pfeile oder Namen, die in die Buchenrinde eingeritzt wurden, sondern Zauberzeichen und magische Buchstaben.
Es waren die Buchstaben der kultischen Schrift der Germanen, die sie *runa* nannten, das Geheimnis. In bestimmter Folge aneinandergereiht, hatten diese geheimen Zeichen die Kraft, zu heilen, zu schützen und die Zukunft vorauszusagen.
Das Alphabet enthielt ursprünglich, um die Zeitenwende, 24 Buchstaben, die ausschließlich zu kultischen Zwecken gebraucht wurden.Vor einer wichtigen Entscheidung befragte man das Orakel aus Buchenstäben, auf die die geheimen Schriftzeichen geritzt waren.
Uns ist noch eine genaue Beschreibung dieses Orakels erhalten geblieben. Tacitus, der Geschichtsschreiber der römischen Kaiserzeit, hat im ersten Jahrhundert nach der Zeitenwende in seiner Studie über die Germanen auch das Loswerfen mit den Buchenstäben beschrieben: der Priester oder die Priesterin bricht einen Buchenstab in gleich große Teile, beschriftet diese mit den Runen und legt sie in eine Schale. Ein weißes Tuch wird auf die Erde gebreitet, und die Stäbe werden daraufgeworfen. Nach Anrufung der Götter wird dreimal je ein Stäbchen aufgehoben. Aus der Kombination der drei Stäbe ergibt sich der Orakelspruch.

Runen oder Raunen, das ist eine geheimnisvolle Beratung mit den Göttern, die sich in den Formen der Natur offenbaren. Die alten Runenstäbe sind längst verfault, doch die lebendigen Runen werden noch immer geschrieben: in der schwungvollen Biegung eines Astes, im feinen Aderwerk eines Blattes, im Fraßbild des Baumkäfers oder in den Wolkenbildern am Himmel.
Die weissagenden Nornen, die Schicksalsgöttinnen der Germanen, raunen noch immer ihre Geheimnisse dem zu, der Zeit hat, ihnen im Rauschen der Bäume, im Murmeln des Wassers oder im feinen Summen eines Käfers zu lauschen.

de. So manche alte Buche im Park trägt auf ihrer Rinde viele eingeritzte Zeichen. Dunkle, verzerrte, und neu eingeritzte.
Schon oft sind mir die schwarzen Augen auf ihrem Stamm aufgefallen, die etwas unheimlich herunterstarren. Zuerst dachte ich, auch sie wären eingeritzt, aber dann stellte ich fest, daß es Verwachsungen sind, die der Baum bildet, wenn ein Ast abgefallen ist.

Aber weiter unten, besonders in der Nähe der Bank, entdecke ich allerlei Zeichen, die in die Rinde eingeritzt worden sind. Es sind die Herzen und Namen derer, über die die Buche einmal ihre weitausla-

Könnt ihr noch Wetterbuchen liefern?

Aber es werden Menschen kommen
denen das zeitlauf zeitab
der Fabriken gleichgültig ist
sie wollen nicht auf Märkten einkaufen
aber sie fragen
nach dem Millionen
Jahre alten Wind
ob ihr noch Vögel
Fische

Füchse
Sumpfdotterblumen
aufgehoben habt
wenn anderswo
alle Wälder zerstückelt sind
alle Städte über die Ränder getreten
alle Täler überquellen vom Müll
Könnt ihr noch Wetterbuchen liefern?
einen unbegradigten Fluß?
Mulden ohne schwelenden Abfall?
Hänge ohne Betongeschwüre?
Seitentäler ohne Gewinn?
Habt ihr noch immer nicht genug
Einkaufszentren in Wiesen gestreut
Möbelmärkte zwischen Skabiosen
nicht genug Skilifte ohne Schnee
Nachschubstraßen für Brot und Spiele
Panzerschneisen hügelentlang
Fichtenschonungen auf der Albheide
wenn ihr die Schafe aussterben laßt
stirbt der Wacholder

Margarete Hannsman *

Medizinische Verwendung

Die Buche hat als Heilmittel nie eine große Rolle gespielt.
Buchenasche, die desinfizierend wirkt, wurde früher zusammen mit Johanniskrautöl zu einer Paste vermischt und auf Wunden und Geschwüre aufgelegt. Alte Kräuterbücher loben die Buchenblätter als kühlendes und linderndes Mittel zu Umschlägen auf hitzigen Geschwüren.
Als erste Hilfe bei einem geschwollenen Auge oder Gerstenkorn habe ich die kühlende Wirkung eines frisch aufgelegten Buchenblattes beobachtet.
Aus dem Holz der Buche bereitete man mittels trockener Destillation den Buchenholzteer, der als Heilmittel in den Apotheken unter dem Namen Kreosotum erhältlich war. Er wurde als Desinfektionsmittel, Ätzmittel und zur örtlichen Betäubung in der Zahnheilkunde verwendet. Mit Süßholzpulver und Glyzerin zu Kreosotpillen verarbeitet, wurde er bei Magenstörungen und tuberkulösen Erkrankungen verschrieben. Heute ist der Buchenholzteer als krebserregend in Verruf geraten. Er wird nur noch in der Homöopathie als völlig unschädliches Mittel bei schweren Magenleiden, Geschwüren und Blutungen eingesetzt.

Kochrezepte

Bevor der Bauer das gehackte Buchenholz in den Holzschuppen schaffte, legte er sich noch einige besonders gute Stücke beiseite. Daraus würde er geraspelte Buchenspäne machen. In den mittelalterlichen Haushalten hat man für diese Buchenspäne einige

Verwendung gehabt, worauf noch in späteren Kochbüchern hingewiesen wird. Die Bäuerin nahm sich einen Korb davon mit in die Küche, um damit ihren Essig anzusetzen.
Der Bauer in einer Weingegend färbte und läuterte seinen Wein.
Im Rauch der glimmenden Buchenspäne erhielten die aufgehängten Fleisch- und Fischstücke ihren besonders würzigen Geschmack. Sie sollten dadurch auch haltbar gemacht werden.
Die frischen, zarten Buchenblätter laden zum Anbeißen ein. Tatsächlich kann man daraus einen Salat oder ein Gemüse bereiten. Mit anderen Kräutern schmecken sie gut in Quark oder Joghurt.
Im Frühjahr kann man die frischen Blätter mit Alkohol und Zucker zu einem Buchenlikör ansetzen.

Botanische Erkennungszeichen

Vorkommen:	in ganz Europa außer in nördlichen und östlichen Gebieten
Standort:	kalkreiche Böden, von strengen Winterfrösten geschützte Lage, bis 1.000 m
Höhe:	bis 40 m

Rinde:	in der Jugend graubraun, später silbergrau und glatt
Blätter:	wechselständig, eiförmig, leicht gewellter Rand, Unterseite heller
Blüten:	Mai, einhäusig weiblich: 2 - 3 gelbliche, aufrechte Blüten in einer Hülle männlich: gestielte, gelbliche Knäuel aus mehreren Kätzchen
Früchte:	September - Oktober Bucheckern, dreikantig, in stacheligem Fruchtbecher
Sammelzeiten:	Früchte: Oktober Blätter: Mai
Inhaltsstoffe:	Gerbstoffe, in den Bucheckern bis zu 40 % fettes Öl und 23 % Eiweiß
Holz:	gelblich, rötlich, feinporig, kurzfaserig, reißt leicht, leicht spaltbar

DIE EBERESCHE

Die Eberesche   Sorbus aucuparia

Familie der Rosengewächse –
Rosaceae

"Wenn ich ein Stückchen Land besäße, ich würde mir ein kleines Wäldchen von Ebereschen pflanzen. Ein einziger der glühenden Bäume könnte schon das Glück eines Spätsommers ausmachen und verklären."

*Else Lasker-Schüler**

Die Eberesche oder Vogelbeere hat nichts von der auffälligen Majestät der Esche, dem Pathos der Eiche oder der Mütterlichkeit der Linde.
Sie ist einfach schön.
Und diese Schönheit spielt sie zu allen Jahreszeiten neu aus. Im Frühjahr mit ihren zarten, hellgrünen Blättern, die so feingliedrig aneinandergesetzt sind. Im Sommer mit großen, weißen Doldenblüten, die wie große Broschen auf das grüne Blattkostüm gesteckt sind. Im Herbst nehmen die Blätter eine warmbraune Tönung an, die sich bis ins Blutrote steigert. Jetzt sind aus den Blüten korallenrote Früchte geworden, die schwer an den silbrig-schwarzen Ästen hängen. Die einzelnen Früchte gleichen winzigen Tomaten, die, aus Marzipan geformt und etwas zu knallig bemalt, in einer Puppenstube liegen.
Als zusätzlicher Farbkontrast besorgt sich die Eberesche schwarzglänzende Vögel, meist Amseln und Drosseln, die sich im schwarzen Frack über das Früchtebankett hermachen.
Die Gier nach den korallenroten Früchten wurde diesen Vögeln in früheren Zeiten oft zum Verhängnis, denn der Mensch benutzte die Beeren als Lockmittel für den Vogelfang.
Der Eigenschaft als bestes Vogellockmittel verdankt die Eberesche ihren deutschen Namen "Vogelbeere". Auch der lateinische Name ist darauf zurückzuführen. Aucuparia leitet sich von *aves capere* = Vögel fangen, ab.
Auch ihr Name, Eberesche, läßt sich leicht erklären. Eberesche hieß ursprünglich Aberesche, d.h. falsche Esche. Die Blätter der Eberesche ähneln denen der Esche sehr. So bedeutet der Name, sehr umständlich ausgedrückt: Sie hat zwar die gleichen Blätter wie die Esche, sie ist aber ein anderer Baum.
In den alten Kräuter- und Botanikbüchern rechnete man die Eberesche zur gleichen Familie wie die der Esche. Nach der heutigen Einteilung gehört die Eberesche zu einer ganz anderen Familie, zur großen Gemeinschaft der Rosengewächse.

Es gibt noch einen zweiten Grund für die enge Verbundenheit der Eberesche mit "ihren" Vögeln. Der kleine Same im Fruchtfleisch der Beeren passiert unversehrt den Darmkanal der Vögel, und überall wo sie ihn wieder mit dem Kot ausscheiden, "säen" sie neue Ebereschen. Wo immer ein kleiner Ebereschensprößling aus einem so ungewöhnlichen Ort wie einer Felsspalte, einem abgestorbenen Baumstumpf oder einer Dachrinne herauswächst, haben die Kostgänger der Eberesche ihre Mahlzeiten verdaut. Zudem ist die Eberesche sehr anspruchslos und findet deshalb mit ihren flachen, weitläufigen Wurzeln in fast jedem Boden Nahrung und Halt, und so haben viele der Sämlinge eine Chance, heranzuwachsen.

Die Eberesche wächst am liebsten am Waldrand. Wir haben sie in die Städte geholt, wo sie als Alleebaum dichtbefahrene Straßen und staubige Parkplätze säumt. Sie hält die aggressiven Abgase viel länger aus als so manch anderer klassische Alleebaum.

Die Ebereschenwäldchen, von denen Else Lasker-Schüler so schwärmt, hat es einmal wirklich gegeben. Keltische Druiden haben sie gepflanzt und gepflegt. Besonders Orakel- und Gerichtsplätze wurden von Ebereschen umrahmt.
Die Schönheit und Grazie dieses Baumes hat die keltischen Priester inspiriert, sie zum Baum des Lebens zu machen. Sie haben aus der Reihe der ersten sich belaubenden Bäume im Frühjahr die Eberesche ausgesucht und sie zum Symbol des Wiedererwachens nach der toten Winterszeit gemacht.
Die Kelten pflegten eine sehr tiefe und geheimnisvolle Beziehung zu den Bäumen. In der keltischen Sprache bedeutet das Wort "Baum" auch gleichzeitig "Lernen" und "Wissen". Jeder Laut wurde durch eine Pflanze versinnbildlicht. So hatte diese Sprache einen Bezug zum Lebendigen und war er-leb-bar. Das magische Alphabet der Druiden bestand aus einer Reihe von Baumnamen. Gleichzeitig war es ein heiliger Kalender. Das *"Beth-Luis-Nion"*, wie die Druiden dieses Alphabet nannten, ist streng geheimgehalten worden. Der Name setzt sich aus den ersten drei Bäumen zusammen, mit deren Anfangsbuchstaben das Alphabet beginnt. Dieser uralte Kalender mit seinen verschiedenen Stationen im Mondjahr stand immer mit der Anbetung der dreigestaltigen Weißen Göttin in Verbindung.
Robert Graves beschreibt in seinem Buch "The White Goddess", wie er "zufällig" beim Lesen eines alten Bardengedichtes auf die Auflösung des Geheimnisses um das alte Alphabet stieß. Er ließ seine "Erleuchtung" nicht wieder versinken, sie hatte ihn gepackt, und er begann mit jahrelangen Nachforschungen und Studien. Er entdeckte Zusammenhänge zwischen bestimmten Bäumen und Festtagen in allen Gebieten Europas und kam zu dem Schluß, daß er einen seit der Bronzezeit gültigen Kalender enträtselt hatte.

Im *Beth-Luis-Nion* spiegeln die Bäume den Kreislauf der Natur wider. Die Konsonanten der verschiedenen Baumarten standen für die einzelnen Monate. Die Vokale standen für Tag- und Nachtgleiche, Sonnenwende und die einzelnen Standpunkte der Sonne.

Das Alphabet beginnt mit der Birke, *Beth*, dem ersten sich begrünenden Baum, als Symbol für den Sieg des Lichtes über die Dunkelheit. Den zweiten Buchstaben symbolisierte die Eberesche, *Luis*, der Baum des Lebens. Waren zur Zeit der Birke die Eindrücke des kalten Winters noch nicht ganz verschwunden, so war jetzt der endgültige Sieg des Lebens sicher.
Der Eberesche sprachen die Druiden die Kraft zu, vor

Unheil und bösem Zauber zu schützen; deshalb bepflanzten sie ihre heiligen Stätten mit Ebereschenbäumen. Auch in der germanischen Mythologie galt die Eberesche als glücksbringender Baum. Sie war dem Gewittergott Donar geweiht, dessen Lieblingstier, die Ziege, dem Ebereschenlaub besonders gern zusprach.
Der uralte Glaube um die schützenden und fruchtbar machenden Kräfte der Eberesche, der mit dem Kult der alten Götter über ganz Europa verbreitet war, hat noch bis in unsere Zeit hinein gelebt.
In alten Kräuterbüchern und in Bauernweisheiten wird das Ebereschenlaub als besonders heilkräftig gelobt. Für kranke Ziegen soll es eine gute Arznei sein. Am Morgen des ersten Mai schlug der Bauer seine Kühe im Stall mit den Zweigen der Eberesche. Dieses Ritual sollte die Tiere fruchtbar machen. Um das Vieh vor Krankheiten zu schützen, wurden noch einige Zweige an die Stalltüre geheftet.
Diese Bräuche sind noch die verblaßten Reste des alten Fruchtbarkeits- und Abwehrzaubers, der mit der Eberesche in Verbindung stand.

Medizinische Verwendung

Die Eberesche oder Vogelbeere wird oft in gleichem Atemzug mit der Tollkirsche genannt. Ein Vogelbeermarmeladenbrot! Das ist für viele schon ein halber Giftmord. Und das Gerücht von der verheerenden Giftigkeit der Vogelbeere hält sich hartnäckig.
Zugegeben, nach dem Genuß größerer Mengen frischer Beeren kann es zu Durchfall und Erbrechen kommen. Die Beeren schmecken aber sehr bitter und zusammenziehend, deshalb wird man nach der ersten

Geschmacksprobe sicherlich nicht mehr herzhaft zulangen.
Diese Eigenschaften der Beere beschreibt Hironymus Bock in seinem im 16. Jahrhundert erschienenen Kräuterbuch:

"...sie sind eines seltsamen unlustige geschmacks/so man deren zuvil isset/mache sie unwillen."

Diese Symptome werden durch die Parasorbinsäure, die in den Früchten enthalten ist, hervorgerufen. In kleinen Mengen genossen oder richtig verarbeitet, sind sie jedoch nicht giftig; im Gegenteil, die Eberesche kann als ein Heilmittel verwendet werden. Zudem sind die Marmeladen und Gelees eine interessante Abwechslung für den Frühstückstisch.
Durch Kochen wird die Parasorbinsäure zerstört und andere Wirkstoffe treten in den Vordergrund: Apfelsäure, Vitamine, Gerbstoffe, Sorbit, Pektin, Karotin. Die Wirkungsweise hat sich umgedreht, aus der abführenden Wirkung in frischem Zustand ist jetzt eine stopfende geworden.
Die Blätter haben eine ähnliche Wirkung wie die Beeren. Sie enthalten ebenfalls Gerbstoffe, und der daraus zubereitete Tee hilft bei Durchfall und Magenverstimmung. Auch eignen sich die Blätter für Hausteemischungen.
Für den reinen Tee reichen 2 Teelöffel der getrockneten und fein zerschnittenen Blätter für eine Tasse Wasser. Man bereitet einen Aufguß, d.h., die Kräuter werden mit kochendem Wasser übergossen. Bei Durchfall trinkt man davon einige Tassen täglich, bei Magenverstimmung und zur Magenstärkung sind 2 Tassen die übliche Dosis.
Auch die Blüten haben eine heilende Wirkung. Sie helfen bei Husten, Bronchitis und Lungenentzündung. In folgender Mischung haben sie sich besonders für Kinder bewährt.

Hustentrank

2 Teile Königskerzenblüten
2 Teile Huflattichblüten
1 Teil Ebereschenblüten
1 Teil Holunderblüten

1 Eßlöffel der Mischung mit einem Becher Milch kurz aufkochen lassen. Ziehen lassen, abseihen und mit Honig süßen.

Zur Bereitung des Tees aus den getrockneten Beeren übergießt man einen Teelöffel davon mit einer Tasse kaltem Wasser. Erhitzen, kurz aufkochen lassen und abseihen. Nicht süßen! Tagesdosis 2 - 3 Tassen. Dieser Tee wirkt anregend auf Blase und Nieren, ist blutreinigend und entschlackend.

Kochrezepte

Die Beeren der Eberesche enthalten mehr Vitamin C als die Zitrone!Deshalb wurden sie früher zur Heilung von Skorbut, einer Vitamin C - Mangelkrankheit verwendet.
Das Sorbit der Beeren ist ein für Diabetiker besonders geeigneter Zucker. Die Beeren der wilden Eberesche schmecken sehr bitter. Um sie etwas schmackhafter zu machen, kann man sie in Essigwasser über Nacht einweichen.
Es gibt jedoch eine Ebereschenart, *Sorbus aucuparia "Edulis"*, deren Beeren den bitteren Geschmack verloren haben und angenehm nach Preiselbeeren schmecken. Diese Art kommt jedoch hier nicht wild vor, man kann sie aber in jeder Baumschule erstehen und problemlos im Garten ziehen. Zubereitungen aus ihren Beeren schmecken milder als die aus den wilden Ebereschenbeeren.
Die Marmeladen, Muse und Gelees aus den Beeren gelieren durch ihren hohen Pektingehalt sehr gut und sind außerdem lange haltbar.
Die Beeren sammelt man nach dem ersten Frost.

Ebereschenmus

5 Pfd Ebereschenbeeren
3 Pfd Äpfel
2 Pfd Zucker oder Honig
1 Teel Zimt
1/2 Teel Kardamon

Die abgezupften und gewaschenen Beeren über Nacht in Wasser einweichen, dem ein Schuß Essig zugefügt ist. Am nächsten Morgen abseihen, und die Beeren mit wenig Wasser solange kochen, bis sie aufspringen und weich sind. Durch ein Sieb passieren. Die Äpfel in Stücke schneiden, weichkochen und ebenfalls durchpassieren. Beides in einem Topf mischen, Zukker und Gewürze zugeben und ca. 15 Minuten leicht kochen lassen. Will man statt Zucker Honig verwenden, gibt man diesen erst ganz zum Schluß zu. In saubere Marmeladengläser füllen und mit Einmachhaut abdecken.
Ebereschenmus schmeckt als Brotaufstrich, zu Pudding wie zu allen Süßspeisen. Außerdem kann es zu Wildgerichten gereicht werden.
Statt der Äpfel können auch Birnen oder Quitten zugegeben werden.

Ebereschenkompott

Hierfür eignen sich die süßen Ebereschenbeeren besser.

1 kg Ebereschenbeeren
750 g Zucker
1/2 l Wasser
1 Vanillestange

Die Beeren von den Dolden zupfen und waschen. Den Zucker mit dem Wasser aufkochen, die Beeren und die Vanillestange zugeben. Solange unter ständigem Rühren kochen, bis die Beeren weich sind. Die Beeren abtropfen und in vorbereitete Gläser füllen. Die Zuckerlösung noch einmal aufkochen und über die Früchte gießen. Auch die Vanillestange mit ins Glas geben. Mit Einmachhaut abdecken.
Schmeckt gut zu Vanilleeis, zu Gebäck, aber auch zu Fleischgerichten.

Botanische Erkennungszeichen

Vorkommen:	West- und Mitteleuropa
Standort:	Waldränder, Lichtungen bis 2.400 m
Höhe:	bis 20 m
Rinde:	glänzend, längsrissig, silber-schwarz
Blätter:	wechselständig, gestielt, 9 - 19 gesägte Fiederblättchen, lanzettlich
Blüten:	Mai - Juni, zwittrig, in großen aufrechten Doldenrispen, weißlich, Bestäubung durch Insekten
Früchte:	August - September orange bis korallenrote Beeren
Sammelzeiten:	Blüten: Mai - Juni Blätter: bis Mitte Juni Beeren: nach dem ersten Frost

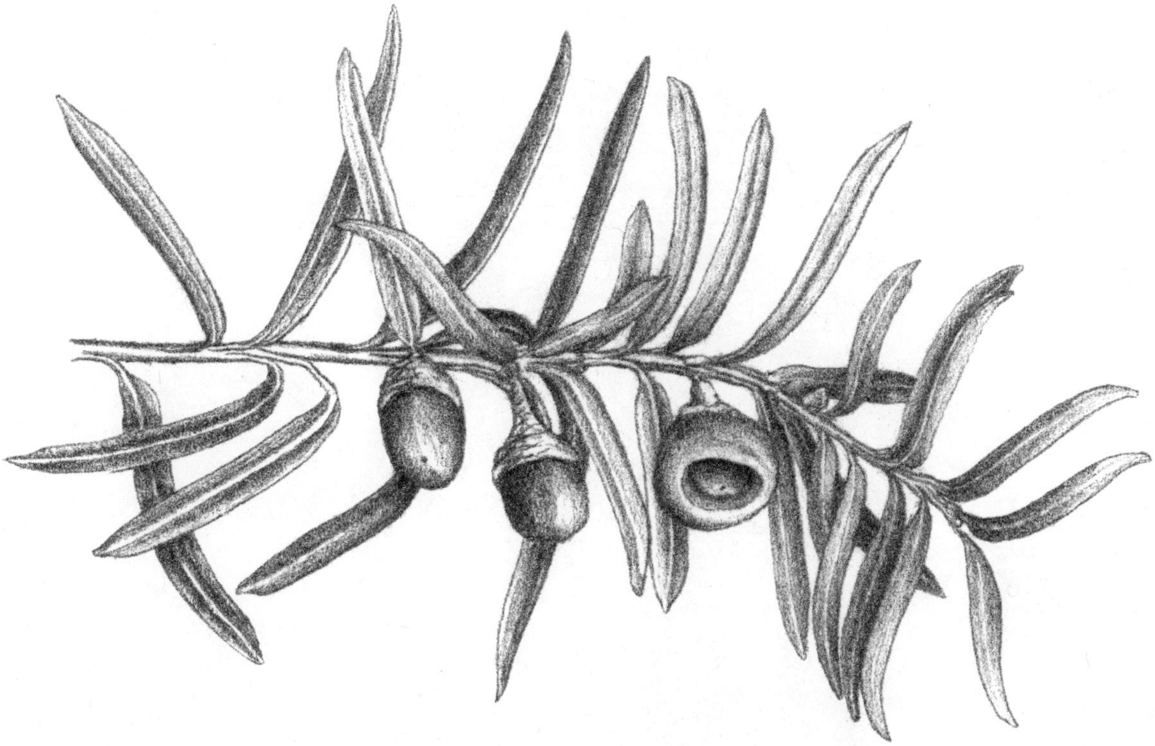

DIE EIBE

Die Eibe   Taxus baccata

Familie der Eibengewächse – *Taxaceae*

Der Weg zur Unterwelt ist mit Eiben gesäumt. Dunkel und unheimlich umgibt sie ein düsteres Licht. In der Luft liegt ein strenger und intensiver Geruch. Hinter jedem dieser knorrigen Baumgestalten könnte eine Furie lauern, die mit ihrer Fackel aus Eibenholz den vorüberziehenden Wanderer niederschlägt. Diese schweigenden Eiben sind den Göttern des Todes geweiht, und jeder muß durch diese schreckliche Allee, bevor er sein letztes Ziel erreicht hat. So berichtet die griechische und römische Mythologie.

In allen Kulturen, die die Eibe kannten, galt sie als heiliger Baum. Sie war immer mit dem todbringenden Aspekt der Götter verknüpft.

Am oberen Ende der Allee zur Unterwelt steht sie noch heute: auf den Friedhöfen. Hier scheint sie geradezu am üppigsten zu wachsen, ernst und gewissenhaft hält sie hier Wache.

Es fällt mir schwer, beim Anblick ihres dunklen Nadelkleides etwas Fröhliches zu entdecken, und ich wunderte mich zuerst über die Beurteilung der Eibe, die Hildegard v. Bingen vor 800 Jahren in ihrer Schau der Natur niederschrieb:*

"De Ybenbaum ist ein Sinnbild der Fröhlichkeit."

Diese Worte kann nur jemand sprechen, der an eine Auferstehung nach dem Tode glaubt. Dann symbolisiert die Eibe das Ewige Leben. Dies war auch der tiefere Sinn der Rituale um die Eibe in vorchristlicher Zeit.

Warum war gerade die Eibe ein Baum, der die Fortdauer nach dem Tode symbolisierte? Die Eibe macht den Wechsel der Jahreszeiten nicht mit. Sie behält ihre Nadeln und wirkt im Winter nicht so kahl wie die Laubbäume.

Eiben können bis zu 2.000 Jahre alt werden, und so manches Exemplar hat schon viele Menschengeschlechter überdauert. Die Eibe erscheint zeitlos.

Schmökern wir noch etwas in der Eibengeschichte: Auch den Germanen war die Eibe ein heiliger Götterbaum. Sie besaßen wie die keltischen Druiden ein magisches Alphabet. Sie widmeten eines ihrer Runensinnbilder der Eibe. *ihwaz* ᛇ nannten sie Rune wie Baum, und beiden wurden große Heilkräfte zugesprochen. Krankheit und Unheil sollte die Eibe wie

auch ihr Zeichen abwehren können. Eiben säumten die heiligen Plätze, wo Gottesdienste und Gerichtsverhandlungen abgehalten wurden.

Noch bis ins vergangene Jahrhundert haben sich die Eibenzauber erhalten. Eiben, so glaubte man zu jener Zeit, können Dämonen vertreiben. Deshalb hängte man sich ein Amulett aus Eibenholz um den Hals. *"Vor Eiben kann kein Zauber bleiben"*, hieß es in einem alten Spruch.

Wir können nicht mehr nachempfinden, was unsere germanischen Vorfahren erlebten, wenn sie durch riesige geschlossene Eibenwälder zogen. Die Eibe war einst ein bestimmender Baum der germanischen und keltischen Wälder. Noch heute lassen einige Orts- und Flurnamen auf alte Eibenstandpunkte schließen: Taxberg, Jbersheim, Jba, Jbach, Taxöldern...

Den eindringenden Römern war diese dunkle Waldlandschaft nicht geheuer. Cäsar beeindruckten die großen, düsteren Wälder, die das wilde Land der Germanen bedeckten. Er bezeichnete diese Eibenwälder auch gleichzeitig als großen Reichtum. Natürlich als Reichtum für die Kolonialmacht Rom. Und damit begann die Dezimierung der Eiben in größerem Stil.

Das Eibenholz ist zäh, hart und gleichzeitig sehr elastisch. Seit der Steinzeit wurde es zur Fertigung von Waffen wie Bögen, Pfeilen, Armbrüsten und Wurfhämmern gebraucht. Auch für kostbare Truhen und sonstiges Mobiliar mußten die Eiben fallen. Die Eiben lassen sich mit allem sehr viel Zeit, und deshalb dauert es auch länger als bei einem anderen Baum, bis aus einem kleinen Eibenspößling ein ausgewachsener Baum geworden ist. Die ausgelichteten Eibenwäl-

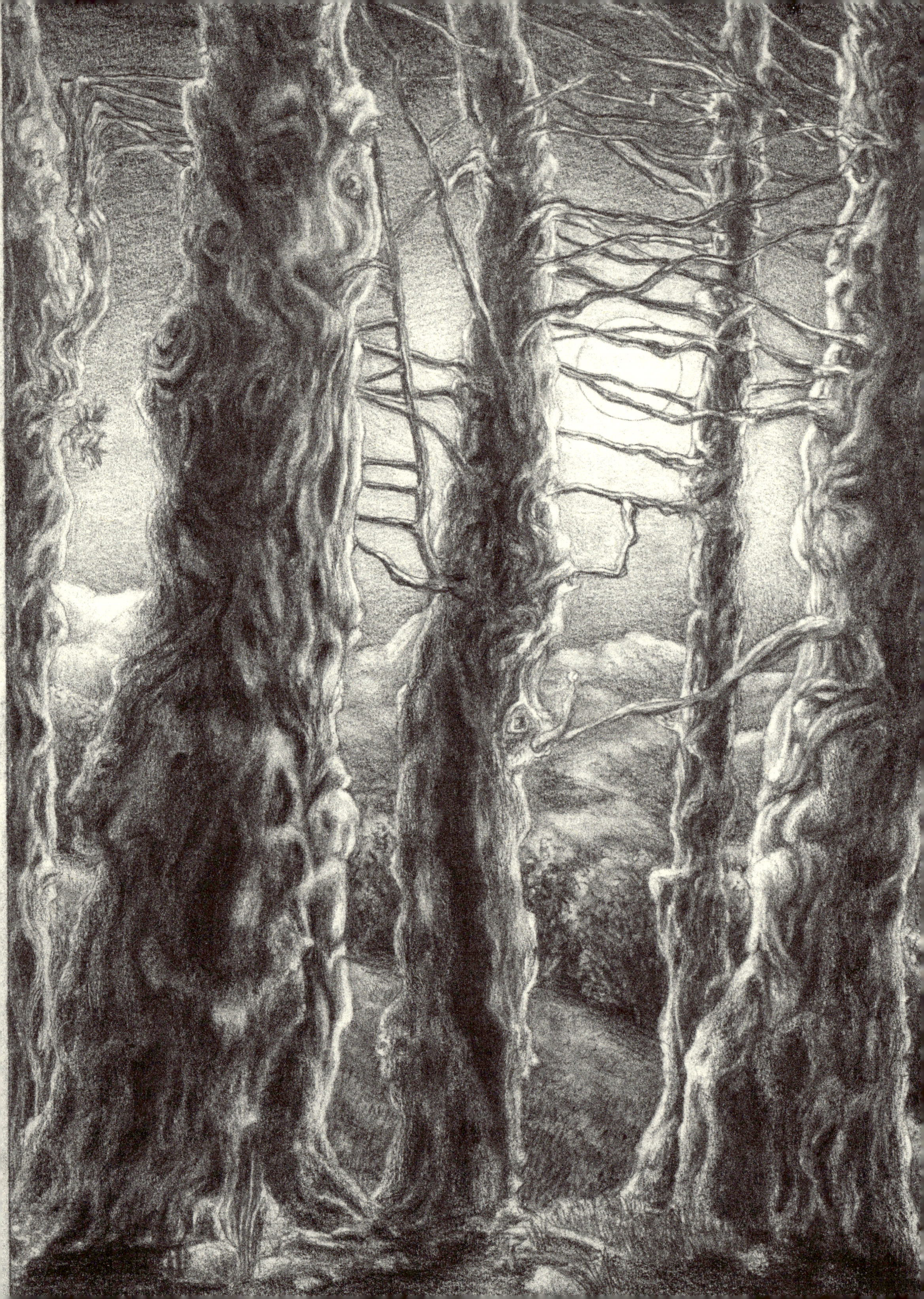

der hatten nicht genügend Zeit, sich wieder zu schliessen. Die Ausrottung der Eiben wurde in den folgenden Jahrhunderten fortgesetzt, und heute sind diese Bäume vom Aussterben bedroht. Besonders in Westeuropa sind die Eiben fast ganz verschwunden. Eine winzige Bauminsel der Eiben steht noch bei Paterzell in Oberbayern. Hier habe ich einige Tage unter den dunklen Bäumen verbracht.
Dort, hinter Ahorn, Fichten und riesigen Buchen, ducken sich die knorrigen Eibengestalten, als wollten sie der letzten Ausrottung entgehen. Jeder dieser alten Bäume ist ein Individuum; keiner ist einem anderen gleich. Was sich in Jahrzehnten und Jahrhunderten aus dem Miteinander von Rinde, Holz, Farbe, Wetter, Linie und Licht ergeben hat, sind Kunstwerke geworden. In leichten Stromlinienformen reihen sich braunrote Schuppen aneinander wie auf der Haut urweltlicher Tiere. Weiter oben fließen die Linien mit glatter karamelfarbener Rinde zusammen.
Aus ziegelrotem Grund sprühen meergrüne Sternchen, die einmal zu Ästen heranwachsen werden. Jeder Baum ist eine lebendige Landschaft, die manchmal auf ein großes, schwarzes Loch im Stamm zuläuft. Viele der Stämme sind hohl, und sicher haben schon oft die großen Augen einer Eule aus der Öffnung gespäht.
Über allem liegt das dunkle Nadeldach, das jeden noch so hellen, vorlauten Sonnenstrahl auffängt und in ein gedämpftes, ernstes Grün verwandelt.

Ich muß lachen über die Beeren, die die Bäume an der Unterseite ihrer Zweige tragen. Verführerisch knallrot gefärbt, sollen sie wohl zum Probieren verleiten. Doch der wächserne, blasse Glanz, die unnatürliche Farbe lassen sofort erkennen, daß hier etwas nicht stimmt. Die Todesgöttin wirbt allzu plump mit ihren Früchten. Die Beeren enthalten, wie alle Teile des Baumes außer der äußeren Beerenhaut, das Gift Taxin, ein Alkaloid. Der Gehalt des Taxins soll im Winter am höchsten sein. Nicht nur im Amazonasgebiet gab es vergiftete Pfeile, sondern auch in den germanischen und keltischen Wäldern schwirrten mit Eibenholz getränkte Giftpfeile durch die Luft.

Schon die Ausdünstungen der Eiben sollen gefährlich sein. Hironymus Bock warnt in seinem Kräuterbuch besonders eindringlich, indem er behauptet, daß jeder, der unter einer Eibe einschläft, des Todes sei. Ich glaube, er hat ein bißchen übertrieben, ich habe viele Stunden im Eibenwald unter den Bäumen gesessen und bin wieder lebendig aus dem Wald herausgekommen.

Auch für Tiere ist das Taxin giftig. Es ist interessant, daß dies besonders für Pferde, Kühe und Esel gilt. Rehe und Wildschweine können sich ruhig ein Mahl aus Eibenzweigen erlauben. Für Hund und Katze ist das Gift ebenfalls tödlich.

Ich stehe noch immer, ohne von den Ausdünstungen der Eiben benommen zu sein, unter dem Baum und bestaune die seltsamen Beeren. Ich pflücke einige und zerdrücke sie zwischen den Fingern. Das Fruchtfleisch fühlt sich kühl und schleimig an. In jeder Beere steckt ein olivgrüner oder schwarzer Samenkern.
Diese Samen liegen oft jahrelang in der Erde, bevor sie anfangen zu keimen. Wenn man 2.000 Jahre Zeit hat, braucht man sich auch nicht zu beeilen!
Die Beeren sind aus den weiblichen, recht unscheinbaren Blüten entstanden. Die Eibe ist zweihäusig, was für einen Nadelbaum etwas sehr Besonderes ist. Die roten Beeren hängen also nur auf weiblichen Eiben. Die männlichen Blüten haben einen Baum für sich. Es sind kugelige Kätzchen, die im Frühjahr verschwenderisch mit hellgelbem Blütenstaub stäuben.

Am Abend war ich doch froh, den dunklen Eibenwald zu verlassen. Diese Bäume haben mich fasziniert, doch auf die Dauer bedrückt das dunkle, fahle Licht unter ihren Kronen.

Medizinische Verwendung

Einige Zeit lang war das Taxin als Herzmittel gebraucht worden, doch man ist mit seiner Wirkung nicht zufrieden gewesen und hat es wieder verworfen. Eibenzubereitungen wurden zu Abtreibungen gebraucht. Oft endeten diese Versuche tödlich.
Heute werden nur noch die homöopathischen Zube-

reitungen aus den Eibennadeln angewandt. Sie helfen bei Gicht, Rheuma und Leberkrankheiten.

Die Eibe
schlägt an die Scheibe.
Ein Funkeln
Im Dunkeln
Wie Götzenzeit, wie heidentraum
Blickt ins Fenster der Eibenbaum.

*Theodor Fontane**

Botanische Erkennungszeichen

Vorkommen:	in ganz Europa, vereinzelt
Standort:	schattige, feuchte Lagen, Kalkböden in den Alpen bis 1.200 m
Höhe:	bis 15 m
Rinde:	rötlich, ablösende Schuppen
Nadeln:	dunkelgrün, flach, oberseits glänzend, Unterseite matt
Blüten:	Mai, zweihäusig weiblich: grünlich, an der Unterseite der Zweige männlich: kugelige Kätzchen, hellgelb stäubend
Früchte:	August - Oktober hellrot, glasig, mit einem, manchmal zwei Samen
Inhaltsstoffe:	Alkaloid Taxin, Glykosid Taxicatin
Holz:	rot bis braunrot, zäh, hart, elastisch

DIE EICHE

Die Eiche	Quercus petraea –	Wintereiche, Traubeneiche
	Quercus robur –	Sommereiche, Stieleiche

Familie der Buchengewächse – *Fagaceae*

Zwischen hohen Birken und riesigen alten Buchen schlängelt sich der Waldpfad, durchzogen von armdicken, freigelegten Baumwurzeln.
Die Luft ist dämpfig, und jeden Augenblick wird es zu regnen anfangen. Über meine bloßen Arme fallen Stechmücken her. Sie scheinen zu diesem Wald zu gehören. Es liegt eine eigenartige Atmosphäre zwischen diesen alten Bäumen. Die Zeit scheint stillzustehen in diesem Zauberwald. Die Mücken werden immer aufdringlicher; nirgendwo habe ich solch eine Vielfalt von stechenden Insekten gesehen.
Die Bäume zu Seiten des Pfades werden immer größer und mächtiger. Zu Füßen dieser Titanen liegen ungeheure Astarme, irgendwann einmal von Blitz oder Sturm heruntergebrochen. Die verbliebenen Äste werfen bizarre Schatten. Wir nähern uns einem kleinen Platz, auf dessen Mitte sich eine einzelstehende Rieseneiche erhebt. Auf halber Höhe des dicken Stammes, zu viert können wir ihn gerade noch umfassen, klafft ein dunkles, großes Loch. Wir steigen hinein, indem wir die hohen Wurzeln als Trittbrett benützen.

Uns ist, als beträten wir die geheimnisvolle Einweihungshöhle der uralten Baumgöttin einer versunkenen Kultur; wir steigen in ihren dunklen, warmen Schoß. Und dann sitzen wir zu viert in der Baumhöhle, über uns der mehrere Meter hohe, hohle Stamm, durch dessen obere Öffnung die Baumkrone zu sehen ist. Draußen hat es angefangen zu regnen. Wir kauern uns bequem zusammen. Der Baum inspiriert zu vielen Baumgeschichten, erfundenen, erlebten und welchen aus der Geschichte. Und als wir nach einigen Stunden zum Stamm hinausschauen, ist es dunkel geworden. Wir wollten mehr über diese alten Bäume des Reinhardswaldes bei Kassel erfahren und begannen nachzuforschen. Hier habe ich einen Bruchteil der Geschichten um Eichen aufgeschrieben, die sich im Laufe der Jahrhunderte um diese Bäume ereignet haben:

So wie diese Eiche hier im Reinhardswald bei Kassel hat wahrscheinlich die berühmte "Donareiche" auch ausgesehen. Vielleicht war sie noch mächtiger. Sie soll mitten auf einem bewaldeten Hügel gestanden haben, in der Nähe der heutigen Stadt Kassel. Sie war eine der vielen Eichenheiligtümer der Germanen, die Donar, dem Gewitter- und Kriegsgott unterstellt waren. Seine Eichen liebkoste er besonders gern mit

Blitzen, was für die Germanen die Gegenwart des Gottes bedeutete. Das Sprichwort:

"Eichen sollst du weichen,
Buchen sollst du suchen
kannst du Linden grad nicht finden", bezieht sich auf die Liebschaft zwischen Blitzgott und Eichenbäumen. Eichen stehen mit Vorliebe auf Kreuzungspunkten von Wasseradern, über denen bevorzugt der Blitz einschlägt. Ihre langen Pfahlwurzeln bohren sich tief in die Erde, bis sie Wasser gefunden haben und bilden dadurch einen mächtigen Blitzableiter.
Die Donareiche stand mitten im Land der Chatten, der Vorfahren der Hessen. Diesem germanischen Stamm war die Donareiche das wichtigste Heiligtum. Sie muß, genau wie unsere Eiche hier, eine große Öffnung im Stamm gehabt haben, worin das Standbild Donars untergebracht war. Sicher war es keinem normal Sterblichen erlaubt, in die Baumhöhle einzudringen, und wir wären sicher des Todes, hätte man uns beim Einstieg in die Donareiche erwischt. Nur die Priester durften sich dem Gott soweit nähern. Unter dem Dach der Eiche hielten die Chatten ihre religiösen Feiern und Gerichtsversammlungen ab.
Die Chatten waren dem damaligen Papst Gregor II. schon lange ein Dorn im Auge, denn sie hatten sich noch nicht zum rechten Glauben bekehren lassen. So erlaubte der Papst es Bonifatius gerne, dieses Volk von seinem ursprünglichen Glauben abzubringen. Wynfrith, der unter seinem Namen Bonifatius in die Geschichte einging, war ein fanatischer Bekämpfer der germanischen Religion. Er kam aus Angelsachsen und war ständig in Sachen Heiden unterwegs. Papst Gregor ernannte ihn zum Bischof über die Völker, "die noch der Sorge eines christlichen Hirten entbehren".

Mit einem Freibrief des damaligen Herrschers Karl Martell wagte Bonifatius den entscheidenden Schlag gegen die Chatten. 723 soll er die Donareiche gefällt haben.
Was mögen wohl die umstehenden Germanen empfunden haben, als Bonifatius sich daranmachte, den Baum zu fällen? Jahrhunderte hindurch war es bei ihnen Sitte, einen Baumfrevler zum Tode zu verurteilen. Viele glaubten sicher, daß Bonifatius beim ersten Axthieb gegen den Baum der Blitz treffen würde. Donar mußte sich doch rächen! Aber es geschah nichts! Bonifatius blieb unversehrt, und keiner der anwesenden Chatten richtete seine Enttäuschung gegen ihn. Das wäre auch nicht möglich gewesen, denn durch den Schutzbrief Karl Martells war jedem, der sich gegen Bonifatius gerichtet hätte, die Todesstrafe sicher.

In der nachfolgenden Zeit fiel ein Baumheiligtum nach dem anderen, viele Germanen wurden gezwungen, den neuen Glauben anzunehmen. 764 wurde Bonifatius bei dem Versuch, die wilden Friesen zu bekehren, erschlagen. Karl der Große setzte die Christianisierung der Germanen rigoros fort; jeder, der "rückfällig" wurde, war des Todes.

Folgenden Erlaß ließ er verbreiten:

"Wer an Quellen oder Bäumen oder in Hainen ein Gelübde macht oder nach heidnischem Brauch Opfer darbringt oder zu Ehren böser Geister Speisen zu sich nimmt hat als Adeliger 60, als Freigeborener 30, als Abhängiger 15 Shillinge zu zahlen. Kann er aber nicht sogleich leisten, so soll er in den Dienst der Kirche treten."

Auch den Kelten waren die Eichen heilig. Von dem keltischen Namen *dair* für Eiche ist auch der Name "Druide" abgeleitet. Für die Druiden, die geistigen Führer der Kelten, war eine kleine Pflanze, die auf den Eichen wächst, das heiligste Gewächs.
Die Eichenmisteln wurden einmal im Jahr, im 6. Mond des Jahres, von den Druiden geschnitten. In weißen, weiten Gewändern bestiegen sie die Eichbäume und schnitten die Misteln mit goldenen Sicheln. Ohne die Erde zu berühren, waren die Misteln gewachsen, und ohne mit der Erde nach dem Schnitt in Berührung zu kommen, wurden sie an die Bevölkerung verteilt. Sie fertigten daraus Amulette, die das ganze Jahr über getragen wurden und vor Krankheit und Dämonen schützen sollten. Die Verwendung von Mistelzweigen als Weihnachtsschmuck, wie es noch heute in England und Amerika der Brauch ist, ist noch ein alter Rest der einstigen Eichenmisteln-Mysterien.
Die Ehrfurcht, die man den großen Bäumen entgegenbrachte, lebte dennoch lange weiter.
Im 11. Jahrhundert schreibt ein Mönch des Regensburger Klosters St. Emmeran:

"Es gibt Bauern, die es für einen Frevel halten, in einem Wald Bäume zu fällen, unter denen einst die Heidenpriester geweissagt haben."

Bis ins 18. Jahrhundert hinein bleiben die Eichen die berühmten "Centbäume", die mit den Gerichtsverhandlungen in Verbindung standen.
Als weithin sichtbare Markierung der ausgedehnten Landsitze der Grafen standen sie als "Grenzbaum" nie weiter als eine Stunde voneinander entfernt. Als freistehende Bäume hatten sie genügend Platz, sich zu mächtigen Individuen zu entwickeln. Sie durften, wie bei den Germanen, nicht gefällt werden. Während der Bauernkriege wurden die riesigen Bäume zu traurigen Zwecken mißbraucht: an ihren unteren Ästen sollen scharenweise die geschlagenen Bauern aufgeknüpft worden sein. Sicher war noch recht lange die Gegend um diese einsamen Bäume als unheimlich verschrien.

Zum Hausbaum ist die Eiche nie gemacht worden. Eschen, Linden und Buchen durften als Schutzbaum Haus und Hof beschützen. Auf eine Eiche hatten nur wenige Bauern Lust. Das hat praktische Gründe: wer will sich schon einen mit dem Blitz- und Donnergott in Verbindung stehenden Baum ans Haus holen.

Außerdem verrottet das besonders gerbstoffreiche Laub sehr langsam, bleibt lange unter den Bäumen liegen und wird von den Tieren nicht so gern gefressen. Deshalb wurde die Eiche nie als Laubfutterbaum verwendet.
Ihre Form ist nicht gefällig und anschmiegsam, sie hat zuviel Erdenschwere und sträubt sich gegen alles. Sie bleibt ein Baum der Wildnis. Da holte man sich lieber "zahmere" Bäume ans Haus.

Im 18. Jahrhundert wurde die Eiche zum typisch deutschen Wappenbaum gemacht. Mit Klopstock begann der patriotische Kult um die alten Bäume. Ihre obengenannten Eigenschaften, Freiheitsliebe, unbeugsamen Stolz, wollte man den Deutschen als selbstverständliche Eigenschaften andichten.
Die Gedichte und Lieder dieser Zeit sind erhalten geblieben, aber von den bekannten Eichenheiligtümern der Germanen, den Centbäumen, Gerichtsbäumen und Grenzbäumen ist uns nur noch wenig geblieben. Viele sind dem Blitz und Unwetter zum Opfer gefallen. Aber leider waren viele der alten knorrigen Eichen dem Menschen im Wege, seinen geraden Strassen, seinen neuen Wohnsiedlungen.

Die Germanen und Kelten haben noch geschlossene Eichenwälder gekannt, die einst das europäische Tiefland bedeckten. Auch die Eichen hatten ihre Eichenzeit, in der sie beherrschender Baum waren. Viel hat den Eichen zugesetzt, die bedrängenden Buchen, das Klima und natürlich auch der Mensch. Er hat schon sehr früh damit begonnen, die Eichenwälder zu dezimieren, indem er sie zur Weide seiner Tiere erklärte.

Bevor die Landwirtschaft nach dem Prinzip der 3 - Felder - Wirtschaft betrieben wurde, weideten Rinder, Ziegen, Schweine in den Wäldern. Besonders der Schweinehirt trieb seine Tiere in die Nähe der "fruchtbaren Bäume", Eiche und Buche.
Durch die Beweidung konnten die kleineren Bäumchen nicht mehr nachwachsen, nur noch einige alte Bäume blieben stehen. Der Reinhardswald ist solch ein Überbleibsel dieser alten Waldweidewirtschaft.

Zwischen den knorrigen Bäumen war nur noch Heide- und Dornengestrüpp übrig geblieben. Das Land wurde zum Ödland erklärt.
Beim Anblick der Triebhölzer, wie die Eichenödländer genannt wurden, kamen dann die Forstleute auf die Idee, schnellwachsende Fichten, Birken und Kiefern zu pflanzen. Auf dem Land der einstigen Eichenwälder stehen heute die Fichtenplantagen, nur noch alte Flurnamen erinnern an die früheren Eichenbestände: Kälberstelle, Stiereiche, Hirteneiche...
Die Flurnamen Eichenlohe, Lohhof, Eichenmühle erinnern an eine weitere alte Nutzung der Eichenbäume. Ihre Rinde ist sehr gerbstoffreich und eignet sich deshalb hervorragend zum Gerben der Felle. Als man den Gerbstoff noch nicht künstlich herstellen konnte, war man auf diese Gaben der Natur angewiesen. Die Rinde wurde in "Lohmühlen" zerkleinert, und damit behandelte man die gegerbten Felle.

Kehren wir noch etwas zur Geschichte der alten Eiche zurück. Man könnte nach dem bisher Gesagten glauben, der Kult um die heiligen Eichbäume wäre eine typisch deutsche Erfindung.
Zum Ausgleich muß ich aber erwähnen, daß alle Völker, in deren Land Eichen wuchsen, sie zu heiligen Bäumen erklärt haben. Von Hethitern, Persern, Griechen und Römern sind uns Eichenkulte bekannt. Überall galt sie als Symbol der Kraft und der Willensstärke.
Die Griechen hörten im Rauschen der Bäume ihren Gott Jupiter sprechen. In der uralten Stadt Dodona in Epirus sollen die heiligen Eichen des Jupiter gestanden haben. Weißgekleidete Priesterinnen huschten zwischen den dunklen Stämmen umher, das Volk war von weit her geströmt, wenn an bestimmten Tagen das Orakel befragt wurde. Und wenn dann der Wind in die mächtigen Zweige fuhr, dann war es soweit: Jupiter war gekommen, und die hohe Priesterin las aus dem Rauschen der Bäume das Orakel.
Das Rauschen der Eichen ist wirklich etwas Besonderes. Es ist kein Miteinander zwischen Wind und Baum wie z.B. bei der Espe, der Weide oder Birke. Die Eiche ringt mit dem Wind. Sie zeigt ihm ihre Ellbogen, ihre winkligen, dicken Äste, die wie erstarrte, riesige Schlangen vom Hauptstamm abstehen.

Jeder Baum hat seine bestimmten Tierarten, die mit ihm verbunden sind. Die Tiere der Eiche tragen ihren Namen: Eichhörnchen, Eichelhäher, Eichengallwespe, Eichenbock. Die Eicheln und die Blätter sind für diese Tiere eine wichtige Nahrung.
Doch auch dem Baum ist diese Vorliebe nützlich. Die Eiche kann ihre Früchte nicht dem Wind anvertrauen, sie sind viel zu schwer, sie haben keine Flügel. So hat die Eiche sie für einige flinke Tiere schmackhaft gemacht, damit diese sie forttragen, irgendwo eingraben, vergessen und so neue Eichen pflanzen. Der Eichelhäher forstet regelrecht neue Eichenbestände auf: er steckt Eicheln in den Boden, in sinnvoller Entfernung voneinander. Er macht sich diese Mühe nicht nur, um sich einen Futtervorrat anzulegen, sonder, wie es scheint, um Eichbäume zu pflanzen, die seinen fernen Nachfahren Nahrung bieten sollen.

Eine seltsame Verbindung besteht zwischen der Eiche und der Eichengallwespe. Die Gallwespen sehen kleinen Wespen sehr ähnlich. Das Weibchen sticht die Eichenblätter an und legt ihre Eier dort ab. Dieser Stich ist ein Signal für die Eiche. Sie beginnt an der Einstichstelle mit einer zunehmenden Gewebswucherung und verstärkter Gerbstoffabsonderung. Sie baut so für die Nachkommen der angreifenden Wespen ein Haus, die Galläpfel. Auch die aus den Eiern schlüpfenden Larven stimulieren die Pflanzenzellen des Eichenblattes zu immer höherer Gerbstoffproduktion. Die Eiche übernimmt die Versorgung der Eier und Larven, sie bietet Kost und Logis.
Wenn im Herbst der Saftstrom nachläßt, schlüpfen die kleinen Wespen aus: schwarz mit glashellen Flügeln. Die kleinen, runden Galläpfel waren jahrhundertelang ein wichtiger Ausgangspunkt zur Herstellung von Farbe und Tinte, zum Gerben, Färben und zur Bereitung von Heilmitteln.
Doch das Wertvollste an der Eiche ist, damals wie heute, ihr Holz. Es ist dauerhaft und haltbar wie kein anderes und besonders resistent gegen Schädlinge. Eichenbohlen und Balken, Truhen und Möbel aller Art überdauern Generationen. Der Slogan der Möbelindustrie, "jedem Deutschen seine Eiche", scheint auf fruchtbaren Boden gefallen zu sein. Die obligate Schrankwand "Eiche rustikal" steht schon in so vielen deutschen Wohnzimmern, daß man auf den Gedanken kommen könnte, sie stehe noch mit Klopstocks Patriotik in Verbindung.

Medizinische Verwendung

Die große Heilwirkung der Eiche beruht auf ihrem hohen Gerbstoffgehalt. Bis zu 20 % Gerbstoff ist in der Rinde enthalten.
Gerbstoff wirkt zusammenziehend, und diese Eigenschaft hat man sich zum Heilen vieler Krankheiten zu Nutze gemacht:
Eichenrindensitzbäder helfen bei Hämorrhoiden, Mastdarmfisteln und -Vorfall, Scheidenkatharr, Gebärmutterentzündung.

Als Umschlag oder Waschung gebraucht man den Eichenrindenabsud bei Hautunreinheiten, Psoriasis, fetter Haut, Frostbeulen, Kropf, Drüsenschwellungen und Ekzemen.
Als Gurgelwasser hilft die Abkochung bei geschwollenen Mandeln, Angina und zur Festigung des Zahnfleisches.
Für ein Vollbad wird 1 kg Eichenrinde in einem Topf mit Wasser ca. 1/4 Stunde lang aufgekocht und der abgeseihte Tee dem Badewasser zugefügt.
Für Umschläge, Waschungen und zum Gurgeln reichen 2 gehäufte Eßlöffel, die man mit 1/2 Liter Wasser gut kocht.
Es ist leider sehr wenig bekannt, daß die Eichenrinde ein gutes Kinderheilmittel ist. Kindern, die ständig unter Hautausschlägen und geschwollenen Drüsen leiden, die "einfach nicht richtig werden wollen", tut ein Eichenrindenbad besonders gut. Hierfür gibt man öfters ins Badewasser Eichenrindenabsud zu gleichen Teilen vermischt mit Walnußblättertee.
Die Wirkung des Bades wird noch durch ein schmackhaftes Eichengetränk verstärkt: Eichelkaffee zu gleichen Teilen mit Kakao oder Milch gemischt, ist ein guter Gesundheitstrank für diese Kinder. (Rezept für Eichelkaffee bei Kochrezepten.)
Der Tee aus der Eichenrinde ist ein Heilmittel bei Erkrankungen der Magen- und Darmschleimhaut.

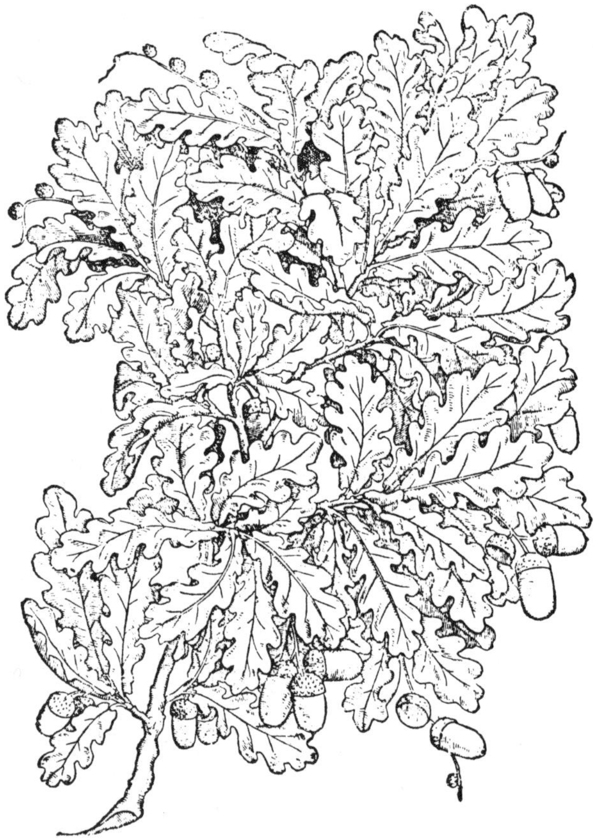

Er wirkt gleichzeitig stopfend. Bei Durchfall hat sich diese Mischung bewährt:
Eichenrinde und Tormentillwurzel (auch Blutwurz genannt). Zu gleichen Teilen mischen. 1 Teelöffel der kleingeschnittenen Rinde und Wurzeln mit 2 Tassen kaltem Wasser übergießen. Aufkochen lassen, abseihen. Bei starkem Durchfall mehrere Tassen täglich trinken.
Eichenrinde, schön zerkleinert, gibt es in Apotheken und Kräuterhäusern zu kaufen. Will man sich seine Rinde selbst sammeln, so sollte man jedoch beachten, den Bäumen nicht zu sehr zu schaden und ihnen keine größere Wunde zuzufügen.
Am besten bricht man sich einige etwa fingerdicke Äste ab. Man entfernt die Blätter und schabt die Rinde ab. Mit einem Messer oder einer Schere kleinschneiden und gut trocknen.
Die heilenden Zubereitungen aus den Eicheln sind in Vergessenheit geraten. Neben dem Eichelkaffee wurden aus ihnen noch verschiedene andere Arzneien hergestellt. Rademacher, der naturkundige Arzt des 19. Jahrhunderts, der eifrig die Schriften des Paracelsus studiert hatte, lobte die Heilkraft der Eicheln sehr. Er verwendete seinen Eichelgeist, ein Destillat aus zerkleinerten Eicheln, Wasser und Alkohol, bei vielen Milzkranken mit Erfolg. Er verabreichte ihnen 5 mal täglich einen Teelöffel davon in Wasser und konnte beobachten, wie die Milzschwellungen der Patienten zurückgingen.

Kochrezepte

Eichelkaffee

Im Herbst die zu Boden gefallenen Eicheln sammeln, die Schale entfernen und die Früchte kleinschneiden. In einer Pfanne rösten, aber nicht schwarz werden lassen. In einem Mörser zu grobem Pulver zerstoßen. Gut verschlossen aufbewahren. Auf 1 Tasse Wasser gibt man 1 gestrichenen Teelöffel des Pulvers. Kurz aufkochen, mit Zimt oder Kardamon würzen und mit Milch trinken.

Dem Eichelkaffee kann man die doppelte Menge Roggenkaffee und etwas Zichorienkaffee zufügen. Man erhält einen wohlschmeckenden und gesunden Hauskaffee. Für die Zubereitung des Roggenkaffees weicht man Roggen über Nacht in kaltes Wasser ein und gießt das Wasser am folgenden Morgen wieder ab. Nun gibt man den Roggen in einen Topf, füllt mit frischem, kaltem Wasser auf und bringt alles zum Sieden. Wenn die Körner aufgesprungen sind, seiht man wieder ab. Die Körner im Sieb lassen und zweimal kochendes Wasser darübergießen. Gut abtropfen lassen. Auf einem Backblech ausbreiten und im Ofen gut trocknen, bis die Körner dunkelbraun geworden sind. Die Körner zerstoßen und mit dem Eichelkaffee vermischen. Der Kaffee schmeckt aromatischer, wenn die Körner und Eichelstückchen erst kurz vor der Kaffeezubereitung zerstoßen werden.
Der Zichorienkaffee war einmal ein sehr bekanntes Getränk. Zur Zeit der Kontinentalsperre, als keine englischen Waren auf dem Festland eingeführt werden durften, war auch der Kaffee knapp geworden. Man besann sich damals einer sehr schönen blauen Blume, der Wegwarte oder Zichorie. Der Kaffee aus ihrer Wurzel wurde zum gängigsten Kaffeesurrogat.
Es ist ein wenig mühsam, sich die Wurzeln für einen großen Vorrat Zichorienkaffee zu sammeln. Die Wurzeln stecken oft tief im steinigen Boden. Sie werden im Frühjahr oder Herbst ausgegraben, gereinigt, kleingeschnitten, geröstet und zu Pulver zerstoßen.
Wer schon einmal in eine Eichel gebissen hat, der kann sich sicher noch gut an den bitteren, zusammenziehenden Geschmack erinnern. So hat es mich auch gewundert zu erfahren, daß für die Indianer Nordamerikas die Eicheln eine wichtige Nahrungsquelle waren. Sie hatten Methoden entwickelt, um die bitteren und giftigen Stoffe aus den Eicheln zu entfernen.
Ich durfte in Amerika einer Indianerfrau über die Schultern schauen, als sie die mühsame Prozedur vollzog, Eicheln zuzubereiten:
Sie schälte die frisch gesammelten Eicheln und zerrieb sie in einem Steinmörser. Dieses Eichelmehl füllte sie nun in einen sehr fein geflochtenen Korb und stellte ihn im nah gelegenen Bach so auf, daß Wasser von oben in den Korb floß, durch das Mehl hindurch und nach unten wieder abfließen konnte. Zwei Tage stand der Korb im Wasser, bis sie ihn wieder herausnahm. Sie drückte das Mehl aus und breitete es in einem fla-

chen Korb zum Trocknen aus. Mit diesem Mehl backte sie Pfannkuchen und Brot, kochte Suppen und Süßspeisen. Meistens mischte sie es zu gleichen Teilen mit Mais- und Weizenmehl. Gerichte aus Eichelmehl haben einen würzigen, nußartigen Geschmack.
Wieder zuhause, habe ich in einem alten deutschen Kräuterbuch fast dasselbe Rezept entdeckt. In Notzeiten scheint man auch hier die Eicheln zum Brotbacken verwendet zu haben. Man hat sie dafür geschält, kleingeschnitten und mit Wasser übergossen. Dann ließ man sie über Nacht stehn und goß das Wasser ab. Dies sollte so oft wiederholt werden, bis das Wasser hell abläuft. Nachdem man sie im Ofen getrocknet hatte, wurden sie zermahlen und mit gleichviel Roggen- oder Weizenmehl vermischt. Aus dieser Mehlmischung wurde dann ein Sauerteigbrot gebakken.

Bäume sind für mich immer die eindringlichsten Prediger gewesen. Ich verehre sie, wenn sie in Völkern und Familien leben, in Wäldern und Hainen. Und noch mehr verehre ich sie, wenn sie einzeln stehen. Sie sind wie Einsame. Nicht wie Einsiedler, welche aus irgendeiner Schwäche sich davongestohlen haben, sondern wie große, vereinsamte Menschen, wie Beethoven und Nietzsche. In ihren Wipfeln rauscht die Welt, ihre Wurzeln ruhen im Unendlichen; allein sie verlieren sich nicht darin, sondern erstreben mit aller Kraft ihres Lebens nur das Eine: ihr eigenes, in ihnen wohnende Gesetz zu erfüllen, ihre eigene Gestalt auszubauen, sich selbst darzustellen.

*Hermann Hesse**

Botanische Erkennungszeichen

	Sommereiche	Wintereiche
Vorkommen	ganz Europa	ganz Europa, jedoch nicht so weit östlich wie die Sommereiche
Standort	Auenwälder	Hügelland, Mittelgebirge bis 700 m
Höhe	bis 35 m	30 - 40 m, schlankere Gestalt
Rinde	glatt und grau, im Alter grobrissig, schwarz	wie bei Sommereiche
Blätter	wechselständig, in Büscheln am Ende der Triebe, kurzgestielt, unregelmäßig gelappt, um Johanni neue Austriebe	wechselständig, gleichmäßig am Zweig verteilt, längere Stiele, regelmäßig gelappt, Johannistriebe wie Sommereiche
Blüten	April - Juni, einhäusig weiblich: 2 - 3 Blüten an aufrechtem, langem Stiel männlich: grünliche, hängende Kätzchen	wie bei der Sommereiche, jedoch weibliche Blüten ohne Stiel
Früchte	September - Oktober Eicheln an langen Stielen (deshalb der Name Stieleiche)	Eicheln kleiner, kurzer Stiel, in Trauben hängend (deshalb der Name Traubeneiche)
Sammelzeiten	Rinde: Frühjahr, Herbst Eicheln: September - Oktober	
Inhaltsstoffe:	Gerbstoffe, Mineralstoffe, Bitterstoffe in den Eicheln: 70 % Stärke und Zucker, 6 % Eiweiß	
Holz:	gelblich, bräunlich, fest, elastisch, dauerhaft, leicht spaltbar	

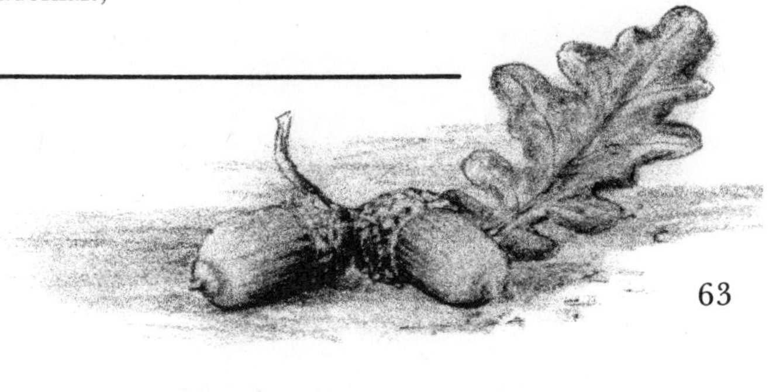

DIE ERLE

Die Erle — Alnus glutinosa – Schwarzerle
Alnus incana – Weißerle

Familie der Birkengewächse – *Betulaceae*

Ich hatte die Erlen unten am Bach das ganze Jahr über beobachtet. Im Winter waren sie mir zuerst aufgefallen. Ihre eigentümliche Silhouette unterscheidet sie von den anderen winterlich-kahlen Bäumen. Sie wirkt dunkel und gedrungen durch die schmale, abgewölbte Krone. Die Äste streckt sie fast waagrecht vom Stamm, es fehlt ihr dabei der Schwung. Von Weitem erschien sie mir fast wollig, und als ich unter ihr stand, entdeckte ich viele kleine Gebilde, die ihr dieses Aussehen verliehen.
Was an den Ästen baumelte, waren kleine, holzige Zäpfchen. Wie Kieferzapfen, nur in sehr starker Verkleinerung.
Diese Zapfen haben sich aus den kleinen, aufrechtstehenden Kätzchen entwickelt. Es sind die weiblichen Blüten, die, nachdem sie sich in ein hübsches Dunkelrot gekleidet haben, sich zu den kleinen, zuerst grünen Zapfen verwandeln. Zwischen die Schuppen der Zapfen sind kleine Samen gebettet. Diese sind mit einem "Extra" ausgerüstet, nämlich einer luftgefüllten Zellschicht. Es ermöglicht dem "kleinen Samen im Rettungsring", auf dem nahen Wasser nicht unterzugehen, sondern sicher einen oft weit entfernten neuen Besiedelungsplatz am Bach zu erreichen. Natürlich kann er mit dieser Erfindung auch fliegen, und der Wind muß als Beförderungsmittel herhalten.
Außer den Zäpfchen entdecke ich noch viele lange Kätzchen an den Zweigen. Die Erle ist einhäusig, d.h. männliche und weibliche Blüten sitzen auf einem Baum. Diese Kätzchen sind die männlichen, die schon seit August des vorigen Jahres ausgebildet werden und nur darauf warten, im März und April ihren Blütenstaub von sich zu schütteln.
Die Rinde der jungen Erlen ist grau und glänzend, die älteren schützen ihren Stamm mit einer dunkelbraunen, über die viele Risse laufen.

Die alte Sage, daß Bäume bluten, wenn man sie fällt, entstand vielleicht beim Fällen einer Erle: ihr Holz läuft an der Schnittstelle blutrot an. Ihr heute als nutzlos betrachtetes Holz fand früher reichlich Verwendung: sie war der "Holzschuhbaum", und jeder Vater, der für seine Kinder neue Schuhe herstellen mußte, schaute sich erst einmal nach Erlenholz um. Dauerhaftes Küchengeschirr und Schusterleisten fertigte man ebenfalls bevorzugt aus Erlenholz an. Die Rinde diente zum Gerben von Leder und zur Herstellung einer dauerhaften schwarzen Lederfarbe. Dazu wurde die Rinde in Wasser zusammen mit rostigen Eisenstücken über längere Zeit eingeweicht. Selbst für die kleinen Zapfen kannte man eine Verwendung. Man stellte daraus eine schwarze Tinte her.

Die Erle war dem Menschen schon lange unheimlich. Am liebsten besiedelte sie feuchtes Gebiet wie Bachränder und Moorlandschaften, das im Mittelalter noch unbebaute Land, das Unland, von dem man nicht wußte, wer es eigentlich bewohnt. Die Erde war noch nicht ganz vom Wasser geschieden. In diesen Zwischenbereichen siedelte sich die Erle an. So nah wie möglich am Wasser möchte sie stehen, soviel wie möglich möchten ihre Wurzeln davon spüren. In solch einer dunklen und nebligen Erlenlandschaft gibt es Wassergeister, Nebelfeen, Moorgeister, Irrlichter, Elfen, Erlkönige und Hexen mit Haaren so blutrot wie das gefällte Erlenholz.
Im Erlenbaum lebt die Arle, Irle oder Else, wie die Erlenfrauen alle genannt wurden. In ihren Namen hört man förmlich das Murmeln des Wassers. Gefährlich sind sie für einen verirrten Wanderer, den sie in die Tiefe ziehen können. In der Wolfdietrichsage, die im 13. Jahrhundert verfaßt wurde, wird von solch einer Erlenfrau erzählt. Die "rauhe Else" erscheint nachts am Lagerfeuer. Schuppig wie ein Baum ist ihre Haut und wirr wie die Flechten in den Bäumen ihr Haar. Den erschreckten Wolfdietrich fordert sie auf, "sie zu minnen". Entsetzt lehnt er ab. Am liebsten wäre er geflohen. Die rauhe Erlenfrau erkennt, daß ihr Bitten umsonst ist, und so verzaubert sie ihn erst einmal. In der folgenden Nacht irrt er wie ein Tier 12 Meilen durch den Wald, und als er am nächsten Morgen unter einem Baum erwacht, erscheint ihm die Zauberin wieder. Sie wiederholt ihre Frage:"Willst du mich minnen?" Natürlich will er noch immer nicht. Jetzt legt sie einen Schlafzauber über ihn, so daß er schlaftrunken zu Boden sinkt. Sie aber schneidet ihm zwei Haarlocken vom Kopf und zwei Fingernägel, die sie als Pfand behält. Dadurch ist er ihr verfallen. Ein halbes Jahr läuft er wild und ohne Besinnung durch den Wald, schläft in Höhlen und ernährt sich von Kräutern. Ein Engel endlich bittet die Zauberin, den Bann rückgängig zu machen. Dem wieder freien Mann erscheint ein drittes Mal die rauhe Else, und jetzt willigt er in ihre Bitte ein und nimmt sie zur Frau. Sie führt ihn auf ein großes Schiff, das nach einer wunderbaren Reise im Land der Zauberin ankommt. Das Volk begrüßt seine Königin. Einem Bad

im Jungbrunnen entsteigt die rauhe Else vor ihrem Mann als die "schönste aller Frauen".

Nicht immer enden die Begegnungen mit dem weiblichen Erlengeist so glücklich. Denn sie ist eine Göttin des Todes, die in dieser Form die zerstörerische Kraft des Wassers symbolisiert.
Jenseits des vom Menschen bebauten und zivilisierten Landes wirkt sie im Dunkeln an seinem undurchsichtigen Schicksal mit.
Doch die alte Göttin hat zwei Gesichter. Mit dem Wasser des Lebens wird sie zur Göttin der Fruchtbarkeit, der Freude und des Lebens nach dem Tode. Alles neue Leben entsteht im Wasser, selbst der noch ungeborene Mensch wächst in einem kleinen See dieses Elements, im Wasser der Fruchtblase, heran.

Diese Weisheit der Erle stammt noch aus einer sehr frühen Zeit unserer Geschichte, als die Menschen noch die Muttergottheiten verehrten.
Der tiefere Sinn ist verlorengegangen, nur noch in Märchen und Volksbräuchen klingt er, fast unverständlich, bis in unsere Zeit hinein.
Die Erle hat sich mit dem gefährlichen Element, an dessen Ufer sie wächst, arrangiert. Auf dem unfruchtbarsten Land kann sie noch gedeihen, denn an ihren Wurzeln sitzen kleine Pilze, mit deren Hilfe sie den Stickstoff aus der Luft in die Erde binden kann. Als

Gegenleistung versorgt die Erle den Pilz mit Kohlehydraten. Durch diese Symbiose wird die Erle zu einem fruchtbarmachenden Baum für das Brachland.
Der Erle kann das Wasser nichts anhaben. Erlenholz fault im Wasser nicht. Es saugt sich sogar noch voll und wird dadurch noch härter. Deshalb gebrauchte man das Erlenholz für Wasserleitungen, Brunnentröge und Quelleneinfassungen. Halb Venedig ist auf Erlenpfosten gebaut!

Medizinische Verwendung

"Die Erle ist kalter und truckener Natur/zeucht auch zusammen", heißt es in einem alten Kräuterbuch über die Erle. Ihre zusammenziehenden, kühlenden und fiebersenkenden Heilkräfte sind ganz in Vergessenheit geraten. Die Heilwirkungen beruhen hauptsächlich auf dem hohen Gehalt an Gerbstoffen.
Bei schwachem Zahnfleisch und Aphten bereitet man sich aus den frischen oder getrockneten Erlenblättern einen starken Absud. 2 Teelöffel davon werden mit 1 Tasse Wasser ca. 5 Minuten gekocht. Diesen starken Tee verwendet man dann für Mundspülungen.
Die Rinde der jüngeren Zweige ergibt ein gutes Gurgelmittel bei Angina. Die Rinde wird hierfür im Herbst oder Winter abgeschabt, kleingeschnitten und gut getrocknet. 1 gehäufter Teelöffel davon reicht für 1 Tasse Wasser. Die Rinde mit dem kalten Wasser übergießen, erhitzen und ca. 5 Minuten kochen lassen. Abseihen und zum Gurgeln verwenden.

Gurgelmittel bei Halsentzündung

1 Teil Erlenrinde
1 Teil Bibernellwurzeln
1 Teil Eibischwurzeln

1 gehäufter Teelöffel der Mischung mit 1 Tasse kaltem Wasser übergießen. Erhitzen und ca. 5 Minuten kochen lassen. Abseihen und damit gurgeln.

Zum Abstillen hat man früher die Erlenblätter verwendet. Man gebraucht sie hierfür in folgender Mischung:

Abstilltee

1 Teil Erlenblätter
1 Teil Salbeiblätter
1 Teil Walnußblätter

2 Teelöffel reichen für 1 Tasse Wasser. Die Kräuter mit dem kochenden Wasser übergießen und zugedeckt 5 Minuten ziehen lassen. Tagesdosis: 2 - 3 Tassen. Der Tee kann auch für Umschläge, die die Wirkung unterstützen, verwendet werden.

Botanische Erkennungszeichen

	Schwarzerle (Roterle)	**Weißerle** (Grauerle)
Vorkommen	ganz Europa	besonders Nordeuropa
Standort	Flußauen, Teiche, Moore, bis 700 m	Geröllhalden, bis 1.500 m
Höhe	bis 30 m	bis 20 m
Rinde	anfangs glatt, später rotbraun und rissig	wie Schwarzerle
Blätter	wechselständig, verkehrt eiförmig, eingekerbte Spitze	wechselständig, eiförmig, am Ende zugespitzt
Blüten	März - April, einhäusig weiblich: Kätzchen mit roten Narben männlich: Kätzchen mit roten Staubbeuteln	wie Schwarzerle
Früchte	Zäpfchen mit hellbraunen Nüßchen, breiter Flügelrand	dasselbe, nur kleinere Zapfen
Sammelzeiten	Blätter: April - Mai Rinde: Herbst und Winter	
Inhaltsstoffe	Gerbstoffe, Harzsäuren	
Holz:	rötlich bis rot, leicht, weich, fest, tragfähig, im Wasser ausdauernd	

DIE ESCHE

Fraxinus excelsior

Familie der Ölbaumgewächse – *Oleaceae*

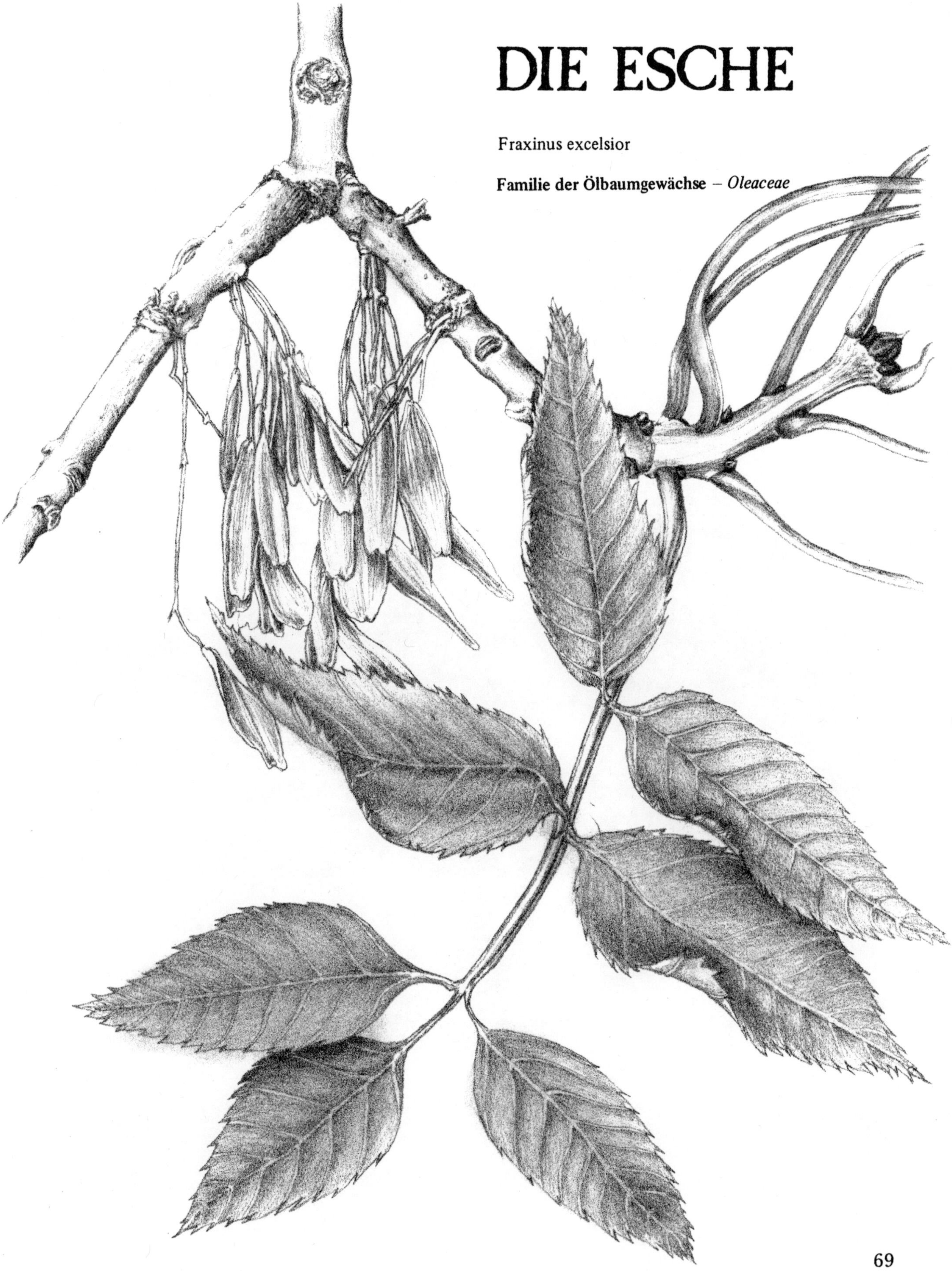

Ich weiß nicht, was mir an der Esche am besten gefällt. Im Winter habe ich ihre pechschwarzen, samtenen Knospen bewundert, die wie Zwiebelturmspitzen auf den Zweigen sitzen. Kein anderer Baum trägt solch sonderbare Knospen.
Alles an der Esche ist harmonisch geformt. Geradezu nobel. Auf dem schlanken, aschgrauen Stamm erhebt sich eine lichte Krone aus schwungvoll nach oben gerichteten Zweigen. Mit ca. 100 Jahren hat die Esche ihre volle Höhe erreicht. Und sie stellt dann schon etwas dar, mit ihren 40 Metern gehört sie zu den höchsten Bäumen Europas. Diese imposante Erscheinung hat wohl Linne bewogen, ihr den Beinamen *"excelsior"* zu verleihen.
Die Majestät der Esche ist mit etwas Zurückhaltung gemischt. Wenn schon viele unserer einheimischen Bäume in ihrem neuen Blattkleid stehen, trägt die Esche noch kein einziges Blatt. Sie ist frostempfindlich und wartet ab, bis auch wirklich kein Frosteinfall mehr zu erwarten ist.
"Sie ist ein Sinnbild der besonnenen Einsicht", beschreibt Hildegard v. Bingen* diesen Charakterzug der Esche.
Bevor sie ihre Blätter dann endlich zeigt, sprengt sie im April oder Mai die schwarzen Knospen. Was da herausdrängt, sind kleine, violette Blütenbüschel, die ihre Bestäubung dem Wind anvertrauen. Und sie sind noch schöner als die geschlossenen Knospen, die ich im Winter bestaunte!
Die Esche kann sich bei der Wahl ihres Geschlechtes nicht so richtig entscheiden. Es gibt männliche, weibliche und gemischt-geschlechtliche Bäume. Sogar die einzelnen Blüten können zwittrig, d.h. männlich und weiblich zugleich sein.
Und danach erscheinen die Blätter. Ihre ausgesuchte Schönheit genießt man am besten an einem sonnigen Tag bei einer leichten Brise. Im Sommer lag ich unter ihrem lichten Blätterdach und fühlte mich beim Betrachten der Blätter im Spiel mit Licht und Wind wie in einem östlichen Bambuswald.

Das zartbraune Holz der Esche ist hart, zäh und besonders elastisch. Deshalb wurde es seit der Antike zur Herstellung von Handwaffen jeder Art verwendet: Armbrüste, Speere, Lanzen, Bögen.
Der bekannteste Speer aus Eschenholz ist wohl der des Kentauren Chiron. Diese Gestalt aus der griechischen Sage, halb Mensch, halb Pferd, bewohnte den sagenumwobenen Berg Pelion in Thessalien. Auf der Spitze dieses Berges wuchsen die heiligen Eschen. Eine davon fällte Chiron und fertigte daraus den Speer, mit dem Achilles Hektor besiegte.
Armbrüste und Speere sind aus der Mode gekommen, und eine Aufzählung der aus Eschenholz hergestellten Gegenstände der letzten Jahrzehnte sieht etwas anders aus: Eisenbahnwagen, Skier, Spazierstöcke, Sportgeräte, besonders Barren.

Auch die Esche war ein Sinnbild im keltischen Baumalphabet. *"Nion"* hießen Baum und Laut. Sie galt als Symbol für die Macht des Wassers. Es ist nicht verwunderlich, denn die Esche liebt feuchte Standorte. Die Eschen galten als Schutz vor der zerstörerischen Kraft des Wassers. Die Druiden gebrauchten das Holz für ihre Regenzauber, und die Fischer fertigten einzelne Teile der Boote aus Eschenholz, damit sie nicht kenterten.
In der nordischen Mythologie wird die Esche zum allumfassenden Weltenbaum, der wie eine lebende Säule die verschiedenen Welten durchdringt und verbindet. *"Eine Esche weiß ich, heißt Yggdrasil"*, heißt es in der Edda.
Als großer Baum wird sie dargestellt, dessen drei Wurzeln tief hinunterreichen: eine nach Asgard, zu den Göttern, die andere ins Riesenland Jotunheim, und die dritte in die Unterwelt, Niflheim.
Drei Schicksalsgöttinnen, die Nornen, bestimmen das Los der Menschen. Sie sitzen um die Wurzeln und bewässern diese, um sie zu stärken.
Der Weltenbaum ist von verschiedenen Tieren bewohnt: an seinen frischen Blättern knabbern zwei Hirsche und die Ziege Haidrun. Auf dem Gipfel der Krone thront ein riesiger Adler. Doch was dem Baum am meisten schadet, das ist die Schlange Nidhögr. Sie nagt an seinen Wurzeln. Ein Eichhörnchen springt unaufhörlich zwischen Adler und Schlange hin und her, um zwischen beiden Unfrieden zu stiften.
So wirken beide Kräfte, die erhaltende und die zerstörende, am Weltenbaum, der den Kosmos, die Welt und den Menschen symbolisiert. Doch werden die erhaltenden Kräfte die Oberhand behalten, beim Weltuntergang wird der Baum nur mächtig erschüttert.
Der Volksglaube hat sich Reste dieser alten Sage behalten und sie in vielen Bräuchen, die bis ins vorige Jahrhundert hineinreichen, bewahrt.
Die Esche, die dem Biß der Schlange Nidhögr so lange standhält, galt einmal als das beste Mittel, um Schlangen zu vertreiben oder Bißwunden von Schlangen zu heilen. Eine Abkochung der Rinde, Blätter oder der Wurzel dieses Baumes wurde von vielen alten Ärzten bei Schlangenbissen angewandt.
Was für die heilige Ziege Haidrun gut ist, das kann für die "normalen" Haustiere nicht schlecht sein. So gab es bestimmte Tage, besonders Johanni und Pfingsten, an denen man den Haustieren, hauptsächlich den Ziegen, Eschenblätter fütterte. Dadurch sollten sie das ganze Jahr vor Krankheit geschützt sein.
Für die Tiere war das nichts Außergewöhnliches, sie bekamen recht oft Eschenblätter zu fressen. Lange Zeit hindurch waren die Eschen weitverbreitete Laubfutterbäume, die in der Nähe der Gehöfte gepflanzt wurden. Aus dieser Zeit stammen einige ganz alte Eschen, die noch in der Nähe von Bauernhöfen und Burgen stehen.

Medizinische Verwendung

Hippokrates beschrieb die Esche als ein gutes, harntreibend und abführend wirkendes Heilmittel. Er setzte Eschenzubereitungen zur Heilung von Rheuma und Gicht ein.
Dieser Anwendungsbereich hat sich bis heute nicht geändert, noch immer werden Blätter und Samen zur Heilung von Rheuma und Gicht verwendet.
Die Eschenblätter werden im Mai oder Juni gesammelt, von den Stielen gezupft und getrocknet. Zur Teezubereitung überbrüht man 2 Teelöffel der zerkleinerten Blätter mit 1 Tasse Wasser. Ziehen lassen und abseihen. Tagesdosis: 2 - 3 Tassen.

Man kann die Eschenblätter aber auch mit anderen Kräutern zu einem Rheumatee mischen.

Rheumatee

Eschenblätter
Weidenblätter
Brennesselblätter
Berberitzenblätter

Alle Zutaten werden zu gleichen Teilen gemischt. 2 Teelöffel davon mit 1 Tasse kochendem Wasser übergießen und ziehen lassen. Tagesdosis sind 2 - 3 Tassen.

Auch die Rinde der Esche ist ein Heilmittel. Sie galt lange Zeit als ein der Chinarinde gleichwertiges Fiebermittel. Man hat die Rinde junger Äste im Winter abgeschabt, getrocknet und daraus einen Absud gebraut. Dieses Getränk wurde Fieberkranken gereicht.

In manchen Gegenden wurde die Esche auch Wundbaum genannt. Im *"Arzeney-Schatz"* des Johannes Schröder aus dem Jahre 1685 fand ich darüber folgende Auskunft:
"Etliche halten darvon/daß/wann man dieses Holtz am Tage Johannis des Tauffers haue/solches durch blosses reiben die Wunden heilen solle; andere hauens vor Aufgang der Sonnen/andere selbst am Mittage/ und nennen es Wundholtz."
In einem Kräuterbuch von 1874 hört sich die Anweisung schon etwas klarer an:
"Bei frischen Schnittwunden, sie mögen so bedeutend sein, als sie wollen, lasse man sogleich einen nicht zu jungen, noch zu alten Ast von einer Esche holen, bis zu dessen Ankunft unausgesetzt kalte Umschläge auf die Wunde gemacht werden. Hat man die Eschenrinde abgelöst, so wird die Wunde vom Blut gereinigt und zusammengedrückt, und die innere, saftige Seite der Eschenrinde daraufgebunden, hernach noch mit Leinwand umwickelt und täglich 2 - 3 mal mit frischer gewechselt."
Nach all diesen Lobreden habe ich bei verschiedenen Kräuterkundigen nachgefragt, ob sie diese Behauptungen bestätigen können. Und selbst habe ich dann die Eschenrinde auch ausprobiert. So kann ich inzwischen auch behaupten, daß die Eschenrinde ein gutes Wundheilmittel ist, das man besonders als erste Hilfe gebrauchen kann.
Auch die Samen haben eine harntreibende und blutreinigende Wirkung. Sie werden bei Blasen- und Nierensteinen, Leber- und Milzleiden empfohlen. Man mischt sie am besten in die jeweilige Kräutermischung.
Sie werden im Oktober gesammelt, kleingeschnitten und gut getrocknet. 2 Teelöffel davon übergießt man mit 1 Tasse Wasser, erhitzt und läßt kurz aufkochen. Abseihen. Tagesdosis sind 2 Tassen.
Die Samen wirken, äußerlich angewendet, lindernd bei Rheuma, Gicht, Hexenschuß und Muskelkater. Man verwendet folgende Mischung:

Eschengeist

Eschensamen (mit den Flügeln)
Wacholderbeeren
Melissenblätter
Majoran oder wilder Dost
Pfefferminzblätter
Rainfarnblätter
70 %iger Alkohol je nach Kräutermenge

Alle Zutaten, frisch oder getrocknet, werden zu gleichen Teilen gemischt und in ein weithalsiges Glas gegeben. Mit 70 %igem Alkohol aufgießen. Das Glas soll zur Hälfte mit Kräutern gefüllt sein. 3 Wochen an einen warmen, sonnigen Ort stellen. Gelegentlich umschütteln. Abseihen und in dunkle Flaschen umfüllen. Zum Einreiben verwenden.

Botanische Erkennungszeichen

Vorkommen:	ganz Europa
Standort:	Bachufer, Auenwälder bis 1000 m
Höhe:	35 - 40 m
Rinde:	grau-grün und glatt, später schwarzbraun und rissig
Blätter:	kreuzweise gegenständig, langgestielt, unpaarig gefiedert aus 9 - 15 länglichen, gesägten Fiederblättchen
Blüten:	April, polygam oder wirrhäusig, d.h. eingeschlechtlich oder zwittrig, violette Blütenbüschel
Früchte:	flaches, elliptisches Nüßchen in länglichen Flügeln
Sammelzeiten:	Blätter: Mai - Juni Rinde: Frühjahr oder Winter Samen: Oktober
Inhaltsstoffe:	Bitterstoffe, Gerbstoffe, Fraxin, Mannit, Quercitrin, ätherische Öle
Holz:	zartbraun, zäh, elastisch

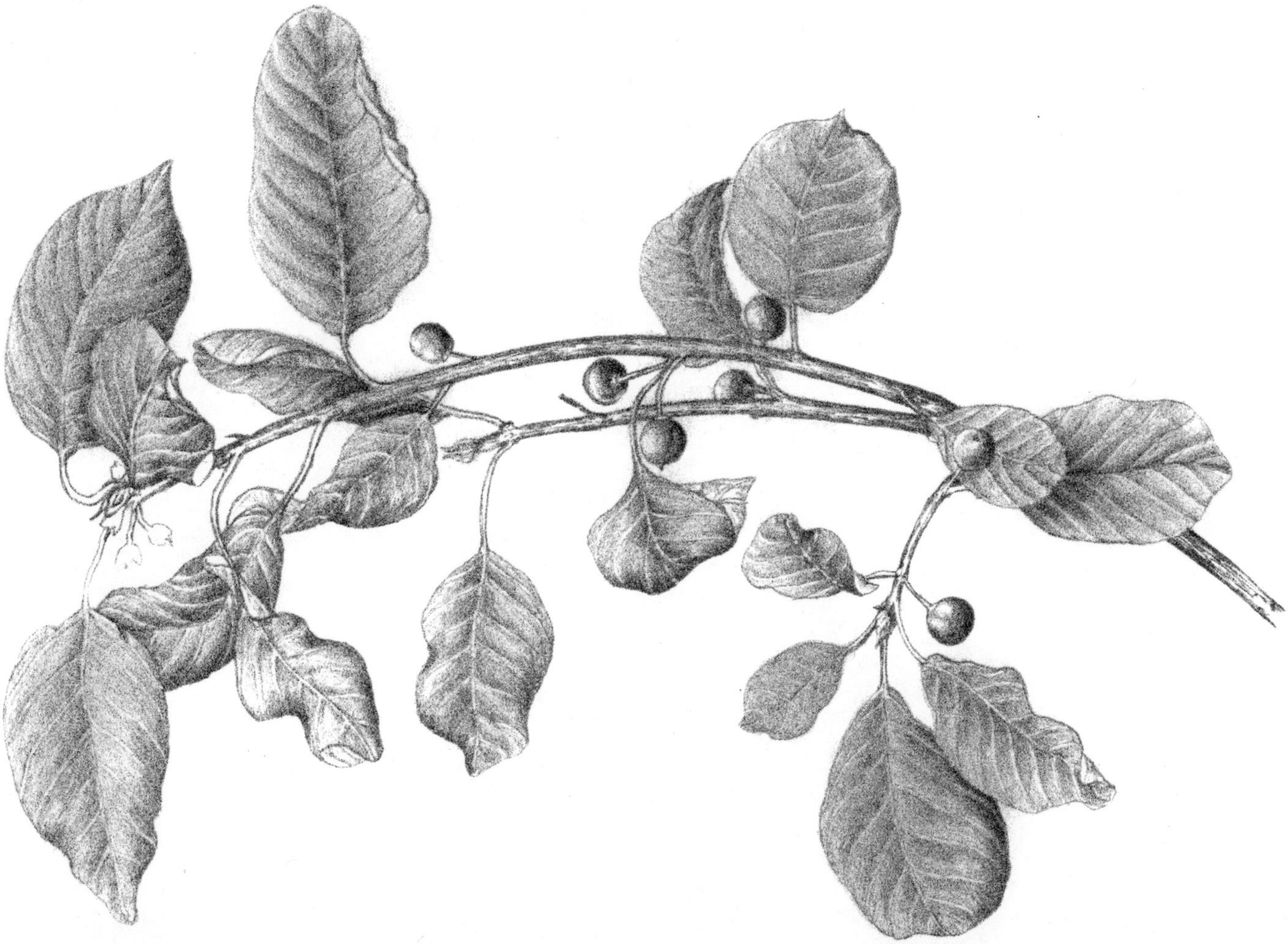

DER FAULBAUM

Der Faulbaum Frangula alnus

Familie der Kreuzdorngewächse – *Rhamnaceae*

Im Auwald, entlang des Flusses, unter den Erlen und Weiden, ganz vorn in der ersten Reihe, wo es noch genügend Licht gibt, wächst ein kleiner Baum. Seine frische Rinde riecht etwas faulig, und deshalb hat man ihm den wenig attraktiven Namen "Faulbaum" oder "Stinkbaum" verliehen.
Dabei gehört gerade diese faulig riechende Rinde zu den größten Schätzen der Naturapotheke. Sie ist ein zuverlässiges und unschädliches Abführmittel. Vor dem Gebrauch muß sie jedoch mindestens ein Jahr lagern.
Es gibt noch einen dritten Namen, mit dem man früher den Faulbaum bezeichnete und der auch etwas über die Verwendung des Baumes verrät.
Dieser Name, "Pulverbaum", ist nicht mehr gebräuchlich. Wer braucht auch heute noch selbstgebasteltes Schießpulver?
Faulbaumkohle war ein gebräuchlicher Bestandteil des Schieß- oder Schwarzpulvers. Das Holz des Faulbaumes eignet sich besonders gut dafür, denn die daraus gebrannte Kohle ist sehr aschenarm. Zur Holzkohle wurde noch Salpeter und Schwefel gemischt und das Gewehr konnte gestopft werden. Nach jedem Schuß entwich aus dem Gewehrlauf eine kleine, weisse Rauchwolke. Als dann später das rauchlose Schießpulver erfunden wurde, brauchte man den Faulbaum nicht mehr. Er geriet in Vergessenheit, die angelegten Haine verwilderten. Nur die Kräuterweiblein kamen gelegentlich vorbei, nestelten ein Messer hervor und machten sich an der Rinde zu schaffen.
Außer zur Pulverherstellung scheint man das Holz des Faulbaumes nie gebraucht zu haben. Davor warnt geradezu der lateinische Name des Baumes. Er leitet sich ab von *frangere* = brechen, in Bezug auf die Brüchigkeit des Holzes.

Es ist nicht leicht, den Faulbaum im Unterholz des Auenwaldes auszumachen. Besonders auffällig ist er nicht. Von Weitem ähnelt er den vielen anderen Sträuchern. Meist wächst er als 3 - 4 Meter hoher Strauch. Er kann aber auch ein bis 7 Meter hohes Bäumchen werden.
Vom aufrechten Stamm entspringen die horizontalen Zweige. Wie die Blätter sind auch die Zweige wechselständig angeordnet.
Der Faulbaum gehört zwar zur Familie der Kreuzdorngewächse, doch hat er auf die für diese Familie obligaten Dornen verzichtet. Somit scheiden an Verwechslungsmöglichkeiten erst einmal alle Sträucher mit Dornen aus: Kreuzdorn, Schlehdorn, Weißdorn.

Die jungen Zweige des Faulbaumes sind mit einer grünen Rinde umgeben. Die älteren Äste tragen die typisch getupfte Rinde: auf dunkelbraunem Untergrund sitzen verstreute helle Warzen. Diese Rinde wird zu medizinischen Zwecken im Frühjahr abgeschabt und getrocknet.
Die Faulbaumblätter sitzen an kurzen Stielen an den Zweigen. Sie sind eiförmig, und ihre Blattnerven sind besonders stark gezeichnet. Auf der Unterseite glänzen sie leicht. Trotzdem wirkt das ganze Blattkleid des Faulbaumes matt. Auch die Blüten haben kleine Stiele. Sie sitzen zu mehreren an den Blattachseln. Man könnte sie fast übersehen, so unscheinbar sind sie. Erst bei näherem Betrachten erkennt man diese kleinen, fünfstrahligen Sternchen, die grün-gelb und blaß zwischen den Blättern hängen.
Immer wieder entstehen neue Blüten, und selbst im August und September habe ich sie noch entdeckt. Diese lange Blütenzeit macht den Faulbaum zu einer guten Bienenweide, auf der die Bienen von April bis in den Herbst hinein "weiden" können.
Im Sommer war der Faulbaum eher zurückhaltend, aber im Herbst hat er sich mit seinen Früchten eine besondere Überraschung ausgedacht.
Im September und Oktober behängt er sich mit erbsengroßen Früchten, die gleich in drei verschiedenen Farben an den Zweigen baumeln. Die Farben entsprechen den einzelnen Reifegraden. Da sie nicht alle zur gleichen Zeit reif werden, treffen sich alle drei Farben: hellgrün, rot und tiefschwarz. Oft stehen noch einige blasse Blütensternchen dabei, und wenn der Herbst etwas vorangeschritten ist, beginnen sich die Blätter einzufärben und bilden für das Schauspiel einen kupferroten Hintergrund.
Die Früchte schmecken zusammenziehend und bitter. Gelegentlich werden sie wie die Rinde als Abführmittel gebraucht. Sie müssen nicht gelagert werden und können als Heilmittel roh, getrocknet oder zu Mus verarbeitet gegessen werden. Kinder sollte man vor dem Verzehr der Beeren warnen, sie könnten Erbrechen und Bauchschmerzen verursachen.

Medizinische Verwendung

Faulbaum, Kreuzdorn, Aloe, Sennes und Rhabarber bilden die Gruppe der Anthrachinondrogen. Diese Pflanzen enthalten alle mehr oder weniger Anthrachinon, einen Stoff, der die Nerven des Dickdarmes anregen kann. Dadurch wird die Sekretion der Darmschleimhaut vermehrt und der Darm zu verstärkter Bewegung veranlaßt. Somit sind alle Anthrachinon-Pflanzen starke Abführmittel, die den erschlafften Darm kräftig anregen.
Bei längerem Gebrauch und zu hohen Dosen können sie jedoch zu Darmschleimhautreizungen und zur Schädigung der Unterleibsorgane führen. Auch kann eine Gewöhnung eintreten, so daß schließlich ohne das Abführmittel "überhaupt nichts mehr geht".

Die Faulbaumrinde übt jedoch eine viel schonendere Wirkung auf die Dickdarmnerven aus als Aloe, Sennes oder Rhabarber. Sie reizt bei normaler Dosis und richtiger Zubereitung nicht die Schleimhaut, sie führt zu keiner Gewöhnung, und sie wird sogar zur Behandlung von Verstopfung bei Schwangeren empfohlen. Trotzdem ist sie ein zuverlässiges Abführmittel und hat sich besonders bei chronischer Verstopfung, Verstopfung während Hämorrhoidalleiden und zur Entschlackungskur bewährt.
Zur abführenden Wirkung tritt noch eine gallenfördernde hinzu. So kann man die Faulbaumrinde in Teemischungen für Gallenstau, Leberstauungen, Verstopfung während Leber-, Galle- und Milzleiden mit hineingeben.
Die wirksamen Anthrachinonbestandteile der Faulbaumrinde bilden sich erst nach einer Lagerzeit von einem Jahr. Die frische Rinde enthält noch die Anthrachinonderivate, die starkes Erbrechen und Koliken verursachen.
Die Rinde wird im März oder April von ca. 3 - 4-jährigen Ästen geschabt, zerkleinert und gut getrocknet. Nach einem Jahr ist sie für den Gebrauch als Tee, Wein oder Pulver verwendbar.
Wer nicht die Möglichkeit hat, die Rinde selbst zu sammeln, oder wer die Bäume schonen möchte, der kann die abgelagerte Faulbaumrinde in jeder Apotheke oder im Kräuterhaus kaufen. Sie wird dort sicher vorrätig sein, denn die Faulbaumrinde ist offiziell, d.h. sie ist im Deutschen Arzneibuch aufgeführt.

Teezubereitung

1 Eßlöffel Faulbaumrinde wird mit 2 Tassen Wasser kalt angesetzt. Über Nacht ziehen lassen, kurz aufkochen. Morgens nüchtern und abends vor dem Schlafengehen je 1 Tasse trinken.
Der Tee sollte nicht länger als 4 Wochen getrunken werden. Um den Darm langsam wieder auf eine normale Funktion umzustellen, ist es wichtig, daß die Ernährung mithilft, ihn wieder in Bewegung zu bringen. Dazu gehören vor allem Vollkornprodukte und Rohkost, die genügend Schlackenstoffe zur Anregung des Darmes liefern. Wechselbäder, Bauchmassagen und viel Bewegung unterstützen die Behandlung.
Auch die Beeren des Faulbaumes wirken abführend, jedoch sehr viel schwächer als die Rinde. Sie müssen nicht abgelagert werden. Morgens und abends nimmt

man je 1/2 Teelöffel voll der frischen oder getrockneten Beeren.
Die Beeren können auch zu einem Mus eingedickt werden, das man mit Zucker oder Honig süßt. Davon werden täglich 2 Teelöffel auf nüchternen Magen gegessen. Wer sich über den bitteren Faulbaumgeschmack mit einem Gläschen guten Weines hinwegtrösten möchte, dem rate ich zu einem Faulbaumwein.

Kräuterwein zur Anregung der Verdauung
4 Teile Faulbaumrinde (abgelagert oder aus der Apotheke)
1 Teil Löwenzahnwurzel
1 Teil Wegwartenwurzel
1 Teil Schafgarbe
Rotwein je nach Kräutermenge

Die Kräuter, außer der Faulbaumrinde am besten frisch, mischen und in ein weithalsiges Glas geben, so daß dieses zur Hälfte gefüllt ist. Mit einem guten Rotwein auffüllen, verschließen und 3 Wochen stehenlassen. Gelegentlich umschütteln. Abseihen und in eine Weinflasche füllen. Täglich 2 - 3 Likörgläschen vor dem Essen.

Vielen Blutreinigungstees ist die Faulbaumrinde als ein Ableitungsmittel auf den Darm beigemischt. Blutreinigende Tees helfen den Körper entschlacken bei Hautkrankheiten, Hautunreinheiten und zur Frühjahrskur.

Blutreinigender Tee

3 Teile Faulbaumrinde
3 Teile Sassafrasholz
2 Teile Süßholz
2 Teile Klettenwurzel
2 Teile Wacholderbeeren
2 Teile Guajakholz

1 gehäufter Teelöffel der Kräuter mit 1 Tasse Wasser kalt ansetzen. Erhitzen und 5 Minuten kochen lassen. Noch etwas ziehen lassen und abseihen. Morgens und mittags je 1 Tasse.

Botanische Erkennungszeichen

Vorkommen:	ganz Europa außer Mittelmeergebiet
Standort:	Auwälder, Laubwälder, Haine feuchte, schwere Böden bis 1.000 m
Höhe:	3 - 4 m hoher Strauch oder bis 7 m hoher Baum
Rinde:	junge Rinde grün, später grau-braun mit weißen Warzen
Blätter:	wechselständig, eiförmig, vorn zugespitzt, stark blattnervig
Blüten:	Mai - September, zwittrig, unscheinbar, grünlich-gelb, zu mehreren an den Blattachseln
Früchte:	erbsengroß, zuerst grün, dann rot, zuletzt schwarz an kurzen Stielen, mit 1 - 3 Kernen
Sammelzeiten:	Rinde: März - April Beeren: Herbst

DIE FICHTE

Die Fichte   Picea abies

Familie der Kieferngewächse – *Pinaceae*

Wir können uns vor Fichten kaum mehr retten. 36 Prozent der Waldfläche der Bundesrepublik besteht aus Fichtenwäldern. Die Fichte ist genau der Baum geworden, den sich unsere Industriegesellschaft wünscht: ein schnellwachsendes, anspruchsloses Nutzholz, das sich rentabel in großen Plantagen anbauen läßt. Quantität geht hier vor Qualität. Die Einförmigkeit der großen Fichtenforste wirkt bedrückend. Es gibt keine Baumindividuen mehr, alle sind gleichgestaltet. Es ist erstaunlich ruhig im Fichtenwald, denn den Vögeln sind die Brutmöglichkeiten genommen.

Die unteren Äste der Bäume sind abgestorben, es fehlt ihnen an Licht. Eine Fichtenstange reiht sich an die andere, zur Seite hin ist kein Platz zum Wachsen, und so orientieren sich die Bäume nur zum Licht hin.

Auch der Waldboden unter den Fichten macht einen trostlosen Eindruck. Sehr wenig Pflanzen wagen sich hierher. Es gibt zu wenig Licht, und außerdem ist der Boden viel zu sauer, denn die herabgefallenen Nadeln verrotten sehr langsam und säuern den Boden stark an.

Solch eine Monokultur ist sehr anfällig. Die Fichte ist ein Flachwurzler, sie findet nicht sehr viel Halt im Boden. Fährt nun ein Sturm in solch einen Stangenwald, so kann er die Bäume reihenweise umlegen. In einem Mischwald passiert dies nicht so leicht. In Massen auftretende Schädlinge kann der reine Fichtenwald nicht mehr abwehren. Die Vögel, wichtige Insektenvertilger, sind verschwunden und das ökologische Gleichgewicht aus der Balance geraten. Um den Wald zu schützen, muß der Mensch jetzt zu Spritzmitteln greifen. Doch was da mit Hubschraubern und Nebelblasern über die Wälder gesprüht wird, fordert auch seinen Preis. Die Nebenschäden werden erst langsam erkannt. Die modernen Berührungsgifte verursachen Schäden bei Wild und Weidevieh.

Nach dem Spritzen einer Phosphorverbindung fand man in den Wäldern haufenweise gelähmte Vögel, die Bienen tragen den verspritzten Arsenstaub in ihre Stöcke und verfüttern ihn ihrer Brut, die natürlich daran zugrunde geht. Nicht nur die Tiere erleiden Schaden, sondern auch beim Menschen werden die ersten Nebenwirkungen erkannt. Forstarbeiter, die mit dem Spritzen beauftragt sind, klagen über Erbrechen, Magenbeschwerden und Lähmungen.

Um den Wald sauber zu halten, d.h., um unerwünschte Vegetation zurückzudrängen, werden Wuchsstoffmittel angewandt. Sie sind inzwischen an die Spitze der in der Forstwirtschaft gebrauchten Gifte getreten. Mit diesen Mitteln soll sich das Unkraut zu Tode wachsen. Ihre Anwendung ist inzwischen in der ganzen Welt umstritten, trotzdem werden sie immer mehr verwendet. Erbschäden an Tieren wurden bereits festgestellt. Waldbeeren enthalten inzwischen einen sehr hohen Gehalt dieser Stoffe. Die Nebenwirkungen, die diese Mittel auf den menschlichen Körper haben, sind nicht abzusehen.

Daß es so weit mit der Fichte gekommen ist, liegt daran, daß man sie aus ihrer ursprünglichen Heimat geholt und in einer Monokultur angepflanzt hat. Ein Mischwald aus Laub- und Nadelbäumen ist viel widerstandsfähiger.

An ihrem gemäßen Standpunkt, in den Mittel- und Hochgebirgen, ist sie ein majestätischer Baum, ja, sie ist sogar der größte Baum unseres Landes. Wie eine mächtige Pyramide steht sie da mit weitausladenden Ästen. Fast verträumt und melancholisch wirken die großen, alten Wetterfichten oben im Gebirge; an ihren hängenden Zweigen baumeln lange Bartflechten, die diese Geste noch unterstützen.

Um sich zu solch einem charakteristischen Baum zu entwickeln, braucht sie sehr viel mehr Zeit und Platz, als es ihr im Tiefland gewährt wird. Das Holz der Bergfichten ist deshalb viel fester und haltbarer als das schnellgewachsene Plantagenholz.

Einst streiften seltsame Käuze durch die Fichtenwälder der südlichen Alpen. Männer, mit Äxten bewaffnet, die sie hauptsächlich dazu benutzten, die alten Fichtenstämme zu beklopfen. Immer wieder einmal hielten sie das Ohr an den Stamm, und dann, in anscheinen genau bemessenem Abstand, lauschten sie auf ein Geräusch. Das dauerte dann wochenlang, bis sie endlich den richtigen Baum gefunden hatten. Diese Männer trugen oft so berühmte Namen wie "Stradivari", "Amati" oder "Bergonzi". Es waren die Geigenbauer, die sich ihr Klangholz zum Instrumentenbau suchten. Sie waren höchstpersönlich in die Berge gezogen, um sich die besten Bäume auszuwählen. Nur langsam gewachsene Fichten liefern gutes Klangholz für exzellente Geigen.

Das Holz unserer Fichten ist natürlich für solch edle Zwecke nicht mehr brauchbar. Es wird als Bauholz, zur Zellulose-, Papier- und Kistenherstellung verwendet.

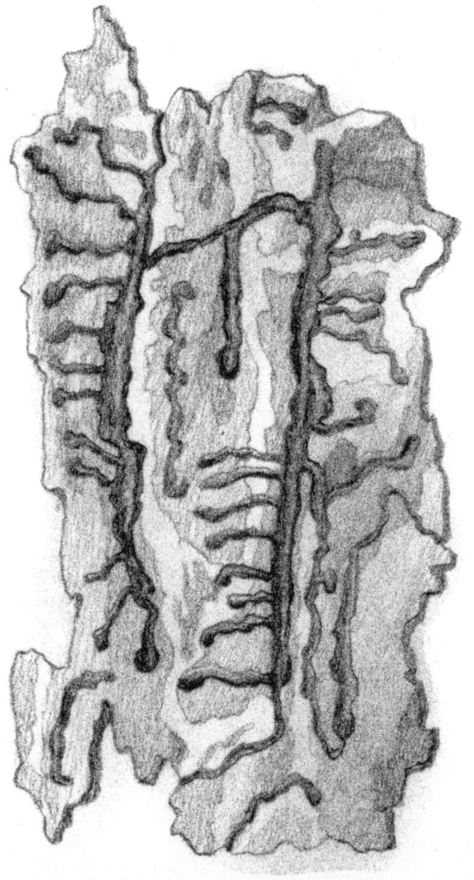

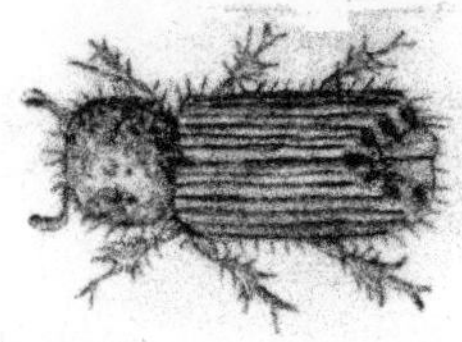

Der Anblick der gewaltigen Bergfichten läßt uns vielleicht verstehen, daß die Fichte einst als Schutzbaum von unseren Vorfahren verehrt wurde.

Die Fichte symbolisiert das schützende weibliche Element, sie war ein Lebens- und Mutterbaum. Wenn sich eine ganze Schar kleiner Fichtenbäumchen nicht weit von der alten Fichte zusammendrängt, dann schaut sie wie eine große Glucke aus, die die kleinen Bäumchen unter ihre hängenden Fittiche nehmen will.

Wie der Birnbaum, so sollte auch die Fichte dem Menschen Krankheiten abnehmen. So lautete die Anweisung für einen Gichtkranken:

"Der Kranke soll sich vor Tagesanbruch im Wald einfinden und dort drei Tropfen seines Blutes im Spalt einer jungen Fichte versenken. Nachdem er die Öffnung mit Wachs und Honig verschlossen hat, soll er laut rufen:
'Guten Morgen, Frau Fichte,
da bring ich dir die Gichte'."

Weit mehr bekannt, auch bis in unsere Zeit hinein, ist der Brauch des Maibaumes. Hierfür wurde die Fichte genau wie die Birke verwendet. In den Dörfern und Städten Bayerns werden noch heute die Maibäume aufgestellt. Die "Maie", d.h. der Maibaum, ist hier immer eine Fichte. Am Morgen des ersten Mai wird die große Fichte aus dem Wald geholt, bis auf die Krone entästet, mit Bändern, Eiern, Wappen usw. geschmückt und auf dem Dorfplatz aufgestellt.

Dieser Brauch ist seit dem Mittelalter als traditionelle Sitte beurkundet. Er läßt sich jedoch sehr viel weiter zurückverfolgen. Der Maibaum war der Schutzbaum vorchristlicher Völker, er war die Irminsäule der Nordländer und das Baumheiligtum der Germanen.

Symbolisch für die erneuernde Kraft der ganzen Natur sollte dieser einzelne Lebensbaum als Pfand für das wiederkehrende Leben dastehen. Die Fichten-Feste waren fast identisch mit dem Fest der Birke. Der Naturgeist sollte das Dorf oder nur ein einzelnes Haus, wie es noch heute mit dem Richtbaum und Richtfest gehalten wird, vor allem Unglück schützen.

Diese symbolische Bedeutung ist in einem alten Maibaumfest, dem Todaustreiben, das im 17. Jahrhundert in Böhmen gefeiert wurde, sehr deutlich zu erkennen. Die Frauen des Dorfes zogen mit Trauerschleiern angetan aus, banden eine Strohpuppe zusammen, bekleideten diese mit einem Hemd, gaben ihr Sense und Besen in die Hand und trugen sie bis an die Grenze des Dorfes. Dort zerrissen sie die Puppe. Dann hieben sie im Wald einen Baum, hingen das Hemd daran und trugen ihn unter Gesängen heim. Dort wurde der Baum mit Bändern, Eiern und Kuchen geschmückt. In manchen Dörfern sangen die Frauen beim Einzug ins Dorf folgendes Liedchen:

Den Tod tragen wir aus dem Dorf,
den Sommer tragen wir in das Dorf.

Der Brauch des Maibaumfestes verschmolz später, zusammen mit anderen Baumfesten, zum christlichen Weihnachtsfest. Auch der Weihnachtsbaum hat noch die gleiche Aussage wie die alten Baumheiligtümer, er symbolisiert den Sieg des lichten Geistes über den Tod hinaus.

Bei den alten Griechen war die Fichte ausgerechnet dem Meeresgott Poseidon geweiht. Wie kommt die Fichte ins Meer? Die Fichte ist ein riesiger Baum, sie liefert die längsten und besten Schiffsmasten. Poseidon sollte deshalb als Dank für die Weihung die Schiffe vor Sturm beschützen.
Nicht nur auf griechischen Schiffen erhoben sich die langen Fichtenmasten. Bei uns wurde so manche unheimliche Geschichte vom Klabautermann erzählt, der im Fichtenmasten wohnt. Die Masten waren nicht von einem Gott wie bei den Griechen bewohnt, sondern ein Baumgeist hatte sich im Holz eingenistet und begleitete die Seemänner über die Meere. Besonders nachts soll der Klabautermann dann den Stamm verlassen und sein Unwesen getrieben haben.

Medizinische Verwendung

Die Fichte hat ungefähr die gleichen heilenden Eigenschaften wie die Tanne. Ihr Harz wurde zu Pflastern verwendet, das Terpentin, wie das Harz genannt wird, war Bestandteil vieler Salben und Öle zum Einreiben bei Rheuma, Hexenschuß, Gliederschmerzen.
Auch aus den Fichtenzweigen kann man die gleichen Bäder wie aus Tannenzweigen herstellen. Sie wirken durchblutungsfördernd, schleim- und hustenlösend.

Fichtenhonig ist, löffelweise eingenommen, ein gutes Mittel bei Husten, Grippe und Erkältung. Natürlich ist er auch ein guter Brotaufstrich.
Zur Herstellung dieses Honigs sammelt man im Mai die jungen Triebe der Fichten und Tannen. Nie Triebe an der Krone der Bäumchen abreißen, da dies zur Verkrüppelung der Bäume führen kann!
Die frischen Fichtensprossen in ein weithalsiges Glas füllen, mit Wasser übergießen, so daß alles abgedeckt ist. 4 Tage an die Sonne oder an einen warmen Platz stellen. Danach alles, Sprossen und Wasser, in einen großen Topf füllen. Auf 5 Liter gibt man 2 Handvoll frische Walderdbeerblätter hinzu. Den Topf abdecken und erhitzen. Etwa 20 Minuten kochen lassen und abseihen. Die Flüssigkeit mit Zucker eindicken. Auf 1 Liter Flüssigkeit gibt man 1 kg Zucker. Den Schaum abschöpfen und den Honig in saubere Marmeladegläser füllen.

Fichtenspiritus

Zum Einreiben bei Rheuma, Gicht und Hexenschuß

2 Teile feingehackte, frische Fichtensprossen
1 Teil Wacholderbeeren
1 Teil Lavendelblüten
70 %iger Alkohol je nach Kräutermenge

Ein Glas bis zum Rand mit Kräutern füllen. Mit 70 %igem Alkohol übergießen. 3 Wochen an der Sonne oder an einem warmen Platz stehenlassen und gelegentlich umschütteln. Abseihen und in eine dunkle Flasche füllen.

Botanische Erkennungszeichen

Vorkommen:	Mittel- und Nordeuropa
Standort:	Mittelgebirge und Bergwälder, im Tiefland angepflanzt bis 2.000 m
Höhe:	bis 60 m
Rinde:	rötlich, glatt, im Alter graubraun und schuppig
Nadeln:	vierkantig, spitz, glänzend grün auf erhabenen Blattkissen, erneuern sich alle 7 Jahre
Blüten:	April - Mai, einhäusig weiblich: kleine, rötliche Kerzen männlich: rötliche bis grünliche Zapfen
Früchte:	kaffeebrauner Samen mit Flügeln und Schuppen
Zapfen:	hängend
Sammelzeiten:	Triebe: Mai
Inhaltsstoffe:	Vitamin C, Harz, ätherische Öle
Holz:	gelblich-weiß, feiner Seidenglanz, elastisch, langfaserig, weich, leicht

Unterscheidungsmerkmale zwischen Fichte und Tanne

	Fichte	Tanne
Zapfen	hängend, ganzer Zapfen fällt vom Baum	aufrechtstehend, Schuppen fallen ab, Spindel bleibt stehen
Rinde	rötlich (deshalb auch Rottanne genannt), rauh	silberweiß, glatt
Nadeln	sitzen auf Blattpolstern, beim Abreißen geht etwas Rinde mit, entnadelter Zweig fühlt sich rauh an, vierkantig, spitz	an den Seitenzweigen, kammförmig gescheitelt, runde vertiefte Markierung nach dem Abreißen auf der Rinde, flach, 2 weiße Längsstreifen auf der Unterseite

DIE HAINBUCHE

Die Hainbuche   Carpinus betulus

Familie der Birkengewächse – *Betulaceae*

Die Hainbuche, auch Weißbuche oder Hornbaum genannt, ist erst spät nach der letzten Eiszeit aus Südosteuropa in die Gebiete nördlich der Alpen zurückgekehrt.
Nie bildete sie eigene Wälder, obwohl sie im Alleinstand ein bis zu 25 m hoher Baum werden kann. In den Eichenwäldern, die unser Land vor ca. 7.000 Jahren vor der Zeitenwende bedeckten, war sie nur ein Begleiter der mächtigen Baumriesen, das schützende Unterholz in deren Schatten.
Viel später, nachdem der Mensch große Teile der einstigen Urwälder gerodet hatte, diente die Hagebuche, wie sie auch genannt wird, zum ein-hagen der Felder und Wiesen. Die Hainbuche hält die größte Verstümmelung aus. Man kann sie zurechtschneiden wie man will, sie nimmt es nicht übel. So war ihr Schicksal besiegelt, in einer Zeit, in der man die Natur ordentlich und sauber herrichten wollte, als schnurgerade Hecke Grundstücke und Parks einzuzäunen.
Besonders im 18. Jahrhundert preßte man sie in rechteckige, kastenförmige und quadratische Formen. Kein Ast oder Blättchen durfte aus der Reihe tanzen.
Ihre Stecklinge waren zudem nicht teuer, denn die Hainbuche läßt sich einfach vermehren. Zu allem

Übermaß züchtete man noch völlig identisch wachsende Exemplare.

Die Hainbuche ist zwar ein Baum, der im Hain wächst, aber sie ist keine Buche. Sie gehört einer ganz anderen Familie, der der Birkengewächse, an. Ihre leichte Ähnlichkeit mit den Blättern der Buche hat zu der Namensgebung geführt. Gerade an den Blättern kann man aber den Unterschied recht leicht feststellen: Die Blätter der Hainbuche sind am Rand doppelt gezähnt, während die der Buche glattrandig sind. Das Buchenblatt wirkt seidig schimmernd, das der Hainbuche etwas älter durch die vielen Falten längs der Seitenrippen. Es fühlt sich härter an. Das gleiche gilt für die Rinde der beiden. Glatt und grau-schimmernd zeigt sich die Buchenrinde. Die Hainbuche trägt lieber Längsfalten.
Die Hainbuche ist einhäusig: männliche Kätzchen, blaßgrün bis rötlich, und weibliche, grün mit roten Narben, gesellen sich auf einem Baum zusammen. Die Befruchtung besorgt der Wind.
Dafür sind die kleinen, flachgerippten Samennüsschen, wie bei Ahorn, Esche und Ulme, mit Flügeln ausgerüstet. Gleich drei auf einmal sind es hier, mit denen der Same oft kilometerweit vom Wind weggetragen werden kann.
Diese Flügelfrüchte sind bei der Hainbuche besonders hübsch angeordnet. Sie hängen meist zu acht Paaren übereinander geordnet an den Zweigen. Die 21 Hainbuchenarten in Europa, Asien und Amerika spielen mit den verschiedensten Anordnungen ihrer Samenpärchen.
Am besten gefallen mir die Flügelfrüchte der japanischen Hainbuche, *Carpinus cordata*, bei der die Flügelbüschel wie lange Hopfenstände bis weit in den Winter hinein an den Zweigen baumeln.
Eine Eigenschaft besitzt die unscheinbare Hainbuche jedoch, mit der sie alle einheimischen Nutzholzbäume übertrifft. Sie war der "Eisenbaum" zu einer Zeit, in der Eisen noch knapp und kostbar war. Denn hart wie dieses Metall ist ihr Holz, kernlos und schwer. 800 Kilogramm wiegt ein Kubikmeter Hainbuchenholz. Zum Vergleich bringt die Pappel, unser leichtestes Nutzholz, nur 400 Kilogramm auf die Waage.
Aus welchem Holz war wohl der Hackklotz des Metzgers? Das Mühlrad, die Zahnräder, Speichen, Holzschrauben, Werkzeugschäfte, Butterfässer, Milchkübel?
Bei all diesen Aufgaben hielt das Hainbuchenholz der stärksten Beanspruchung stand.
Einen grobklotzigen, derben Menschen bezeichnet man gelegentlich mit dem seltsamen Adjektiv "hanebüchen". Ein hanebüchener Geselle ist so hart und klotzig wie das Hagebuchenholz. Das Wort leitet sich vom mittelhochdeutschen *"hagebüechin"*, d.h. aus Hagebuchenholz bestehend, ab.

Botanische Erkennungszeichen

Vorkommen:	ganz Europa
Standort:	Mischwälder bis 700 m
Höhe:	10 - 20 m
Rinde:	dunkelgrau, helle Längsfalten
Blätter:	wechselständig, länglich, am Rande doppelt gesägt, zugespitzt
Blüten:	Mai - Juni, einhäusig weiblich: gelb-grüne Kätzchen mit roten Narben männlich: gelb-grüne Kätzchen, walzenförmig
Früchte:	kleine, gerippte Nüßchen in 3-lappigem Flügel, in meist 8 Paaren am Zweigende hängend
Holz:	gelblich-weiß, grau-weiß, hart, schwer, fein, zäh, elastisch, fest

DER HASELNUSS STRAUCH

Corylus avellana

Familie der Birkengewächse – *Betulaceae*

Der Haselnußstrauch hat schon große Zeiten hinter sich. Er hat einmal fast ganz Deutschland bedeckt. Licht und hell, haselgrün war der Wald dieser Zeit. Im Winter unendliche Weiten aus zierlichen Ästen, an denen die Kätzchen baumeln; und erst die gelben Blütenstaubwolken, die in der Sonne leuchten! Von diesen Wäldern kann man lange träumen.
Das war vor rund 8.000 Jahren. Es herrschten optimale Lebensbedingungen für den Haselstrauch. Das Klima war nämlich wärmer und trockener als heute und ermöglichte der Pionierpflanze, die der Haselstrauch ist, die von den Gletschern der Eiszeit baumlos gewordene Landschaft neu zu besiedeln.
Vor etwa 7.500 Jahren erlaubte sich unser Planet eine kleine Klimaänderung. Und wie immer bei solch einem Anlaß hatte dies eine große Umstrukturierung der Vegetation und damit auch der Tierwelt zur Folge.
Das warm-trockene Klima wechselte langsam in ein feucht-warmes über. Genau das richtige Wetter für die größeren Laubbäume. Allmählich verdrängten Eichen, Ulmen und Linden den kleineren Haselnußstrauch. Er war jetzt nur noch Beiwerk dieser Baumriesen, die unser Land als einen großen Lauburwald bedeckten.

In unserer Zeit hält er sich an den Menschen. Wir finden ihn heute hauptsächlich in der Nähe menschlicher Behausungen, und er scheint auch seit langem unseren besonderen Schutz zu genießen: zusammen mit dem Holunderstrauch durfte er nach alter Sitte in keinem Bauerngarten fehlen. Sicher kann sich jeder von uns an einen bestimmten Haselnußstrauch in seiner Kindheit erinnern, der die herrlich elastischen Äste für Bögen und Ruten lieferte, und in dessen raschelndem Laub seine Geschenke, die guten Nüsse, zu finden waren. Die haben auch schon den Menschen der Jungsteinzeit geschmeckt, in deren Behausungen und Gräbern man bei Ausgrabungen Haselnüsse gefunden hat. Die Nüsse sind sehr nahrhaft durch einen hohen Eiweiß- und Ölgehalt.

Die elastischen und leicht biegsamen Äste des Haselnußstrauches werden seit tausenden von Jahren als Wünschelruten verwendet. Mit ihnen suchten die Rutengänger Asiens und Europas, wie aus vielen Quellen hervorgeht, nach Wasseradern, positiven und negativen Energiefeldern in der Erde. Die Volkssage, nach der am Haselstrauch silberne Schlüssel hängen, mit denen man Schatztruhen öffnen kann, ist eine schöne Umschreibung dieses alten Brauches.
Ein erfahrener Rutengänger beantwortete mir meine Frage, warum gerade der Haselstrauch zur Wünschelrutenherstellung verwendet wird:
"Das Haselholz ist wie kein anderes ein ausgezeichneter Leiter für Energieströme. Es besitzt eine starke Durchlässigkeit und schwingt sich, als Wünschelrute verarbeitet, über den gesuchten Kraftfeldern leicht ein. Ein Haselstrauch neben einem Haus gepflanzt, wirkt wie ein "Blitzableiter" für störende und krankmachende Strahlungen aus der Erde."
Vielleicht ist dies das Geheimnis des Haselstrauchs im Bauerngarten?
Eine Sensibilität, und damit ein Vertrauen in solche Vorgänge, haben wir längst verloren. Vor noch nicht allzu langer Zeit wußten die Menschen noch damit umzugehen.
Im Volksglauben wurde dem Haselnußstrauch auch eine blitzabwehrende Kraft zugesprochen. Bei Anbruch eines Gewitters steckte man Haselnußzweige ans Fenster. Wurde man draußen auf dem Felde von einem Gewitter überrascht, steckte man sie sich einfach an den Hut.
Die weissagende Kraft, die die keltischen und germanischen Priester diesem Strauch zusprachen, hängt vielleicht mit der Verwendung seiner Zweige als Wünschelruten zusammen.
In Aufzeichnungen über Volksgebräuche sind uns sogar noch mehrere Angaben zur Verwendung der Haselgerten als Wünschelruten gegeben:
An bestimmten Tagen, Johanni, Dreikönig und Fastnacht, sollte man sich die Rute vom Baum schneiden. Waren dies auch die Tage, an denen die Priester mit den Haselzweigen weissagten?
Mit folgendem Spruch schnitt man sich noch im 19. Jahrhundert den Zweig vom Baum:
"Ich schneide dich, liebe Ruthen
Daß du mir mußt sagen,
Um was ich dich tu fragen.
Und dich so lang nit rühren,
bis du die Wahrheit tust spüren."

Gehen wir nochmals einen Schritt zurück in die Zeit der keltischen Druiden:
Sie hatten den Haselstrauch in ihr Baumalphabet aufgenommen. Zwischen Stechpalme und Weinrebe bildete er die Nummer 9, *"Coll"* genannt.
Der weißen Göttin, deren Dienst neun Priesterinnen ausführten, war der Strauch geweiht. Auch der Haselnußstrauch selbst ist mit der Zahl 9 verbunden, denn er trägt erst im 9. Jahr Früchte.
Die Haselnüsse, erst in Verbindung mit der fruchtbar

machenden Göttin, und später losgelöst von diesem Kult, galten als Symbol der Fruchtbarkeit und der sexuellen Kraft. In Volksliedern und Reimen wird noch heute das Nüsseknacken mit der sexuellen Kraft in Verbindung gebracht. Mancher Bauer kennt den Spruch: wenn es im Herbst viele Haselnüsse gibt, gibt es im kommenden Jahr viele Kinder.
Die in Verbindung mit der Göttin und somit auch mit dem Haselnußstrauch gefeierten Fruchtbarkeitsfeste konnten nach der Christianisierung erst einmal so nicht übernommen werden. Mit der christlichen Moralvorstellung war das nicht in Einklang zu bringen. Alte Fruchtbarkeitsriten, wie das Eiersuchen an Ostern, konnten durch die engen Maschen des neuen Gesetzes gerade noch durchschlüpfen. Nicht so die Haselnuß, sie wurde erst einmal verteufelt:
"der Haselbaum ist ein Sinnbild der Wollust, zu Heilzwecken taugt er kaum", schimpft die heilige Hildegard über ihn.*
Er wurde über lange Zeit hinweg zum Sinnbild der Untreue und Unsitte gemacht. Doch schon in einem Rezept der gleichen Autorin taucht der alte Gebrauch des Haselstrauchs wieder auf:*

"Zur Behebung der Unfruchtbarkeit des Mannes: ...dieser Mann soll Haselkätzchen nehmen, davon den

dritten Teil Mauerpfeffer und soviel, wie der vierte Teil Mauerpfeffer ist, Winde und etwas von dem anderen gebräuchlichen Pfeffer. Dies koche er mit der Leber eines jungen, bereits geschlechtsreifen Bockes zusammen, nachdem auch noch etwas frischgeschlachtetes, fettes Schweinefleisch zugefügt ist. Dann soll er, nachdem jene Kräuter entfernt sind, das Fleisch essen."

Interessant ist der uralte Glaube einer Antipathie zwischen dem Haselstrauch und den Schlangen. In alten Kräuterbüchern und in Sagensammlungen wird immer wieder beschrieben, wie man mittels eines Haselzweiges sich der Schlangen erwehren kann.
In einem Text aus hethitischer Zeit entdeckte ich eine konkrete Angabe zu dieser Anwendung. Eine besondere Zubereitung aus Blättern und Nüssen wurde auf die Wunde, verursacht durch Schlangenbiß, aufgelegt. Vielleicht sind diese alten Heilkünste verlorengegangen, und es blieb nur noch beim Abwehrzauber.

Der Name Haselnuß hat sich in den letzten Jahrhunderten wenig geändert. Das mittelhochdeutsche Wort *"hasel"* entwickelte sich aus dem althochdeutschen *"hasal"*. Welchen genaueren Ursprung es hat, ist heute nicht mehr erkennbar.
Der lateinische Name *"corylos"* leitet sich aus dem griechischen *"corys"* = die Maske ab. Maskenartig empfanden die Griechen und Römer die Umhüllung der Hochblätter, die sich um die Nuß legen.

Medizinische Verwendung

Der Gebrauch der Haselnuß für medizinische Zwecke ist in Vergessenheit geraten. Uns ist nur noch die schweißtreibende Wirkung der Blütenkätzchen bekannt. Sie werden, meist mit anderen Kräutern gemischt, zum Grippetee gebraucht.

Grippetee

1 Teil Haselkätzchen
1 Teil Holunderblüten

2 Teelöffel der Mischung mit 1 Tasse kochendem Wasser überbrühen, ziehen lassen. Als Schwitztee verwenden (siehe Holunder).

In der Tiermedizin werden die Haselkätzchen gelegentlich noch verwendet. Man mischt sie hustenden und lungenkranken Tieren unter das Futter.

Kochrezepte

In jedem Kochbuch sind auch einige Rezepte um die Haselnuß zu finden, vom Nußkranz über die Haselnußtorte bis zur Weihnachtsbäckerei mit Nüssen. Deshalb möchte ich hier nur einige weniger bekannte Rezepte anführen:

Haselnußlikör

1 Pfd Haselnüsse
1 1/2 l Branntwein
1 Zimtstange
5 ganze Nelken
1 Vanillestange (aufschlitzen)
350 g Zucker oder Honig

Frisch geerntete Nüsse ergeben den besten Geschmack.
Nüsse kleinschneiden, in eine weite Flasche füllen, Gewürze zufügen, mit dem Branntwein übergießen, gut verschließen. An einen warmen Ort stellen. Am geeignetsten ist ein Platz an der Sonne. 4 Wochen stehenlassen und gelegentlich umschütteln. Dann abseihen. Den Zucker in 3/4 l Wasser kochen, bis er Fäden zieht. Abkühlen lassen und mit dem Nußbranntwein gut vermischen. Durch einen Kaffeefilter oder ein Sieb filtern und in Flaschen füllen.
Im Keller noch mindestens 4 Wochen ruhen lassen.

Energiebälle

1 1/2 Tassen Haselnüsse
1 1/2 Tassen Datteln
1 Tasse Feigen
1 Tasse Rosinen
1 Teel Johannisbrotpulver
1 Teel Anis
1 Teel Blütenpollen
1 Zitrone (unbehandelt)
1 Tasse Sesam

Die Datteln, Feigen und Rosinen durch den Fleischwolf drehen. Die Nüsse mahlen und zugeben. Die Gewürze und die geriebene Schale der Zitrone ebenfalls untermischen. Alles zu einem festen Teig kneten. Kleine Bälle formen und in dem angerösteten Sesam wälzen.
Der Teig kann auch ausgewellt werden, um daraus Formen herauszustechen.

Botanische Erkennungszeichen

Vorkommen:	in ganz Europa
Standort:	Abhänge, Waldrand, Gebüsche bis 1.800 m
Höhe:	bis 7 m
Rinde:	grau-braun
Blätter:	wechselständig, kurz gestielt, zugespitzt, rundlich, herzförmig
Blüten:	Februar - März, einhäusig weiblich: knospenartig, rot, pinselförmig männlich: gelbe, baumelnde Kätzchen, werden schon im Herbst ausgebildet und stäuben ab Februar
Früchte:	August - Oktober eiförmige Nuß, in grüne geschlitzte Blätter gehüllt
Sammelzeiten:	Kätzchen: Frühjahr Nüsse: September - Oktober
Inhaltsstoffe:	Gerbstoffe, in den Nüssen viel fettiges Öl und Eiweiß

DIE HECKENROSE

Rosa canina

Familie der Rosengewächse – *Rosaceae*

In den Bauern- und Klostergärten des frühen Mittelalters mußten die edlen Zierblumen mit einem Platz zwischen dem Gemüse vorlieb nehmen. Es gab damals nicht viele dieser Gewächse, die nur ihrer Schönheit wegen gezogen wurden, denn ausländische Zierpflanzen kannte man noch nicht.
Umso liebevoller wurden sie von Bäuerinnen und Klosterschwestern umhegt: das kleine Veilchen, die stolze Lilie, die füllige Pfingstrose, die derbe Ringelblume und natürlich die anmutige Rose.
Jede dieser Blumen war gemäß ihrer Farbe und ihres Duftes einer bestimmten Symbolik zugeordnet, die die folgenden Jahrhunderte hindurch immer wieder von Kirchenmalern und Dichtern aufgegriffen wurde.

Die Gartenrosen der damaligen Zeit unterschieden sich sehr von der schlanken Edelrose in den heutigen Rosengärten: ihre Blüten waren klein und meist ungefüllt. Man nannte sie auch "Apothekerrosen", was uns ein Geheimnis dieser Blumen verrät. Sie erfreuten nicht nur das Auge und natürlich die Nase, sondern sie waren auch geschätzte Heilpflanzen. Deshalb wurden sie im Mittelalter von den Apothekern häufig angebaut.

Die mittelalterliche Zierrose, die Essigrose –*Rosa gallica*, war aber keine Veredelung der wildwachsenden Heckenrose, *Rosa canina*. Ihr Stammbaum ist jahrtausendealt und führt direkt ins Morgenland. Wahrscheinlich ist sie schon vor 4.000 Jahren von Rosenliebhabern gezogen worden.
Die ersten uns bekannten Abbildungen der *Rosa gallica* finden sich auf sumerischen Tontafeln, die aus der Zeit um 2.800 v.Chr. stammen, und auf einer Mauer in der Nähe des Palastes von Knossos und Kreta, die vor ca. 4.000 Jahren errichtet wurde. Auch in ägyptischen Gräbern fand man die kleine Rose.

Wie die schöne Apothekerrose von diesen fernen Landen dann in unsere heimischen Gärten kam, können wir uns nur vorstellen. Sicher waren es Nonnen und Mönche, die sie zum ersten Mal in den abendländischen Klostergärten pflanzten. Der heilige Frumentius soll die Essigrose aus Syrien, wo sie in Klostergärten erhalten geblieben war, nach Abessinien gebracht haben. Zur Zeit der Normannen gehörte schon zu jedem größeren Klostergarten auch ein Rosengarten, *Rosarium* genannt.
Die Rosen in diesen Rosarien wurden nicht nur ihrer Schönheit wegen gezogen, sondern sie bereicherten den Pflanzenschatz der Klosterapotheke. In der Klosterküche würzte der Klosterkoch mit den frischen Rosenblättern Fleisch und Süßspeisen.
Durch die Kreuzzüge wurden weitere Rosenarten bekannt und eingeführt. Von der Gartenrose, *Rosa centifolia*, ist noch die genaue Jahreszahl ihrer Ankunft in Europa bekannt: 1332 brachten sie die Kreuzfahrer aus Persien mit. Die Staubgefäße und die äußeren Fruchtblätter dieser "hunderblättrigen Rose" sind zu Kronenblättern umgewandelt, wodurch die Rosenblüte gefüllt wird. Ihre Ankunft hat die Rosenliebhaber entzückt und sie zu neuen Züchtungen angeregt. Die heutigen Edelrosen haben nur noch den Wurzelstock mit ihren wilden Schwestern gemeinsam. Die Wurzeln der Heckenrosen dienen als Unterlage zur Veredelung der hochstämmigen Edelrosen.
Nicht nur die Farbe und die Zahl der Blütenblätter waren für die Züchtung ausschlaggebend. So mancher Züchter ließ sich auch von seiner Nase leiten. Um den Wohlgeruch der Rosen zu steigern, pflanzte er Knoblauch ins Rosenbeet. Die Damaszenerrosen haben die Nasen der Rosenliebhaber am meisten entzückt, sie gelten seit Jahrhunderten als die Rosen mit dem intensivsten Duft. Ihr Herkunftsland, Syrien, trägt seinen Namen zu Ehren der Rosen. "Syrien" leitet sich ab von "*Suri*", was "Land der Rosen" heißt.
Heute werden vor allem in Bulgarien die schönen Damaszenerrosen gepflanzt. Aus ihren Blüten wird das Rosenöl gewonnen. Die Mengenangaben zur Herstellung dieses Öls erstaunen immer wieder: aus 4000 - 5000 kg Rosenblütenblättern erhält man 1 kg Rosenöl!

Nicht nur die Rosenzüchter beschäftigten sich mit den Rosen, sondern auch unter den Malern, Bildhauern, Sängern und Dichtern fanden die Rosen ihre Liebhaber. Keine andere Blume hat während der Geschichte der Menschheit soviel Ansehen in diesen Kreisen genossen wie die Rose.
Den Titel "Königin der Blumen" soll ihr die griechische Dichterin Sappho 600 v.Chr. verliehen haben. Ein Landsmann und Zeitgenosse der Sappho, der Dichter Anakreon, hat in einer Ode die Schönheit der Rose beschrieben. Es ist die älteste Beschreibung der Rose, die uns bekannt ist: Zur gleichen Zeit wie das Meer die Venus gebar, erschuf die Erde ihre lieblichste Blume, die Rose.
Von dieser ersten Beschreibung hat sich bis heute die Symbolik der Rose nicht verändert: sie ist das Symbol der Liebe und die Blume der Frauen. Auch die Römer hatten, wie die Griechen, die Rose der Liebesgöttin selbst in die Hände gedrückt. Sie vergaßen aber nicht, diese Blume gleichzeitig Bacchus zu weihen, den sie damit als Garanten für gute Stimmung während ihrer Liebes- und Blumenfeste verpflichteten.

Kleopatra schien über die Gewohnheiten der reichen Römer jedenfalls genau unterrichtet, als sie ihre Gemächer zum Anlaß eines Festes zu Ehren Antonius' halbmeterhoch mit frischen Rosenblättern füllen ließ. Und von Nero wird wieder Wüstes erzählt: er habe soviele Rosenblätter auf die Gäste eines Festes herabrieseln lassen, daß dabei einige erstickt seien. (Sicher war hier Bacchus mit im Spiel.)

Den frühen Christen in Rom scheinen beim Anblick der Rosen die ausschweifenden Feste der heidnischen Römer vor Augen getreten zu sein, und sie wollten zunächst mit der unheilschwangeren Rosensymbolik nichts zu tun haben. Doch wer kann der schönen Rose widerstehen? Zuerst erklärte man die fünf Blütenblätter der Rosen zum Sinnbild der fünf Wundmale Christi. So wurde die stolze Rose zur "Blume des Märtyrertums", wie sie Abt Walahfrid Strabo im 9. Jahrhundert bezeichnete.
Und dann fand die Rose doch wieder in die zarten Hände einer Göttin zurück. Als Sinnbild der Reinheit und Keuschheit durfte sie Maria auf unzähligen Bildern begleiten. Sie umrankte auf Meister Lochners Bild "Maria im Rosenhag" die Himmelsgöttin oder fiel einfach vom Himmel wie auf Botticellis Gemälde "Krönung Marias".

Während sich all diese Feste, Gelage und Heiligkeiten die Jahrhunderte hindurch um die edlen Rosen ereigneten, rankte sich unsere einheimische Heckenrose, *Rosa canina*, wie eh und je um Zäune, Höfe, an Wegen und Rainen entlang.
Ihren Namen "Hundsrose" erhielt sie nach der ihr seit langem zugesprochenen Fähigkeit, ein Heilmittel gegen den Biß tollwütiger Hunde zu sein.
Sie kann sich zu einem Strauch von mehreren Metern Höhe entwickeln. An den langen, überhängenden Ästen sind die sichelförmigen Dornen aufgereiht, so als wollten sie die zarten rosa-weißen Blüten beschützen. Die orange-roten Hagebutten sind aus dem verdickten Kelchbecher der Blüten entstanden. In ihrem behaarten Bauch bergen sie die kleinen Kerne.
Die Heckenrose ist zäh, sie hält starke Beweidung und auch Feuer aus. Ihre unterirdischen Achsen sind geschützt und können immer wieder neue Äste bilden.

An den Boden stellt die Heckenrose keine besonderen Ansprüche. Nur Sonne braucht sie, am besten mit einem Laubwald als Rückendeckung.
Diese Eigenschaften haben die Heckenrose zur idealen Einfriedung von Weide, Feldern, Haus und Hof gemacht.
Eine Pflanze, die dem Menschen so nahe steht, ist in viele Geschichten und Sagen eingegangen. Ein Dikkicht aus Heckenrosen war es, das der Prinz zuerst durchdringen mußte, bevor er Dornröschen wachküßte.
Für die Germanen war die Heckenrose eine Blume aus Freyas Zaubergarten. Deshalb pflanzten sie den Strauch bei den Heiligtümern der Göttin Freya. Nur am Freitag, dem Tag der Göttin, durften die Rosen gepflückt werden, wollte man sie zu Heil- oder Zauberzwecken verwenden.
Die letzten Heiligtümer der germanischen Göttin sind zur Zeit Karls des Großen zerstört worden. Von ihm wird berichtet, daß er die heiligen Stätten der Göttin dem Erdboden gleichmachen ließ. Und so mancher Heckenrosenbusch, der daneben stand, wurde bei solch einer Aktion mit ausgerissen.

Bruchstücke dieses alten Freyakultes haben sich im Volksbrauchtum erhalten und sind bis heute bekannt geblieben. Rosen und Hagebutten, so glaubte man, sollen vor Verhexung und Krankheit schützen. Freya war die Beschützerin der Frauen und wurde um Hilfe während der Geburt angerufen. Daraus haben sich folgende Bräuche entwickelt:
In Bayern goß man etwas Blut vom Aderlass unter einen Rosenstock. Die Nachgeburt eines Neugeborenen trug die Hebamme in einem Topf zum nächsten Rosenbusch und vergrub dort Nachgeburt samt Topf. Man glaubte, das Kind bekomme dadurch rote Wangen.
In Brandenburg und Schlesien schüttete man das Badewasser eines Neugeborenen unter einen Rosenstock, damit das Kind immer gesund sei.

Manchmal kann man in einem wilden Rosenbusch ein eigenartiges, rundes, etwa walnußgroßes Gebilde entdecken. Wie der wuschelige Haarschopf eines Koboldes steckt es zwischen den Zweigen. Es ist der Auswuchs, der durch den Stich der Rosengallwespe entstanden ist. "Schlafäpfel" wurden die kleinen, runden Bälle genannt. Sie haben schon immer die Phantasie der Menschen angeregt und gelten seit dem Altertum als wirksames Zauber- und Heilmittel.
Die Schlafäpfel sollen, so glaubte man, unter das Kopfkissen gelegt, guten Schlaf bringen. Besonders unter den Kissen der Wiegenkinder fanden sich noch im letzten Jahrhundert die beliebten Zauberkugeln.

Alle Rosen haben fünf Kelch- und fünf Kronblätter. Die Kelchblätter der Heckenrose sind auffällig ungleich gestaltet. Einige sind gelappt oder lang bewimpert, andere haben einen glatten Rand. Doch in dieser Unregelmäßigkeit steckt eine Regel, auf die sich das folgende Rätsel bezieht:

Fünf Brüder sinds,
zu gleicher Zeit geboren,
Nur zwei von ihnen tragen einen vollen Bart,
dem dritten ist nur eine Wang' geschoren,
die beiden letzten bleiben unbehaart.

Ich habe schon viele Kelchblätter der Heckenrose genauer angeschaut und bei allen dieses Rätsel entdeckt. Vielleicht waren die Heckenrosen wegen dieser Eigenart alte Zauberpflanzen, denn die Form der Kelchblätter entspricht dem "Drudenfuß", dem magischen 5-Stern der Druiden.

Medizinische Verwendung

Schon im klassischen Altertum waren die Heckenrosen wie auch die Gartenrosen geschätzte Heilmittel. Wurzeln, Blätter, Blüten und Früchte wurden zu den verschiedensten Heilmitteln verarbeitet. In den alten Kräuterbüchern sind den Rosen viele Seiten gewidmet. Ihre stärkende und kühlende Kraft wird gelobt und die Zubereitung von Saft, Sirup, Honig, Essig aus Rosen genau erklärt. Heute sind nur noch die Zubereitungen aus den Hagebutten populär.

Im Juni, wenn die Blüten der Heckenrose noch nicht voll erblüht sind, sammelt man die Knospen bei Tagesanbruch. Sie müssen vorsichtig getrocknet werden, sonst werden sie braun und verlieren ihr Aroma.

Zum Trocknen von Pflanzen, die man nicht in Sträußen aufhängen kann, oder die einen zu hohen Feuchtigkeitsgehalt haben, eignet sich als Trockenplatz ein mit Fliegengitter oder Stoff bespannter Holzrahmen.

Die Knospen wirken leicht abführend, stärkend, blutstillend und entkrampfend. Ein Tee aus Rosenknospen hilft deshalb bei leichter Verstopfung, Magenkrämpfen und Blutungen. Er muß aber regelmässig über längere Zeit hinweg getrunken werden. Ich füge die Rosenblüten gern den gemischten Haustees zu, sie verleihen ihnen einen angenehmen Geruch und sehen schön aus. Der abgekühlte Tee ist ein guter Fiebertee.

2 Teelöffel der Knospen werden mit 1 Tasse kochendem Wasser übergossen und abgedeckt. 10 Minuten ziehen lassen.

Durch ihre stärkende und zusammenziehende Kraft eignen sich die Rosenknospen zu Scheidenspülungen bei Scheidenkatarrh. Hierfür mischt man zu gleichen Teilen Frauenmantelkraut, Taubnesselblüten und Rosenblüten, bereitet einen Tee daraus, läßt ihn bis auf handwarme Temperatur abkühlen und gebraucht die Mischung zur Spülung.

Die getrockneten und pulverisierten Rosenblätter waren früher ein bekanntes Wundstreupulver für Kinder.

Den voll erblühten und geöffneten Blütenblättern der Rosen wurden besondere Heilwirkungen zugesprochen.

Hildegard v. Bingen schreibt darüber in ihrer Naturkunde:*

"Sammle die Rosenblätter bei Tagesanbruch und lege sie über die Augen, sie machen diesselben klar und ziehen das "trieffen" heraus. Ebenso sind sie dienlich zum Umschlag auf Geschwüre und zu jeglichen Arzneien und Salben."

Die frischen Rosenblätter haben tatsächlich eine kühlende Wirkung. Auf geschwollene Augen und auf Brandwunden gelegt, lassen sie die Schwellung abklingen, sie lindern und kühlen. Frische Rosenblätter stehen nicht das ganze Jahr über zur Verfügung. Deshalb hat man schon vor langen Zeiten unzählige Zubereitungsarten entwickelt, um die heilkräftigen Rosen immer zur Hand zu haben.

In den alten Apotheken gab es Rosensaft, Rosenzukker, Rosenpaste und vieles mehr. Heute ist in den Apotheken meist nur noch das Rosenwasser erhältlich, ein Nebenprodukt bei der Rosenölherstellung. Es wird heute fast ausschließlich zu kosmetischen Zwecken verwendet.

Es ist aber auch ein kühlendes und heilendes Augenwasser. Als Kompresse legt man es über die geschlossenen Augen.

Bei Kopfschmerzen reibt man Schläfen und Stirn damit ein oder bedeckt sie mit einer in Rosenwasser getränkten Kompresse.

Der Extrakt aus den Rosenblättern, *Extraktum Rosae fluidum*, ist ein gutes Mund- und Zahnwasser für entzündetes und leicht blutendes Zahnfleisch, Aphten und Mundfäule. Er wird mit Wasser verdünnt zum Gurgeln verwendet oder als Pinselung pur aufgetragen. Der Rosenextrakt ist in der Apotheke erhältlich.

Innerlich genommen wirken die Zubereitungen aus den Rosenblättern herz- und nervenstärkend.

Aus der Vielzahl von Rezepten möchte ich folgende

aufführen, da sie leicht und ohne großes Inventar herzustellen sind.

Rosenzucker

Stark duftende, frische Rosenblätter, an einem sonnigen Vormittag gesammelt, werden auf ein Tuch gelegt. Das Tuch mit den Blättern einrollen, ein weiteres Tuch darumwickeln und 2 Tage liegen lassen. Danach die angewelkten Rosenblätter zerschneiden und in einem Mörser (kein Metall) zerstoßen.
Auf 1 Teil Rosen 2 Teile Zucker zugeben und alles miteinander zerstoßen, in ein Schraubglas füllen und 2 Monate an die Sonne stellen. Täglich umrühren. Danach gut verschlossen und dunkel aufbewahren. Der Rosenzucker wirkt herz-, magen- und nervenstärkend.

Hagebuttentee und -mus gehören zu den bekanntesten Volksheilmitteln. Die frischen Früchte enthalten sehr viel Vitamin C und sind somit ein gutes Vorbeugungsmittel in Grippezeiten und ein schmackhafter Vitaminspender.
Das Rezept für das Hagebuttenmus ist im Küchenteil angeführt. Die getrockneten Hagebutten enthalten fast kein Vitamin C mehr. Sie haben aber durch eine

große Palette verschiedener Inhaltsstoffe andere Anwendungsbereiche.
Sie wirken anregend auf Blase und Nieren. Deshalb sind sie ein guter Heiltee bei Blasen- und Nierenkrankheiten, Rheuma und Gicht. Pfarrer Kneipp lobte sie besonders bei Nieren- und Blasensteinen.

Zur Zubereitung des Hagebuttentees werden die Hagebutten mit Wasser kalt angesetzt. Ca. 10 Minuten kochen und 15 Minuten ziehen lassen. Auf 1 Tasse Wasser gibt man 1 gehäuften Teelöffel Hagebutten.

Für den Tee werden die Hagebutten im September und Oktober gesammelt, halbiert und die feinen Härchen mit den Kernen entfernt. Am besten geht das mit einem kleinen Stäbchen. Die Hagebuttenhälften werden gut getrocknet und trocken aufbewahrt. Eventuell im Ofen trocknen.
Die haarigen Kerne trocknet man bei geringer Hitze im Backofen. Das Blech öfters aus dem Ofen nehmen, schütteln und darüberblasen, damit die Härchen abfallen.
Der angenehm nach Vanille schmeckende "Kernlestee" ist ein Heilmittel für Blasen-, Nieren- und Steinleiden. Außerdem stärkt er die Leber.
Auf 1 Tasse Wasser gibt man 2 Teelöffel der zerstossenen Kerne. 10 Minuten aufkochen lassen und eventuell mit Honig süßen.

Rosensaft

4 Handvoll Rosenblüten
1 Teel Weinsteinsäure
2 El Zucker
1/2 l Wasser

Die Blüten in einem Steinguttopf mit der Weinsteinsäure bestreuen, mit kochendem Wasser übergießen, abdecken und 48 Stunden stehen lassen. Abseihen und den Zucker einrühren.
Den Saft im Kühlschrank aufbewahren oder mit Alkohol konservieren. Auf 1 l Saft gibt man 1/2 l 45 %igen Weingeist.
Dieser Saft ist neben seiner herz- und nervenstärkenden Heilwirkung ein guter Fiebertrank.

Rosensirup

Der Rosensirup kann auch aus dem Rosensaft hergestellt werden, indem man ihn mit Zucker eindickt. Einen stärkenden Sirup erhält man auf folgende Weise:
Frische Rosenblätter werden in einem Steinguttopf mit der dreifachen Menge kochendem Wasser übergossen. Gut verschließen und 12 Stunden stehenlassen. Gut ausdrücken. Den so gewonnenen Rosensaft in einem zugedeckten Topf kurz aufkochen und über frische Rosenblätter gießen, im gleichen Mengenverhältnis wie das erste Mal. Den Vorgang noch ein drittes Mal wiederholen. Den so entstandenen, gut abgeseihten Rosensaft mit der halben Menge Zucker zu Sirup eindicken, in saubere Flaschen füllen und gut verschlossen aufbewahren.

Dieser Sirup wirkt abführend, anregend auf Leber und Galle, stärkt Herz und Nerven.
Er wird teelöffelweise eingenommen.

Kochrezepte

Hagebuttenmark

Die frisch gesammelten, sehr reifen Hagebutten werden halbiert und die Kerne sorgfältig entfernt. Unter fließendem Wasser gründlich abspülen. Mit Wasser oder Weißwein übergießen und so in einer Porzellanschüssel an einem kühlen Ort 3 Tage gut zugedeckt stehenlassen.
Wenn alle Früchte gut weichgeworden sind, das restliche Wasser oder den Wein abgießen und die Masse durch ein Sieb passieren.
Das Mus zu gleichen Teilen mit Zucker mischen. Unter ständigem Rühren bis kurz vor dem Kochen erhitzen. Zum Würzen kann noch zusätzlich Vanille, Zitronensaft, Zimt, Ingwer oder Rum zugegeben werden.
In Marmeladegläser füllen, mit in Rum getränktem Cellophanpapier abdecken und mit Cellophanpapier verschließen.
Das Hagebuttenmus kann mit Quitten-, Apfel- und Birnenmus gemischt werden.

Hagebuttensuppe

1 Pfd Hagebutten
1/4 l Weißwein
1 Eßl Zucker
1 Eßl Mehl

Die Hagebutten halbieren, die Kerne und Härchen sauber entfernen und die Früchte in ein wenig Wasser weichkochen. Durch ein Sieb passieren. Mit 3 Tassen Wasser zur Suppendicke strecken. Mehl und Wein zusammenrühren und in die Suppe geben. Kurz aufkochen und den Zucker zugeben.
Dazu reicht man Bisquit, Makronen oder Griesschnitten.

Marzipan

4 Tassen geschälte geriebene Mandeln (eventuell einige bittere Mandeln dazugeben)
4 Tassen Puderzucker
1 - 2 Eßl Rosenwasser

Die Mandeln im Mörser fein zerreiben oder mehrere Male durch die Nußmühle drehen. Den gesiebten Puderzucker und das Rosenwasser dazugeben. Unter ständigem Rühren in einer Pfanne ca. 10 Minuten erwärmen.
Erkalten lassen und mit Puderzucker zu einem Teig kneten. Über Nacht kühlstellen.

Hagebuttenwein

3 kg frische Hagebutten
2 kg Zucker
4 Tabl. Reinhefe (Malaga oder Portwein) aus der Drogerie
40 g Milchsäure, 80 %ig
7 l Wasser

Die Hagebutten waschen, Kelche und Stiele entfernen und grob zerkleinern. Den Zucker in kaltem Wasser auflösen, die Hefetabletten und Milchsäure zugeben, gut vermischen und über die Hagebutten gießen. Alles in einen Glasballon füllen, mit einem durchbohrten Korken verschließen, in den man das Gärrohr (Gärspund) steckt. Den Glasballon an einen warmen, gleichmäßig temperierten Ort stellen.
Nach einer Woche die Maische absieben und die Flüssigkeit wieder in den Glasballon füllen. Gärrohr aufsetzen. Weiterhin an einem warmen Ort aufstellen und öfters umschütteln. Nach ca. 2 Monaten ist die Gärung beendet. Die Hefe hat sich am Boden abgesetzt, und es steigen keine Blasen mehr auf. Abziehen und in Flaschen füllen.

Hagebuttenwein ohne Zusatz von Hefe

4 kg reife Hagebutten
5 l Wasser
4 Pfd Zucker

Die Hagebutten waschen, Blüte und Stiel entfernen. Die Früchte halbieren und in einen Glasballon oder eine große Flasche füllen. Den Zucker im Wasser gut auflösen und über die Hagebutten gießen. Die Flasche mit einem Gärspund verschließen und in ein warmes Zimmer, am besten in Ofennähe, stellen. 6 Monate gären lassen und gelegentlich umschütteln. Durch ein Tuch filtrieren oder abziehen und in Flaschen füllen. Nochmals einige Wochen im Keller ruhen lassen.

Kosmetische Verwendung

Aphrodites Lieblingspflanze ist natürlich auch ein Schönheitsmittel. Das Rosenwasser ist ein ideales Gesichtswasser, das die Haut stärkt und belebt.
Das stark duftende Rosenöl, das man in der Apotheke tropfenweise kaufen kann, verfeinert Salben und Cremes. Man rührt es einfach in die fertigen Salben oder Cremes ein. Es verleiht ihnen einen herrlichen Rosenduft, stärkt und belebt die Haut. Vorsicht, es gibt auch synthetisch hergestelltes Rosenöl.

Gesichtswasser

25 g Rosenwasser
25 g Orangenblütenwasser
25 g Hamameliswasser
30 g reiner Alkohol

Alle Zutaten sind in der Apotheke erhältlich. Sie werden miteinander gemischt und in einer dunklen Glasflasche aufbewahrt.

Schönheitswasser
nach einem alten Rezept

Gerste wird wie Reis in Wasser weichgekocht. Abseihen und dem Gerstenwasser die gleiche Menge Rosenwasser zufügen. Auf 100 g Wasser gibt man 25 g reinen Alkohol. Das Wasser gut verschlossen in einer Glasflasche aufbewahren und wie Gesichtswasser verwenden.

Botanische Erkennungszeichen

Vorkommen:	ganz Europa
Standort:	Wegränder, Waldrand, Raine, sonnige Lagen
Höhe:	bis 3 m hoher Strauch
Blätter:	wechselständig, 5 - 7-zählige Fiederblättchen, unpaarig gefiedert, kurzgestielt, am Rand scharf gesägt
Blüten:	Juni, einhäusig weißrosa bis hellrot, einzelstehend
Früchte:	korallenrote Hagebutten mit mehreren behaarten Kernen
Sammelzeiten:	Blüten: Juni Knospen: Mai - Juni Früchte: September - Oktober
Inhaltsstoffe:	Vitamin C, Pektin, Gerbstoffe, Zitronen- und Apfelsäure, Karotin

DER HOLUNDER

Sambucus nigra

Familie der Geißblattgewächse – *Caprifoliaceae*

Eine Göttin gab dem Holunderbusch seinen Namen. Die hohe Frau, nämlich Frau Holle, ist beinahe vergessen, nur ihr Lieblingsbaum träumt noch in vielen Bauerngärten oder an eine verfallene Scheune gelehnt von den Geschichten, die ihn mit der Göttin verbanden.
Als beschützender Hausgeist wohnt sie in diesem Strauch, und dort brachten die Germanen ihre Opfer zu Ehren der Göttin dar. Besonders in den Gebieten des heutigen Bayern, Schwaben, im Elsaß und in der Schweiz war die Verehrung der Frau Holle sehr verbreitet. Nach der Christianisierung wurde dieser Brauch ausdrücklich verboten.
Die vielen bäuerlichen Holunderbüsche sind noch eine unbewußte Erinnerung an den alten Hausbaum, der ganz absichtlich in der Nähe der Häuser gepflanzt wurde. Eine Geschichte der alten Baumgöttin, die auch in unserer Zeit noch bekannt ist, ist das Grimm'sche Märchen von der Frau Holle. Das von der bösen Stiefmutter gequälte Mädchen springt vor lauter Verzweiflung in den Brunnen, um die hinabgefallene Spindel zu suchen. Sie findet sich wieder am Grunde des Brunnens, umgeben von vielen blühenden Blumen. Nachdem sie die Brote aus dem Ofen gezogen

und die Äpfel vom Baum geschüttelt hat, trifft sie Frau Holle. Diese alte, freundliche Frau schüttelt ihre Federbetten aus, damit es unten auf der Erde schneit. Sie nimmt das Mädchen in ihren Dienst, und beide machen sich ans "Schneemachen". Bevor Frau Holle ihre Magd wieder in die Welt der Menschen entläßt, belohnt sie diese mit einem Regen aus Goldstücken.

Der Ursprung dieses Märchens liegt weit zurück in vorchristlicher Zeit. Frau Holla oder Holda war die oben erwähnte Göttin. Ihr Name hat den gleichen Ursprung wie die noch heute gebräuchlichen Worte "hold" oder "Huld". Sie war eine den Menschen mild und freundlich gesonnene Göttin, die das Leben der Pflanzen und Tiere beschützte und die Menschen von Krankheiten heilen konnte.

Manchmal wurde sie auch Perchtha genannt, was die ursprüngliche Form des Namens Bertha ist. Die eigentliche Bedeutung dieses Namens war: die Leuchtende, die Strahlende. Demnach war sie eine lichtweisende Muttergöttin, eine weise Frau, in der die Menschen die Güte der Mutter Erde und das strahlende Himmelslicht zur gleichen Zeit verehrten.

Im Märchen von der Frau Holle werden noch einige ihrer Attribute beschrieben:

Die Göttin liebte nämlich besonders die Quellen und Brunnen, und wollte ein Sterblicher zu ihr gelangen, mußte er zuerst durch einen Brunnen tauchen. Deshalb findet auch das schöne Mädchen durch den Brunnen zur Frau Holle. Die vielen blühenden Blumen im Märchen waren sicherlich Frühlingsblumen, wie Schlüsselbume, Veilchen, Anemone, denn diese waren der Göttin geweiht. Die Brote und Äpfel sind die Symbole der Fruchtbarkeit, um die Frau Holle früher unter dem Holunderbusch gebeten wurde.

Zur Zeit des Winters, besonders um die Wintersonnwende, glaubten die Germanen, ziehe die Göttin über die Erde, von Wind und Schnee begleitet, um mit den todbringenden Kräften zu ringen und der Erde die Fruchtbarkeit und das neue Leben zu schenken.

Die weißen Schneeflocken verglichen sie mit der hellen Erscheinung der Holda. Nachdem man dann später das Fell mit einem Federbett vertauscht hatte, entstand die Vorstellung von der Frau Holle, die ihre Federbetten ausschüttelt, damit es auf der Erde schneit.
Ein Mensch, der nach den Gesetzen der Göttin lebte, wurde von ihr reichlich belohnt. Wer den Weg des Lichtes geht, so glaubten sie, den überschüttet sie mit Erkenntnis und Weisheit, was später symbolisch mit den Goldtalern dargestellt wird. Diese Eigenschaft wird auch viel später noch in vielen Geschichten und Sagen beschrieben:
Einmal war der Frau Holle die Achse ihres Wagens gebrochen, mit dem sie über den Himmel fährt. Mitten im Wald stand sie da, als altes Weiblein verkleidet. Da kam ein wandernder Geselle vorbei, den sie bat, ihr doch zu helfen. Das alte Weiblein tat dem Gesellen leid, und er machte sich daran, mit einer Axt einen geeigneten Baum zu fällen und ihn zurechtzuzimmern. Die dabei entstandenen Späne steckte ihm die seltsame Alte in seine Hosentaschen. Er zog sie immer wieder heraus und warf sie auf den Boden. Endlich war die Achse fertig, das Weiblein bedankte sich und fuhr mit dem Wagen davon. Als der Geselle am Abend in seine Tasche griff, stellte er zu seinem Erstaunen fest, daß sich die Späne in pures Gold verwandelt hatten. Leider waren es nur wenige, die anderen hatte er ja achtlos weggeworfen.
Zu einer Zeit, in der man noch an die Frau Holle glaubte, war es streng verboten, einen Holunderbusch zu fällen und zu beschädigen.
Noch aus dem 17. und 18. Jahrhundert wird berichtet, daß die Menschen sich scheuten, einen Holunderbusch zu fällen. Wenn man es unbedingt tun mußte, z.B. um ein Heilmittel aus ihm herzustellen, bat man den Strauch um Verzeihung. Man glaubte, wer einen Holunderbusch beschädige, der werde eine Krankheit bekommen. Aus dem 17. Jahrhundert ist folgender Brauch aus Schlesien erhalten:

"Bevor man etwas Holz vom Holunderstrauch bricht, muß man die Hände falten, niederknien und den Strauch bitten:
Frau Elhorn gib mir was von deinem Holze, denn will ich dir von meinem auch was geben, wenn es wächst im Walde."

Nach der Einführung des Christentums wurde der alte Brauch, an Quellen und unter Bäumen zu beten und zu opfern, ausdrücklich verboten. Hohe Strafen wurden angedroht. Aus der weisen Lichtgöttin wurde ein gefährlicher Spukgeist. Aus hessischen Hexenakten stammt die folgende Beschreibung der Frau Holle:

"Frau Holle were von vorn her wie ein fein weibsmensch, aber hinden her wie ein hohler Baum von rohen Rinden."

Frau Holle ist zur trügerischen "Frau Welt" gemacht worden, der man nicht mehr trauen kann. Sie raubt kleine unartige Kinder, verdirbt faulen Spinnerinnen den Flachs, schneidet den Menschen den Bauch auf, legt Steine hinein und näht ihn wieder zu. Die "eiserne Bertha" oder die "Perchta", wie sie in Bayern genannt wurde, hat lange eiserne Zähne.
In der Jahreszeit, in der die ursprünglich gute Göttin durch die Lüfte zog, um neues Leben zu schenken, trieb sie jetzt ihr grausiges Spukwesen. In den Rauhnächten, so glaubte man, zieht sie mit einer Schar entsetzlich gestalteter Gespenster am Himmel entlang. Auf ihrem unheimlichen Ritt zerschlägt die rasende Perchta jeden, der ihr in die Quere kommt. In diesen "Unternächten" ist es besser, im Haus zu bleiben.

Den Holunderbusch hat die alte Fruchtbarkeitsgöttin mit einer großen Heilkraft beschenkt. Er gehört noch heute zu den bekanntesten Volksheilmitteln. In Tirol heißt es, man solle den Hut vor einem Holunderbusch ziehen. Auch für viele Zauber, die Krankheiten vertreiben sollten, hat man den Holunderbusch verwendet.
In Vorarlberg versuchte man die Kühe von einer Flechtenkrankheit mit folgendem Ritual zu heilen: man bricht bei Sonnenuntergang von der Holunderstaude drei Sprossen ab, unter Verwahrung für das namentlich erkrankte Tier, dem man zu helfen verlangt. Hernach bindet man sie zusammen und hängt sie in den Kamin, so geschwind die Sprossen dürr werden, wird auch die Flechte weg sein.
Solche "sympathische Heilverfahren" werden heute noch auf dem Lande, besonders in Süddeutschland, praktiziert.

Der Holunder gehört wie sonst keiner der angeführten Bäume und Sträucher der Familie der Geißblattgewächse an. Zu dieser Familie gehört auch der Schneeballstrauch, der ebenfalls in unseren Wäldern heimisch ist.
Der Holunder ist so anspruchslos, daß man ihn nahezu überall antreffen kann. Er soll der einzige Strauch sein, der die saure und unfruchtbare Erde unter den Fichtenwäldern verwerten kann.
Eine besonders liebliche Schönheit ist er nicht gerade. Im Winter sieht er eher wie ein alter Greis aus als wie eine blühende Göttin. Seine Äste sind krumm, mit einer rissigen, grauen, warzenbesetzten Rinde umhüllt, und sie scheinen jeden Augenblick morsch vom Baum zu fallen. Nur wenn er seine weißen Blüten zeigt, kann man eine Göttin in ihm vermuten.

Medizinische Verwendung

Vom Holunder kann man fast alles zu Heilzwecken verwenden. Die Art der Anwendung hat sich seit der Antike bis in unsere Zeit kaum verändert. Noch heute gehört der Holunder zu den populärsten Heilpflanzen. Der Fliedertee, wie der Holunderblütentee genannt wird, ist in fast jedem Haushalt bekannt.

Die Konzentration der einzelnen Wirkstoffe des Holunders ist in den verschiedenen Pflanzenteilen, Blätter, Blüten, Rinde, unterschiedlich. Daraus ergeben sich die verschiedenen Anwendungsbereiche der einzelnen Zubereitungen.
Die Blüten haben eine starke schweißtreibende Wirkung. Bei allen Erkältungskrankheiten wie Grippe, Schnupfen, Bronchitis, Lungenentzündung trinkt man einige Tassen des heißen Tees. Er kann mit Honig gesüßt werden.
Der beste Platz, um einen Schwitztee zu trinken, ist das warme Bett. Besonders dick zugedeckt, trinkt man einige Tassen des heißen Tees. Ist man dann richtig feucht und heiß vom Schwitzen, folgt eine Abwaschung mit eiskaltem Wasser am ganzen Körper. Danach sofort wieder ins warme Bett. Diese Maßnahmen regen die Abwehrkräfte des Körpers an.
Zur Bereitung des Blütentees überbrüht man 2 Teelöffel der Blüten mit 1 Tasse kochendem Wasser. 5 Minuten ziehen lassen und heiß trinken.

Neben der oben genannten Hauptwirkung wird der Holunderblütentee noch als beruhigendes und schmerzlinderndes Mittel bei Kopfschmerzen, Zahn- und Ohrenschmerzen getrunken. Bei Ohrenschmerzen überbrüht man ein kleines mit Holunderblüten gefülltes Leinensäckchen, drückt es aus und legt es warm auf das schmerzende Ohr.
Im Mittelalter kannte man noch weitere Zubereitungen aus den Holunderblüten: man brannte das Holunderblütenwasser, das bei Geschwülsten, Wassersucht, Leber- und Milzleiden gute Dienste leisten sollte. Ohne aufwendige Destillieranlage kann man ein einfacheres Holunderwasser herstellen, das den Stoffwechsel anregt und leicht abführt.

Holunderblütenwasser

4 frische Dolden Holunderblüten
1 l abgekochtes, erkaltetes Wasser
2 Messerspitzen Weinsteinsäure

Die abgezupften Blüten in ein Gefäß geben, das Wasser darübergießen, indem man zuvor die Weinsteinsäure verrührt hat. Abdecken und 1 Tag ziehen lassen. Abseihen und mit Honig süßen.

Die Beeren kann man zu Saft, Mus, Wein und Marmeladen verarbeiten. Da die Beeren sehr viel Vitamine enthalten, sind die Zubereitungen ein Heilmittel, das die Abwehrkräfte des Körpers stärkt.
Frisch gegessen verursachen die Beeren oft Brechreiz und Übelkeit, was durch das darin enthaltene Glycosid verursacht wird.
Zur Heilung von Rheuma, Neuralgien und Ischias wird der frische Saft empfohlen. Hierfür trinkt man 14 Tage lang täglich je zwei Mal 20 g des frischen Saftes, jeweils mit 15 g Portwein vermischt. Diese Rezeptangabe stammt von dem Prager Arzt Dr. Epstein, der damit erstaunliche Heilerfolge bei seinen Patienten erzielt hat.

Die Rinde und die Wurzel wirken stark harntreibend. Im 13. Jahrhundert hat Albertus Magnus die Behauptung aufgestellt, daß die innere Rinde ein Abführmittel ergibt, wenn man sie von oben nach unten schabt. Wird sie von unten nach oben von den Zweigen geschabt, erhält man ein Brechmittel. Diese Anweisung hat sich, von einem Kräuterbuch zum anderen weitergereicht, bis heute erhalten. Nur wenige haben diese Behauptung selbst nachkontrolliert, sondern sie nur einfach übernommen. Das Ergebnis meiner Experimente möchte ich nicht verraten, sondern nur zum Ausprobieren anstiften.
Die abgeschabte Rinde und die zerkleinerte Wurzel sind ein sehr wirksames Mittel, um die Harnausscheidung anzuregen. Sie werden bei Harnverhalten und zum Entwässern bei Wasseransammlungen im Körper angewendet. Hierzu kocht man 1/2 Teelöffel der zerkleinerten Rinde oder Wurzel mit 1 Tasse Wasser auf. Ziehen lassen und abseihen. Tagesdosis sind 2 Tassen.
Die Blätter haben ebenfalls eine harntreibende Wirkung. Sie ist jedoch nicht so drastisch wie die der Rinde und Wurzel.
Zur Bereitung des Blättertees nimmt man 1 Teelöffel zerkleinerte Blätter, frisch oder getrocknet, überbrüht mit 1 Tasse kochendem Wasser. Ziehen lassen und abseihen. Tagesdosis 1 - 2 Tassen.
Zubereitungen aus der Rinde, Wurzel und den Blättern vorsichtig dosieren. Zu große Mengen können Übelkeit verursachen.

Kochrezepte

Die Blüten und Beeren des Holunders lassen sich in unzähligen Variationen in der Küche zubereiten.
Aus den frischen Blüten kann man Holundermilch, Holundersekt, Holunderküchle und Holunderlimonade herstellen.

Holundermilch

2 frische Blütendolden
2 Tassen Milch
je nach Geschmack eine Prise Ingwer, Safran, Zimt, Vanille.

Die Dolden mit kalter Milch ansetzen und zum Kochen bringen. Noch etwas ziehen lassen und abseihen. Würzen und mit Honig süßen.

Holunderküchle

1/2 Tasse Milch
2 Tassen Mehl
3 Eßl Zucker oder Honig
1 Prise Safran
1 Prise Zimt
2 Eier
1 Schuß Bier oder 1 Teel Weinsteinbackpulver
15 Holunderblütendolden

Alle Zutaten zu einem Teig mischen. Die Blütendolden in den Teig tauchen und in heißem Fett ausbakken. Mit Zimt bestreuen und mit Apfelmus servieren.

Aus den Beeren lassen sich sehr feine Marmeladen, Gelees, Saft, Suppe, Wein usw. bereiten. Der Phantasie sind keine Grenzen gesetzt. Nur sollten die Beeren immer erhitzt werden.

Holundersaft

Man kann die Beeren im Dampfentsafter entsaften. Oder man kocht sie mit etwas Wasser weich und läßt sie über Nacht durch ein Tuch ablaufen.
Der ungesüßte Saft muß im Einmachtopf oder Backofen bei 80° 20 Minuten lang sterilisiert werden (siehe Kochrezept Birnenbutter). Ansonsten gibt man auf 1 l Saft 500 g Zucker. Der Saft wird zum Kochen gebracht und der Zucker unter Rühren dazugegeben. Ca. 5 Minuten kochen lassen. Zimt oder Zitronensaft zugeben und in vorbereitete Flaschen füllen.

Holundermarmelade

3 kg Beeren
1 1/2 kg Zucker

Die Beeren abzupfen und mit wenig Wasser weichkochen. Durch ein Sieb passieren. Je nach Geschmack mit Vanille, Zimt, Gewürznelken, Coriander, Ingwer oder Rum würzen. Man kann das Mus mit Apfel-, Johannisbeer- oder Pflaumenmus mischen.
Erhitzen und Zucker zugeben. Auf 3 kg Holundermus gibt man 1 1/2 kg Zucker.
Heiß in vorbereitete Gläser füllen.

Holunderkompott

3 kg Beeren
350 g Zucker

Die Beeren abzupfen und ca. 15 Minuten kochen; kein Wasser zugeben. Dann Zucker untermischen und nochmals 15 Minuten kochen. Je nach Geschmack mit einem der bei Holundermarmelade angegebenen Gewürzen verfeinern und heiß in vorbereitete Marmeladegläser füllen. Im Dampfkochtopf 30 Minuten bei 90° einkochen.

Holunderlikör

1/4 l gekochter Holundersaft
1 Tasse frische Beeren
2 Eßl Zucker
1 l Zwetschgenwasser

1/4 l Saft wird mit dem Zucker und Gewürzen, je nach Geschmack, verrührt. Den Saft und die Beeren in eine weithalsige Flasche füllen und mit dem Zwetschgenwasser übergießen. Verschließen und an einem warmen Ort 6 Wochen lang ziehen lassen. Abseihen und in Flaschen füllen.

Holunderblütenlimonade

Holunderblütendolden in einen Steinguttopf füllen, einige Scheiben einer unbehandelten Zitrone dazwischenlegen. Mit Wasser auffüllen, so daß alles bedeckt ist. Abdecken und 1 Tag stehenlassen. Abseihen und mit Honig süßen.

Holunderkuchen

5 Tassen abgezupfte Holunderbeeren
2 Tassen gemahlene Mandeln
3 gehäufte Eßl Zucker
geriebene Schale 1/2 Zitrone (unbehandelt)
Zimt
Vanille
1 Schuß Rum oder Kirschwasser
3 Eier
Für den Boden:
200 g Mehl
125 g Butter
3 Eßl saurer Rahm
1 Prise Salz

Das Mehl, Salz und die kalte Butter auf einem Backbrett zu einem Hackteig verarbeiten. Den Rahm dazufügen, gut durchkneten und etwa 1 Stunde kaltstellen. Auswellen und eine gefettete Springform damit auslegen. Die Beeren mit Zucker bestreuen und ohne Wasser ca. 10 Minuten in einem Topf erwärmen. Die Mandeln, Zimt, Vanille, Zitronenschale und Rum zugeben. Den steifgeschlagenen Eischnee unterheben und in die Springform füllen. Bei mittlerer Hitze ca. 40 Minuten backen.

Holundersekt

20 große Blütendolden
1 1/4 kg Zucker
1/4 l guter Weinessig
3 ungespritzte Zitronen
15 l Wasser

Die Blüten abzupfen und in einen Glasballon füllen. Die kleingeschnittenen Zitronen (mit Schale) und den Essig zugeben. Den Zucker in dem Wasser auflösen und in den Ballon füllen. An einen warmen Platz stellen, am besten in die Sonne.
Ich habe meinen Ballon tagsüber in die pralle Sonne gestellt und nachts in eine Decke gewickelt. Nach 4 Tagen hat das Getränk stark gegärt. Dabei haben sich kleine Bläschen auf der Oberfläche gebildet. Die Blüten werden bräunlich.
Jetzt wird der Sekt abgeseiht und in Schnappflaschen gefüllt. Im Keller aufrecht stehend mindestens 6 Wochen lagern. Vorsicht, Flaschen stehen unter sehr starkem Druck!

Falls eine Flasche gesprungen ist, die restlichen "lüften", das heißt, den Deckel langsam öffnen und den "Dampf ablassen".

Holunderglühwein

1 l Holundersaft
1 l Rotwein
3 Eßl Zucker
4 Nelken
1 Zimtstange
1 Teel geriebene Zitronenschale (unbehandelt)

Den Saft mit den Gewürzen und dem Zucker aufkochen. Abseihen. Nochmals kurz mit dem Wein erhitzen und heiß servieren.

Botanische Erkennungszeichen

Vorkommen:	ganz Europa
Standort:	Waldränder, meist in der Nähe menschlicher Behausungen in den Alpen bis 1.200 m
Höhe:	bis 5 m
Rinde:	hellgrau, rissig, mit warzenartigen Punkten, helles korkartiges Mark in den Ästen
Blätter:	gegenständig, lang zugespitzt, am Rand fein gesägt, unpaarig gefiedert, Endblättchen größer als die seitlichen
Blüten:	Juni, einhäusig in großen Trugdolden, gelblichweiß, 5-strahlig
Früchte:	August - September schwarz-blaue Beeren
Sammelzeiten:	Blüten: Juni Blätter: vor der Blüte Rinde: zeitiges Frühjahr Beeren: August - September
Inhaltsstoffe:	Gerbstoffe, ätherische Öle, Cholin, Sambucin, Vitamin C, Flavone, Bitterstoffe, Alkaloide

DER ATTICH

Sambucus ebulus

Familie der Geißblattgewächse – *Caprifoliaceae*

Der schwarze Holunder hat zwei Brüder, mit denen man ihn verwechseln kann. Der erste ist der Attich oder Zwergholunder, der zweite der Hirschholunder. Beiden ist nicht ganz zu trauen, denn sie enthalten Stoffe, die zur Vergiftung führen können.
Der Attich enthält einen bis heute unbekannten Bitterstoff, von dem man glaubt, daß er die unangenehmen Nebenwirkungen hervorruft.
Besonders bei Kindern können Vergiftungen auftreten, denn sie verwechseln die schwarzen Beeren des Attichs mit denen des "richtigen" Holunders. Es kommt dabei zu Schmerzen im Mund, Erbrechen, Schwindel, Kopfschmerzen, blutigem Durchfall und sogar zu Bewußtlosigkeit.
Trotzdem ist das Mus aus den Beeren als drastisches Abführmittel verwendet worden.
Was aber am Attich seit dem Altertum am meisten geschätzt wurde, war seine Wurzel. Sie wird im Frühjahr oder Spätherbst ausgegraben, sauber gewaschen und in kleine Teile zerschnitten.
Der daraus zubereitete Tee gehört zu den stärksten harntreibenden Zubereitungen. Besonders bei starken Wasseransammlungen im Körper, bei Harnverhalten und zum Ausschwemmen von Harnstoffen im Körper bei Rheuma und Gicht, wird der Tee empfohlen.
Auf 1 Tasse Wasser gibt man 1 gehäuften Teelöffel der getrockneten Wurzelteile. Mit dem kalten Wasser übergießen, erhitzen und kurz aufkochen lassen. Noch etwas ziehen lassen und abseihen. Tagesdosis: 1 - 2 Tassen.
Der Attich soll während des Mittelalters besonders in Burggärten und in der Nähe von Pferdeställen gepflanzt worden sein. Er galt als sehr gutes Heilmittel für die Pferde.

Eigentlich ist er sehr leicht vom Holunder zu unterscheiden. Er wird nicht so groß, denn er ist eine Staude und kein Strauch. Mehr als zwei Meter kann er an Höhe nicht erreichen. Genau wie der schwarze Holunder, liebt er die Waldränder, Wegränder und die lichten Wälder. Hier tritt der Attich in großen Rudeln auf. Selten trifft man auf eine einzelstehende Attichpflanze. Zur Zeit der Reife sind die Stengel in dunkelviolette Farbe getaucht. An ihrem Ende stehen die großen Blütendolden. Die weißlichen Blüten schimmern leicht rötlich. Erst wenn die Holunderblüten schon längst abgefallen sind, blüht der Attich, von Juni bis weit in den August hinein.
Die Blätter des Attichs sind schmaler und spitzer zugeschnitten als die seines großen Bruders. Sie sind gegenständig und mit 7 - 11 gesägten Blättchen gefiedert. Im Spätherbst sind aus den Blüten nachtschwarze Beeren geworden. Sie glänzen verführerisch. Im Mittelalter hat man daraus eine dunkelviolette Farbe für Leinen und Wolle hergestellt.
Die begehrte Wurzel ist ein wucherndes Durcheinander aus vielen kriechenden Ästchen und Verzweigungen. Auch die Wurzel hat wie die anderen Pflanzenteile einen unangenehmen Geruch.

Botanische Erkennungszeichen

Vorkommen:	ganz Europa
Standort:	Gebüsche, Waldränder, Waldlichtungen, bis 1.500 m
Höhe:	1 - 2 m
Stengel:	aufrecht, kantig
Blätter:	gegenständig, gefiedert, eiförmige Nebenblätter, am Rande gesägt
Blüten:	Juni - August in großen Trugdolden, einzelne Blüten klein, rötlich-weiß
Früchte:	schwarz
Sammelzeiten:	Wurzel im Frühjahr und Herbst
Inhaltsstoffe:	Bitterstoff, ätherisches Öl, Blausäureglykosid, Gerbstoff, Saponine, Harz

DER HIRSCHHOLUNDER

Sambucus racemosa

Familie der Geißblattgewächse – *Caprifoliaceae*

Der Hirschholunder, auch Trauben- oder Waldholunder genannt, ist der schönste unter den drei Holunderbrüdern. Allerdings hat er auch seine Tükken. In den Samen enthält er einen unbekannten Giftstoff, von dem man nur weiß, daß er schleimhautreizend ist. Besonders Kindern kann es leicht passieren, daß sie den Hirschholunder mit dem Schwarzen Holunder verwechseln und seine Beeren essen.

Schon im Jahre 1577 beschreibt Hironymus Bock die Folgen dieser Verwechslung:

"Es haben etliche Kinder auß unverstand/und villeicht von hunger/der beeren zu vil gessen/also das under dreien Kinderen zwey gar und zumal entschlaffen seind."

Wenn man Marmeladen und Saft aus den Beeren herstellen will, so ist es deshalb wichtig, die Samen zu entfernen, indem man die gekochten Beeren durch ein Sieb passiert. Durch das Kochen werden zudem die giftigen Stoffe zerstört.
In Notzeiten hat man aus diesem Samen ein brauchbares Speiseöl hergestellt. Durch besondere Verarbeitung kann man den Giftstoff von dem Öl trennen. Der Same soll bis 30 % verwendbares Öl enthalten.

Der Hirschholunder besiedelt Waldränder, Kahlschläge und Lichtungen der Bergwälder. Er kommt als Strauch, aber auch als bis vier Meter hoher Baum vor. Aus der Entfernung sieht er dem schwarzen Holunder sehr ähnlich. Seine Blüten sind nicht hellweiß und schirmförmig, sondern gelb-weiß und mehr eiförmig ausgebildet. Sie stehen in aufrechten Rispen. Seine Früchte leuchten schon von weitem scharlachrot.
Ist man sich dann immer noch unklar, ob man einen schwarzen oder einen Hirschholunder vor sich hat, kann man die "Markprobe" machen.
Man bricht einen Ast ab. Ist das Mark innen hellweiß, ist es der eßbare Holunder, ist es jedoch gelbbraun, so hat man einen Hirschholunder vor sich.

Kochrezepte

Die Beeren des Traubenholunders enthalten sehr viel Vitamin C und Provitamin A. Deshalb lohnt es sich, im Juli oder August auf einem Waldspaziergang einen Korb voll davon zu pflücken. Aus den Beeren kann man Saft und Gelee bereiten.

Die verlesenen Beeren werden im Dampfentsafter entsaftet und in Flaschen gefüllt. Der Saft geliert recht schlecht, und es ist ratsam, einige Falläpfel mit in den Entsafter zu geben.
Auf 1 Pfd Saft gibt man dann 1 kg Gelierzucker und kocht zur Geleedicke ein. Bei allen Zubereitungen aus dem Hirschholunder ist darauf zu achten, daß die Beeren immer erhitzt werden, wenn auch dabei ein Teil der Vitamine zerstört wird. Auch die Kerne sollten immer abgeseiht werden.

Botanische Erkennungszeichen

Vorkommen:	ganz Europa, besonders im Bergland
Standort:	Waldränder, Waldlichtungen, Berg- und Hügelland, Laub- und Mischwälder in den Alpen bis 1.400 m
Höhe:	bis 3 m
Rinde:	dunkelbraun mit hellen Poren
Blätter:	gegenständig, mit meist 5 Teilblättchen, kurzgestielt, lang zugespitzt
Blüten:	April - Mai, in aufrechten, eiförmigen Rispen, einzelne Blüten klein, grünlich-gelb
Früchte:	Ende Juni - Mitte August kugelige rote Beeren mit gelbbraunem Samen
Sammelzeiten:	Beeren: Juli - August
Inhaltsstoffe:	Vitamin C, Vitamin A, Carotin, Gerbstoff

DIE ROSSKASTANIE

Aesculus hippocastnum

Familie der Roßkastaniengewächse – *Hippocastanaceae*

Mitten im Winter präsentiert sich die Roßkastanie mit glänzenden, prall gefüllten Knospen, so, als erwarte sie jeden Augenblick den Frühling. Sie scheint ganz zuversichtlich und selbstsicher, auch wenn der kalte Wintersturm durch ihre Zweige fegt. So steht sie da, vor Kraft strotzend, mit ihrem mächtigen Stamm und den optimistisch nach oben geschwungenen Ästen.

Kein Wunder, daß die Kastanie in der Astrologie Jupiter zugeordnet ist, dem Planeten der Fülle, der Gesundheit und des Reichtums.

Im Frühjahr, wenn andere Bäume noch an ihren Knospen herumdrücken, da hat die Roßkastanie schon die klebrigen Knospen gesprengt, die Schuppen weiten sich und heraus kommt ein wolliger Blättertrieb, der sich dehnt und wendet und schließlich zu einer riesigen Blätterhand herangewachsen ist.

Manchen Park- und Gartengestaltern sind diese Blätter eine deutliche Nummer zu groß. Sie wirken zu aufdringlich in der sorgfältig zusammengestellten Komposition der Bäume. Ja, es stimmt, die Kastanie ist ein breitkroniger, dominanter Baum, der leicht feinere und zurückhaltendere Baumgestalten zu erdrücken droht. Die Kastanie macht sich deshalb am besten als Einzelbaum an einem Standort, der einer Betonung bedarf.

An solch einem Platz kann sie sich ausleben in ihren großen Formen der Blätter und Blüten, getragen vom wuchtigen Stamm. Hier stört ihre gewaltige Erdenschwere nicht.

Aber gerade diese Eigenschaften der Kastanie, über die ein Gartengestalter die Nase rümpft, waren einmal sehr gefragt.

Zur Zeit des Sonnenkönigs, Ludwig XIV., galt die Kastanie als **der** Baum. Sie war groß in Mode gekommen, denn der König ließ sie zur Bepflanzung der Schloßgärten und der Alleen verwenden. Der König, für den das Repräsentieren so wichtig war, fand in der Kastanie den passenden Baum.

"Man" pflanzte Kastanien, denn viele Fürsten wollten dem König nicht nachstehen und ordneten für Alleen und Lustschlösser massenweise Kastanien an.

Auch heute gibt es noch eine Gruppe von Kastanienliebhabern, die aber nicht in Kutschen und Sänften an den Bäumen vorbeiziehen wollen, sondern sich lieber darunter niederlassen. Es sind die Besucher der Biergärten, die an den Kastanien besonders ihren dichten Schatten schätzen. Kein Baum spendet solch einen dunklen Schatten, was besonders im Sommer, der Zeit der Biergärten, von großem Nutzen ist; wer will schon sein Bier in der prallen Sonne genießen. Und was wären die Biergärten auch ohne diese schönen Bäume, die sich im zeitigen Sommer mit bunten Blütenkerzen schmücken und dazu noch vom Wirt mit farbigen Lichterreihen miteinander verbunden werden.

Fast zur gleichen Zeit wie die Blätter, treibt die Kastanie ihre Blüten heraus. Und auch hier gilt ihr

Grundsatz: nicht kleckern, sondern klotzen!

Es sind riesige Blütenkerzen, die an den äußersten Zweigen aufleuchten. In die unzähligen weißen Blüten scheint ein Maler seinen Pinsel getupft zu haben, denn jede ziert ein bunter Fleck. Die jungen Blüten haben gelbe, die älteren orange oder rote Farbkleckse. Der bunte Fleck in ihrem weißen Tüll-Blütenkleid scheint den Blüten zu genügen, für eine besondere Duftnote reicht ihre Energie nicht mehr aus. Sie duften sehr schwach, ja, fast wässrig.

Auch in der Wahl ihres Geschlechts ist die Kastanie extravagant. Im gleichen Blütenstiel tummeln sich viele männliche mit einer kleinen Anzahl zwittriger Blüten. Dazwischen sitzen verloren einige rein weibliche. Damit aus dieser bunten Mischung auch Früchte entstehen, wird zur Bestäubung ein riesiges Heer fleißiger Hummeln und Bienen bestellt.

Diese laben sich an dem üppig fließenden Nektar, der aus den Blüten rinnt und besorgen so, von Blüte zu Blüte taumelnd, ganz nebenbei die Bestäubung.

Nach der kurzen Blütezeit geht es schon weiter mit der Fruchtbildung. Die Kastanie kleidet ihre Früchte wie kleine, grüne Stachelfische, die irgendwann vom Baum purzeln und eine neue Überraschung in ihrer stacheligen Schale bergen. Sie tragen eine tiefbraune Kastanie in ihrem Bauch, die glänzt wie ein frisch polierter Mahagoni-Schreibtisch.

Das ist im Verwandlungs- und Gaukelspiel der Kastanie der letzte Trick: zieht man zuhause die ge-

sammelten Kastanienkleinode aus der Tasche, wird man enttäuscht feststellen müssen, daß sie ihren hellen Glanz verloren haben und stumpf und matt in der Hand liegen.
Aber gerade diese Kastanienfrüchte machen die Roßkastanie zu einem sehr wertvollen Waldbaum. Für das Wild sind sie eine nahrhafte und gesunde Speise. Wir können zur Weihnachtszeit die Eßkastanie als heiße Maroni kennenlernen. Die Edelkastanie, *Castanea sativa*, ist vorwiegend im Mittelmeerraum heimisch. Ihre Blätter sind elliptisch geformt und sehr viel schärfer gesägt als die der Roßkastanie. Auch ihre Blüten unterscheiden sich von denen der einheimischen Kastanie: es sind dünne, aufrechtstehende Kätzchen.

Aus einer Kreuzung der europäischen Roßkastanie mit einer hellrot blühenden Kastanienart aus Kalifornien, *Aesculus pavia*, ist eine bei uns inzwischen weit verbreitete Kastanienart, die rote Roßkastanie, *Aesculus X carnea*, entstanden. Sie ist etwas kleiner als die gewaltige weißblühende Roßkastanie und wird deshalb bevorzugt zur Bepflanzung von Gärten und Parks verwendet.
Von dieser amerikanischen Kastanie wird berichtet, daß die dort lebenden Indianer ihre Früchte als Nahrung gebrauchten.
Die Kastanien sind sehr stärkereich und wären deshalb tatsächlich ein geeignetes Nahrungsmittel, doch ihr hoher Gerbstoff- und Bitterstoffgehalt lädt nicht gerade zu einer Mahlzeit ein; sie schmecken bitter und zusammenziehend.
Die Indianer hatten jedoch eine spezielle Aufbereitungsart entwickelt, die es ihnen ermöglichte, aus den Kastanien einen Grundstoff herzustellen, den sie zu schmackhaften Gerichten wie Broten, Pfannkuchen und Suppen weiterverarbeiten konnten.
Die Kastanien legten sie hierfür in ein mit heißen Steinen gefülltes Erdloch und deckten sie mit Blättern, heißer Asche und kleinen Ästchen ab. Darin ließen sie die Kastanien meist einen Tag garen. Danach wurden sie herausgenommen, geschält und kleingeschnitten. Sie wurden in einem Mörser zerstampft, oder, wie ich selbst beobachten konnte, auf einem großen Stein zerquetscht. In einen engmaschigen Korb gefüllt, stellte man sie unter fließendes Wasser. Nach einer Wässerung von ca. 4 Tagen wurde der Brei auf Korbteller gestrichen und an der Sonne getrocknet.
Aber auch hier bei uns scheint man sich Gedanken darüber gemacht zu haben, wie man die schönen Kastanienfrüchte nützen könnte. Und man ist auf einiges gekommen: Statt Hopfen nahm man sich zum Bierbrauen kleingeschnittene Kastanien her, und durch Gärung erhielt man einen Branntwein. Auch als Kaffeersatzmittel mußten die Kastanien herhalten. Sie wurden dafür genauso präpariert wie die Eicheln. Der Buchbinder stellte sich aus den Kastanien einen Leim her, und der Tapezierer klebte damit seine Tapeten an die Wände und rühmte seinen hausgemachten Leim als besonders insektenabwehrend und schützend vor Fäulnis.
Das Mehl aus gemahlenen Kastanien gebrauchte man als Waschmittel für rissige und rauhe Hände nach schwerer Arbeit.
Was die Roßkastanie eigentlich mit Rössern zu tun hat, das hätten uns die Roßknechte früherer Zeiten leicht beantworten können. Die Kastanien sind ein gutes Heilmittel für Pferde, die an Husten und Dämpfigkeit leiden. Hierfür mischte man die gehackten Früchte unter's Futter.
Dies sollen die türkischen Pferdeknechte häufig gemacht haben, um ihre Rosse wieder auf Trab zu bringen. Dieser Brauch scheint sich auch in der neuen Heimat der Roßkastanie herumgesprochen zu haben. Die Kastanie ist kein ursprünglicher Baum unserer Wälder, sie stammt aus Westasien und Südosteuropa. In Mitteleuropa soll sie erstmalig 1576 in Wien aus einem Samen gezogen worden sein. Heute ist die Roßkastanie in fast ganz Europa verbreitet.

Medizinische Verwendung

Die Hauptwirkstoffe der Roßkastanie sind heute genau erforscht. Man hat einzelne Stoffe herauskristallisiert, deren Wirkung bekannt ist, und die die alten volksheilkundlichen Anwendungen bestätigen.
Zwei dieser Stoffe tragen den Namen des Baumes: Aesculin und Aescin.
Das Aesculin, eine Cumarinverbindung, kommt hauptsächlich in der Rinde junger Kastanienzweige vor. Man kann es in einem einfachen Versuch sogar sichtbar machen, denn es fluoresziert, in Wasser gelöst und von Licht bestrahlt.
Hierfür schneidet man sich einen jungen Kastanienzweig, schabt die Rinde ab, zerkleinert sie und füllt sie in ein Glas. Wasser darübergießen und kräftig umrühren. Hält man das Glas jetzt unter eine starke Lampe, so schimmert die Oberfläche wunderschön meergrün.
Dieses Aesculin wirkt anregend auf den Stoffwechsel und fördert die Durchblutung. Es kann ultraviolette Strahlung binden und wird deshalb für Sonnenschutzmittel verwendet.
Aescin hat eine stark gewebeentwässernde Wirkung. Zugleich verhindert es neue Wasseransammlungen im Gewebe.
Aescin ist ein Saponin, ein Seifenstoff. Diese Behauptung kann man wieder in einem einfachen Versuch prüfen. Wenn man ein Bad aus den Kastanienfrüchten zubereitet, wird man sich vielleicht über den Schaum, der sich auf dem Wasser gebildet hat, wundern. Es ist keine Seife ins Wasser gerutscht, sondern die Seifenstoffe der Kastanien haben die Oberflächenspannung des Wassers heruntergesetzt und den Schaum gebildet. Saponinpflanzen werden in der Pflanzenheilkunde zur Schleimlösung bei Husten und Bronchitis verwendet. Auch der Kastanienblütentee ergibt einen Hustentee.
Ein weiterer Wirkstoff der Kastanie sind die Flavone. Dies sind gelbe Farbstoffe des Zellsaftes. Flavone festigen die Aderwände und fördern die Durchblutung der feinsten Blutgefäße.

Aus dieser Zusammenstellung der Wirkstoffe kann man sich schon fast die Krankheiten ableiten, die mit den Kastanienheilmitteln behandelt werden. Die Kastanie ist eines unserer wichtigsten Venenheilmittel. Sie hilft bei venösen Stauungen, Hämorrhoiden, Krampfadern und Pfortaderstau.
Da sie weiterhin durchblutungsfördernd wirkt, kann sie bei arteriellen Durchblutungsstörungen helfen.

Zu Heilzwecken werden Blüten, Blätter, Früchte und Rinde verwendet.
Der Blütentee wird bei Husten als schleimlösendes Mittel getrunken. Er wirkt gleichzeitig entwässernd und festigend auf das Gewebe.
Zur Teezubereitung übergießt man 1 Teelöffel der getrockneten Blüten mit 1 Tasse kochendem Wasser und läßt 5 Minuten ziehen. Abseihen und eventuell mit Honig süßen. Tagesdosis: 2 - 3 Tassen.
Eine Tinktur aus den Blüten ist ein gutes Einreibemittel bei rheumatischen Schmerzen. Man kann die Blüten auch in einer Mischung verwenden.

Rheumageist

2 Teile Kastanienblüten
1 Teil Farnkrautwurzel
70 %iger Alkohol (je nach Kräutermenge)

Frische Kastanienblüten vom Stengel zupfen. Frische Wurzel eines Wurmfarns säubern und kleinschneiden. Beides mischen, ein Glas halbvoll damit füllen, den Alkohol darübergießen, so daß das Glas gefüllt ist und gut verschließen. An einen warmen Ort stellen, am besten auf die Fensterbank eines Südfensters. 3 Wochen stehen lassen. Gelegentlich umschütteln. Abfiltrieren und in eine dunkle Flasche füllen. Bei Bedarf einmassieren. Nur äußerlich verwenden.
Die Tinktur und der Tee aus den Blättern wirken gewebeausschwemmend und durchblutungsfördernd. Sie stärken die Venen.
Bäder aus den Kastanienfrüchten haben sich besonders bei Rheuma, Gicht und Durchblutungsstörungen bewährt.
Auf ein Vollbad gibt man ca. 1/2 Eimer Kastanienfrüchte. Sie werden zerschnitten und über Nacht in Wasser eingeweicht. Am anderen Morgen in einem Topf kurz aufkochen, abseihen und dem Badewasser zufügen. Gut umrühren.
Auch die Tinktur aus den zerschnittenen Kastanien ist ein gutes Einreibemittel bei rheumatischen Schmerzen. Innerlich eingenommen hilft sie bei Hämorrhoiden, Venenerkrankungen und Durchblutungsstörungen. Tagesdosis sind 2 x täglich 10 Tropfen nach dem Essen eingenommen. Die Tinktur wird nach dem selben Prinzip wie die Blütentinktur hergestellt: die zerschnittenen Kastanien werden mit Alkohol übergossen. Kastanienfrüchte sind in der Volksheilkunde besonders als "Sympathiemittel" bekannt. Es soll, so sagte man, eine starke Beziehung, eine Sympathie, zwischen den Kastanien und den rheumatischen Krankheiten bestehen. Die sympathische Kastanienkur war einfach anzuwenden: man sollte 3 Kastanien bei sich in der Tasche tragen, um die Schmerzen zu lindern.

Zuletzt möchte ich noch von einer ungewöhnlichen Zubereitungsart der Kastanien berichten. Die fein pulverisierten Kastanienfrüchte sind ein Hauptbestandteil eines bekannten Schnupftabakes, der nicht nur zum Vergnügen geschnupft wird, sondern als ein wirksames Heilmittel gilt. Durch die adstringierende Kraft wirkt das Kastanienpulver, in die Nase geschnupft, auf Nasenpolypen zusammenziehend. Die geschälten Kastanien müssen zu diesem Zweck ganz fein pulverisiert sein.
In der Homöopathie werden die reifen, geschälten Kastanienfrüchte zu einer Essenz verarbeitet und zur Heilung von Hämorrhoiden, Stauungen im Unterleib und Leberschwellung verwendet.

Roßkastanie

Wie trägt sie bloß
ihr hartes Los

in Straßenhitze und Gestank ?
Und niemals Urlaub, keinen Dank!

Bedenk, Gott prüft sie ja nicht nur,
er gab ihr auch die Roßnatur.

*Karl Heinrich Waggerl**

Botanische Erkennungszeichen

Vorkommen:	kultiviert in fast ganz Europa ursprüngliche Heimat Nordgriechenland, Albanien
Standort:	Allee- und Parkbaum, in der ursprünglichen Heimat in Schluchtwäldern bis 1.200 m
Höhe:	25 - 30 m
Rinde:	graubraun bis grauschwarz, blättert im Alter in dünnen Schuppen ab
Blätter:	gegenständig, langgestielt, Stiel mit Rinne, große Blätterhand mit 5 - 7 Fingern, am Rande gesägt
Blüten:	April - Mai, meistens männlich, der Rest zwittrig und wenige weibliche Blüten, aufrechte Kerzen, einzelne Blüten weiß mit gelb oder rotem Fleck
Früchte:	September - Oktober 1 - 2 Kastanien in stacheliger Hülle
Sammelzeiten:	Blüten: April - Mai Blätter: April - Juni Rinde: März - April Früchte: Oktober
Inhaltsstoffe:	Saponin Aescin, Aesculin, Flavone, Gerbstoffe, Stärke, Bitterstoffe
Holz:	hellgelb, feinporig, leicht, weich

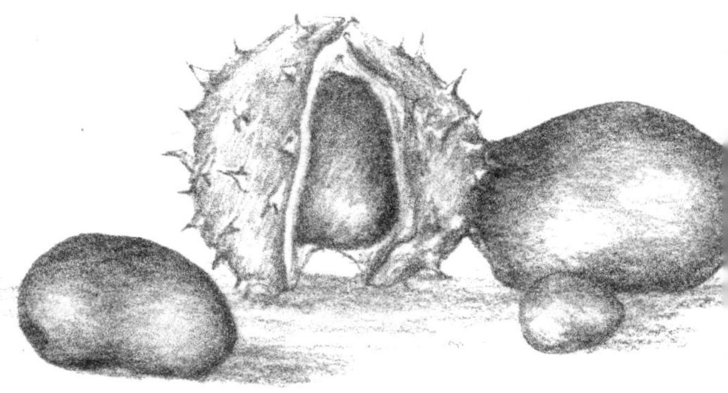

DIE KIEFER

Pinus silvestris

Familie der Kieferngewächse – *Pineaceae*

Die Kiefer gehört zu den bescheidenen Bäumen unserer Wälder. Sie stellt an den Boden und an das Klima fast keine Ansprüche. Im Gegenteil, sie liebt die Extreme. Ob karger Fels oder dürftiger Sandboden, sie wächst überall.
Deshalb wird sie bei uns hauptsächlich auf mageren Sandböden wie in der Lüneburger Heide, in der Oberpfalz, im Rhein-Maingebiet angepflanzt, wo sonst keine andere Nutzholzart so recht gedeihen will.

Die Kiefer ist, zusammen mit der Fichte, der meistgepflanzte Baum in unserem Land. Diese Ausdehnung der Kiefer ist nicht natürlich. Es gibt viel weniger ursprüngliche Kiefernstandorte. Diese sind übriggebliebene kleine Inseln von dem einstigen riesigen Kiefern- und Birkenurwald, der vor mehr als 10.000 Jahren das Land bedeckte. Damals waren die Kiefer und die Birke die ersten größeren Bäume, die in die eisfreien Gebiete zurückkehrten. Durch ihren leichten Flugsamen konnte sich die Kiefer schnell ausbreiten. Langsam, im Verlauf vieler Jahrtausende, stießen dann die ersten Laubbäume dazu und verdrängten die Kiefer.
Heute gibt es ca. 100 Kiefernarten, vom Polarkreis bis zum Äquator. Zusammen mit Tannen, Fichten

und Zedern bilden sie die große Familie der Kieferngewächse.
Ihre langen Nadeln unterscheiden die Kiefer von den anderen Familienangehörigen. Sie sind in dicken Büscheln angeordnet und schimmern blau-grün. Sie bilden einen wunderschönen Kontrast zu der rötlichen Rinde.
Ein zusätzlicher Farbtupfer sind die Kiefernblüten. An den Spitzen der besonders intensiv grün gefärbten Neutriebe sitzen die weiblichen Blüten, dunkelrot und kugelig, meist zu zweien, teilen sie sich das Nadelnest an der äußersten Spitze. Die Kiefer ist einhäusig, und deshalb finden sich auf dem gleichen Baum auch die männlichen Blüten. Sie nehmen mit den schwächeren Zweigen vorlieb. Eiförmig und mit gelbem Blütenstaub prall gefüllt, warten sie auf einen kleineren Windstoß, der ihre gelbe Last hinwegpusten soll. Manchmal ist der ganze Boden unter den Kiefern gelb vom Blütenstaub.
Erst ein Jahr nach der Bestäubung tritt die Befruchtung ein. Und bis der geflügelte Same vom Wind entführt wird, dauert es noch einmal zwei Jahre.

Die Kiefer hat ein besonderes Verhältnis mit dem Wind. Als Windblütler braucht sie ihn, denn er verbreitet ihre Samen. Der Wind, in einen Kiefernwald gefahren, entlockt ihm schwerlich ein typisches Waldrauschen. Es ist vielmehr ein feines Summen. Die Kiefer stemmt sich nicht gegen den Wind, sie nimmt seine Formen an und gewinnt dadurch ihren eigenen, ganz besonderen Charakter. Sie bleibt kein kerzenförmiger Nadelbaum wie die Fichte oder Tanne. Sie gibt ihre Krone dem Wind und dem Licht hin. Sie öffnet sie schirmartig wie ein Laubbaum und bildet verschiedene Etagen. Dadurch erhält sie ihren einzigartigen Charakter und ihre grazile Schönheit.
Das hat sie zu einem der Lieblingsbäume der japanischen Gartenmeister gemacht, die ihren Charakter durch eine besondere Beschneidung noch zu verstärken wissen.

Der Kiefer scheint ihre Bestimmung als Signatur auf die Rinde geschrieben zu sein: feuerrot kann sich die Rinde verfärben und Feuerbaum, Fackelbaum wurde die Kiefer auch im Volksmund genannt. Diese Namen haben ihren Ursprung in einer Zeit, in der es noch kein elektrisches Licht gab. Vom Rittersaal bis zur Bauernstube wurden die Räume mit dem Kienspan vom Kienbaum, nämlich der Kiefer, beleuchtet.
Die Kiefer hat ein besonders harzreiches Holz, das dadurch lange und hell brennt. Man schnitt einen fingerdicken Span zurecht, trocknete ihn gut an der Sonne. Abends steckte man den Span in einen Kienhalter, eine Holzstange mit einem eisernen Griff am oberen Ende. Die Späne oder auch große Fackeln wurden, bevor man sie entzündete, in Harz oder Pech getaucht, damit sie länger brannten. Die kleinen Kienspäne erleuchteten einen Raum ca. zwei Stunden lang und verbreiteten dabei einen harzigen Geruch.
Zu dieser Zeit wußte man noch eine besondere Verwendung für die Kiefernnadeln. Polster, Kissen und Matratzen stopfte man mit der "Waldwolle", die man aus den Nadeln herstellte. Zu diesem Zweck zupfte man die Nadeln von den Zweigen, legte sie in lauwarmes Wasser, bis die Flüssigkeit in Gärung überging. Die harte Haut springt dadurch auf und die innere, weiche Faser kommt zum Vorschein. Nun streifte man die äußere Hülle vollends ab und trocknete die "Waldwolle" an der Sonne.
Heute kennt man die Kiefer als Lieferanten für besonders gutes Holz. Es ist weich und leicht, aber dichter und härter als Fichten- und Tannenholz. Durch den hohen Harzgehalt ist es resistenter gegen Nässe und Witterungswechsel. Es eignet sich sehr gut zur Herstellung von Fenstern, Türen, Schwellen und Möbeln.

Medizinische Verwendung

Das Harz der Kiefer ist ein altes Heilmittel. Es ist ein Ausgangsstoff für viele Zubereitungen.
Zur Gewinnung des Harzes werden die Kiefern angezapft. Dazu wird ein Teil der Rinde entfernt und Rinnen im Fischgrätenmuster eingeritzt. Alle Einschnitte sammeln sich am tiefsten Endpunkt und das austretende Harz wird in Gefäßen aufgefangen. Aus diesem Rohstoff wird das gereinigte Terpentin und, durch Destillation, das Terpentinöl hergestellt. Bereits die Ägypter wußten vor 4.000 Jahren auf Feuerherden das Terpentinöl herzustellen. Sie gebrauchten es zur Mumifizierung.
Neben dem flüssigen Terpentinöl erhält man bei der Destillation das festere Kolophonium, das Geigenharz. Sein Name verrät schon, wofür es gebraucht wird, nämlich zum Bestreichen der Geigenbögen. Weiterhin werden aus dem Kiefernharz Pech, Teer, Lacke und Ölfarben hergestellt.
Das Harz der Kiefer, aber auch die Zubereitungen aus ihren Sprossen und Nadeln, wirken hustenreizstillend, auswurffördernd, antiseptisch, haut- und schleimhautreizend, durchblutungsfördernd, beruhigend und leicht harntreibend.
Ein Spaziergänger im Nadelwald kann den Wirkungsbereich der Ausdünstungen der Nadelbäume ganz instinktiv erfahren, er atmet tief ein.
Tannen, Fichten und Kiefern gehören zu den erprobtesten Lungenheilmitteln. Die Ausdünstungen der Bäume beleben die Bronchien und erleichtern das Abhusten des angesammelten Schleimes. Diese Wirkung kann man sich bei Erkältung, Husten, Bronchitis und Asthma zu Hause in Form von Bädern, Inhalationen, Tees und Einreibungen zunutze machen.
Für eine Inhalation füllt man einen ca. 5 l fassenden Topf mit 3 Handvoll frischen oder getrockneten Kiefernsprossen. Abdecken und erhitzen. 10 Minuten kochen lassen. Vom Herd nehmen, den Kopf darüberhalten, mit einem großen Handtuch abdecken und tief einatmen.
Statt dieser Zubereitung aus Kiefernsprossen kann man auch das in Apotheken und Naturkostläden erhältliche

Latschenkiefernöl, *Oleum Pini Pumilionis*, verwenden. In einen Topf heißen Wassers gibt man einige Tropfen des Öles. Darüberbeugen, mit einem Tuch abdecken und einatmen.
Ein Vollbad aus Kiefernsprossen hilft bei Erkältung, Husten und Grippe, beruhigt aber auch die angespannten Nerven. Es ist ein ideales Gute-Nacht-Bad. Man füllt einen 5 l fassenden Topf mit Kiefernsprossen und Zweigen. Mit Wasser bedecken, erhitzen und bei geschlossenem Deckel ca. 10 Minuten kochen lassen. Abseihen und dem Badewasser zufügen.
Die Wirkung der Inhalation und der Bäder wird noch durch den Tee unterstützt. Diesen bereitet man sich aus den frischen oder getrockneten Kiefernsprossen. 2 Teelöffel davon übergießt man mit 1 Tasse kochendem Wasser und läßt 10 Minuten ziehen. Abseihen und mit Honig süßen.

Hustentee

2 Teile Kiefernsprossen
2 Teile Huflattichblüten und -blätter
1 Teil Thymian

2 Teelöffel der Mischung mit einer Tasse kochendem Wasser übergießen. Ziehen lassen, abseihen und mit Honig süßen.

Das Harz der Kiefer, wie das der Fichten und Tannen, wirkt durchblutungsfördernd, antiseptisch und hautreizend. Deshalb ist es ein Bestandteil vieler Salben und Öle zum Einreiben bei Rheuma, Gicht, Gelenkschmerzen, Neuralgien und Wunden. Auch als Brustsalbe bei Husten und Bronchitis wird es verwendet.

Kiefernsalbe

2 1/2 Eßl Terpentinöl (*Oleum Terebinthinae*) aus der Apotheke
8 Eßl kaltgepreßtes Olivenöl
25 Tropfen ätherisches Rosmarinöl (*Oleum Rosmarini aether.*) aus der Apotheke
1 Eßl Honig
20 g Bienenwachs

Das Wachs in einem Topf schmelzen. Das Olivenöl und das Terpentinöl dazugeben. Unter ständigem Rühren den Honig darin auflösen, vom Herd nehmen und das Rosmarinöl dazurühren. In ein Salbengefäß füllen. Kühl aufbewahren.
Diese Salbe wirkt wundreinigend, hautreizend und antirheumatisch. Bei Husten und Bronchitis reibt man sie auf Brust und Rücken gut ein. Bei Muskel- und Gliederschmerzen massiert man sie in die betroffenen Körperstellen. Da sie leicht streichfähig ist, eignet sie sich gut für Massagen bei Muskelverspannungen.

Botanische Erkennungszeichen

Vorkommen:	in fast ganz Europa
Standort:	meist angepflanzt auf Sandböden in den Alpen bis 1.800 m
Höhe:	bis 40 m
Rinde:	dicke Rinde, weiter oben rötlich gefärbt
Nadeln:	5 - 8 cm lang, paarweise in einer Scheide
Blüten:	Mai, einhäusig weibliche: rot, zu zweien oder mehreren an der Spitze der Triebe kugelig, werden später zu Zapfen männliche: eiförmig, gelblich, zu vielen an den schwächeren Trieben
Früchte:	ca. 4 mm große Nüßchen mit zungenförmigem Flügel, in Zapfen sitzend
Zapfen:	kleiner und kugeliger als Tannen- und Fichtenzapfen
Sammelzeiten:	junge Triebe im April oder Mai
Inhaltsstoffe:	Ätherische Öle, Gerbstoff, Bitterstoff, Vitamin C, Terpene
Holz:	rötlich, harzreich, dauerhaft, widerstandsfähig, schwerer als Tannenholz

DER KIRSCHBAUM

Der Kirschbaum Prunus avium – Süßkirsche, Vogelkirsche
Prunus cerasus – Sauerkirsche

Familie der Rosengewächse – *Rosaceae*

Unter dem Kirschbaum ist es nicht ganz geheuer. Besonders bei Mondlicht huschen dort allerlei Gestalten vorbei.
Als unheimlich wird dieser Baum in Märchen und Sagen, besonders aber in Gespenstergeschichten beschrieben.
Wie die Erle, so soll auch der Kirschbaum die Wohnstätte der Wald- und Baumgeister sein. Sind die Erlengeister ziemlich deftig in Blätter, Rinde oder Moos gekleidet, so haben die Geister des Kirschbaumes etwas vom blassen Licht des Mondes. Sie tragen weiße oder grünliche Schleier. Es sind richtige Gespenster, bleich und durchsichtig. Auch die Seelen der Verstorbenen treiben sich dort herum.
Besonders, wenn der Baum in der vollen Blüte steht, tanzen Elfen im Mondlicht um den schimmernden Stamm. Wehe dem, der ihrer Einladung folgt und mitmacht. Es wird sein letzter Tanz sein. Am anderen Morgen wird man ihn tot unter dem Kirschbaum auffinden.
Von einem Wanderer wird berichtet, der das helle Mondlicht nutzen wollte, um noch ein Stück Weg zurückzulegen. Wie er an dem wilden Kirschbaum auf einer Waldlichtung vorbeikommt, erblickt er eine grosse Hand, die hinter dem Baum hervorschaut. Und plötzlich springt der Besitzer dieser Hand, ein großer Geist, vom Baum herunter. Ebenso schnell ist er wieder verschwunden. Der verstörte Wanderer eilt von diesem gespenstischen Platz, dreht sich aber noch einmal nach dem Baume um. Das hätte er lieber nicht tun sollen, denn, so heißt es, seit diesem Moment blieb ihm der Hals verdreht.

Um den Grund für die Verknüpfung des Kirschbaumes mit dem Unheimlichen und dem Mondlicht herauszufinden, muß man sehr weit zurückgehen: Zu allen Zeiten sahen die Menschen einen Zusammenhang zwischen dem Wachsen und Absterben in der Pflanzen- und Tierwelt und dem ab- und anschwellenden Mond.
Er galt als Antrieb des vegetativen und animalischen Lebens. Der Bauer richtete sich mit der Aussaat, der Ernte, dem Viehtrieb usw. nach dem Mond.
Der Holzfäller ging nur bei bestimmtem Mondstand in den Wald zum Schlagen, und der Müller regulierte den Lauf des Mühlenbachs nur, wenn der Mond in einem

guten Wasserzeichen stand. Bis in antike Zeiten läßt sich dieser Brauch zurückverfolgen. Von den Germanen wird uns berichtet, daß sie sich in verschiedensten Arbeiten nach dem Mond richteten.
In den alten Büchern, die sich mit der Heilkunde befassen, sind ganze Kapitel dem Mond gewidmet. Hildegard v. Bingen gibt in ihrer *"Heilkunde"* genaue Anweisungen, bei welchem Mondstand man welche Arbeit zu verrichten und welche Arznei man zu verabreichen hat.
Auch der große Arzt Paracelsus beschrieb die Kraft des Mondes, auf die man beim Verarbeiten von Heilmitteln zu achten hat.
Heute sind nur noch einige Bauernregeln übriggeblieben, die wir zwar nicht mehr verstehen, die aber gelegentlich noch befolgt werden.
Ohne den Mond gibt es kein Leben auf der Erde. Als ständiger Begleiter unseres Planeten sorgt er für die tägliche Drehung der Erde und somit für den Tag- und Nachtrhythmus. Er bewegt die riesigen Wassermassen der Meere und erzeugt so Ebbe und Flut.
Das weibliche Element stand eng mit dem Mondzyklus und den damit verbundenen Festen und Ritualen in Zusammenhang. Vier Wochen braucht der Mond, um unsere Erde zu umrunden, und in einen Vier-Wochen-Rhythmus ist auch die Monatsblutung der Frau eingeteilt. Deshalb wurde der Mond in allen früheren Kulturen als Symbol einer Göttin verehrt. Isis, Hekate, Ischtar, Artemis und wie sie alle hießen, sie trugen die Mondsichel oder den vollen Mond als ihr persönliches Attribut. Er symbolisierte die Fruchtbarkeit der Erde, das Werden und Vergehen, den Rhythmus des Todes und der Wiedergeburt. Der Mond zeigt diesen Wandel am Himmel an. Er schwillt an, wird kleiner, versinkt im Dunkel und taucht wieder neu auf. In der Hand der Göttinnen symbolisierte er das Leben und das Sterben. Die Göttin war deshalb nicht nur das lebenserhaltende Prinzip, sondern auch die Herrin der Unterwelt, als welche sie in erschreckenden Aspekten dargestellt wurde. Besonders Artemis war als Göttin des Todes bekannt, und gerade ihr war der Kirschbaum als heiliger Baum geweiht. Er galt als besonderer Mondbaum, vielleicht seiner silbrigen Rinde wegen. Auch der alten Göttin der Germanen war der Kirschbaum zugeordnet.
Mondbaum und Mondgöttin gehörten zusammen, und aus den Fahrten der Göttin in die Unterwelt, aus den alten Einweihungsriten, die auf den Tod vorbereiten sollten, sind die Gespenstergeschichten geworden. Das ursprüngliche Ganzheitssymbol des Lebens und des Todes zugleich hat sich auf Geschichten vom Unheimlichem reduziert.

Die christliche Symbolik hat die Kirsche, wie den Apfel, zu einer verbotenen Frucht gemacht. Auf einem Bild von Tizian, "Die Madonna mit den Kirschen", ist die Himmelsgöttin Maria mit Kirschen dargestellt. Gemäß der alten Kirchenlehre bedeutet dies: sie hat die Sünde auf sich genommen, um sie durch ihre Reinheit ins Gute zu wandeln.

Auf der Fährtensuche nach der ursprünglichen mythologischen Bedeutung des Kirschbaumes trifft man auf alte Volksbräuche, die sich bis in unsere Zeit hinübergerettet haben.
Kirschzweige sind heute noch einer weiblichen Gottheit geweiht. Die "Barbarazweige" werden an ihrem speziellen Tag, dem 4. Dezember, geschnitten in einer mit Wasser gefüllten Vase an einem warmen Ort aufgestellt. Bis Weihnachten sollen sie erblüht sein. Ist das nicht der Fall, so galt dies früher als schlechtes Omen für das kommende Jahr. Dieses Orakel hatte aber nur seine Gültigkeit, wenn die Kirschzweige von einem jungen Mädchen gebrochen wurden.
Von den vielen Kirschbaum-Bräuchen, die sicher einmal bestanden haben, ist nur noch dieser übriggeblieben.
Auf einem anderen Kontinent jedoch, in Japan, wird kein anderer Baum so verehrt wie der Kirschbaum. Die Japaner vergöttern ihn geradezu. Ihm zu Ehren wird ein eigenes Fest, das Kirschblütenfest, veranstaltet. Dieser Brauch ist nahezu 1.000 Jahre alt. Wenn die Bäume im Frühjahr in ihrer vollen Blütenpracht stehen, pilgern dort Tausende von Menschen hinaus aufs Land, um sich an der Pracht zu erfreuen. Die Kirschbäume um Kyoto sollen die schönsten sein. In unzähligen Gedichten und Bildern ist die Pracht der Blüten festgehalten.
An den Früchten der Kirschbäume sind die Japaner nicht sonderlich interessiert, die Gärtner Japans haben eine sehr große Auswahl an Blütenkirschen gezüchtet. Mitte des letzten Jahrhunderts ist die erste japanische Blütenkirsche hier in Europa eingetroffen. Heute kann man schon viele verschiedene Arten bei uns erstehen.
Unsere einheimischen Kirschbäume haben große, schmackhafte Kirschen zu tragen. Die Blüten stehen an zweiter Stelle.
Die Süßkirschenbäume haben die Süß- oder Vogelkirsche, *Prunus avium*, als gemeinsamen Stamm-Baum. Dieser Baum kommt ursprünglich aus dem Balkan und dem östlichen Persien. Die ersten Kulturformen aus der Süßkirsche sind im Gebiet um das Schwarze Meer gezüchtet worden. Die Römer haben sie in Mitteleuropa verbreitet. Hier ist der Baum verwildert und in den Wäldern heimisch geworden. Er hat eine glatte, graue Rinde, die am unteren Ende des Stammes starke Risse zeigt. Im Mai erscheinen die weißen Blüten. Sie sind zwittrig. Die Befruchtung übernehmen die Bienen. Eine Befruchtung findet aber nur statt, wenn die Pollen von einem anderen Baum stammen. Deshalb tragen alleinstehende Kirschbäume keine Früchte. Aus den kleinen, tiefschwarzen Kirschen braut man im Schwarzwald das berühmte Kirschwasser. Aber auch Marmeladen, Gelees und Säfte kann man daraus herstellen.
Das gelb-braune Holz des Kirschbaumes wird zu Musikinstrumenten und Möbelfurnieren verarbeitet.

Unsere Sauerkirschen haben einen anderen Vorfahren. Sie sind aus der wilden Sauerkirsche, *Prunus cerasus*, der asiatischen Weichselkirsche, entstanden.

Carl v. Linné, der schwedische Naturforscher und Botaniker des 18. Jahrhunderts, der die Pflanzen in ein Ordnungssystem zusammenfaßte, hat auch den Kirschbaum zu den Rosengewächsen gezählt. Zur Einteilung der Pflanzen hat sich Linné vom schönsten, nämlich von den Blüten der Pflanzen, leiten lassen. Demnach haben alle Rosengewächse fünf Blütenblätter, einen fünf-zupfigen Kelch, eine wechselnde Anzahl von Staubblättern und einen oberständigen Stempel.

Sieben Rosengewächse faßte Linné zur Gattung *Prunus* zusammen: Kirsche, Schlehe, Mandel, Pflaume, Aprikose, Pfirsich und Kirschlorbeer.

Medizinische Verwendung

Die Kirsche wird in der heutigen Naturheilkunde fast kaum mehr verwendet. Früher waren die Blätter, die Stiele und das aus dem Stamm fließende Harz, das Gummi, als harntreibende, schleimlösende Mittel bekannt.

Die jungen Blätter können im Frühjahr gesammelt werden und passen gut in Hausteemischungen.

Der Tee aus den getrockneten Fruchtstielen wirkt entwässernd und schleimlösend, besonders bei hartnäckigem Husten der Kinder.

Das Harz des Kirschbaumes, Katzengold genannt, lö-

ste man nach einer alten Vorschrift in Wein auf und erhielt so einen Hustentrank.
Die größte Heilwirkung aber sprach man dem aus den Früchten gebrannten Kirschwasser zu. Es war hochgeschätzt als Heilmittel für den schwachen Magen, gegen Ruhr, Gicht, Fieber und viele andere Gebrechen.

Kirschsaft ist blutbildend und wird als Diätgetränk bei niedrigem Blutdruck empfohlen.

Kochrezepte

Die wilden Süßkirschen ergeben ein sehr gutes Gelee. Der Saft wird mit der gleichen Menge Zucker eingekocht.
Für eine Marmelade werden sie entsteint und mit der gleichen Menge Zucker eingekocht. Je nach Geschmack kann man Zitronensaft, Kirschlikör oder Rum zufügen.
Kirschsaft schmeckt gut zu Vanilleeis oder Griespudding. Mit Mineralwasser verdünnt ergibt er ein erfrischendes Getränk.

Kirschsaft

3 kg Kirschen
Gelierzucker (auf 1 l Saft 350 g Gelierzucker)
3/4 l Wasser

Die Kirschen mit dem Wasser weichkochen. Durch ein Sieb passieren. Mit dem Zucker vermischen und etwa 5 Minuten kochen. In saubere Flaschen füllen.

Steinlikör

Eine Flasche mit Kirschsteinen zu 3/4 voll füllen. Mit Korn auffüllen, so daß die Flasche ganz gefüllt ist. Verschließen und 4 Wochen an einen warmen Ort stellen. Abseihen und mit einer Zuckerlösung vermischen. Hierfür werden für 1 l Ansatz 300 g Zucker mit 1/2 l Wasser 10 Minuten gekocht. In Flaschen füllen und nochmal einige Wochen ruhen lassen.

Kirschen im Hemd

Große Süßkirschen in geschlagenem Eiweiß wenden und danach dick mit Puderzucker bestäuben, auf ein gefettetes Blech legen und bei mittlerer Hitze goldbraun backen.
Es erfordert einige Übung, bis das Eiweiß an den Kirschen hängenbleibt. Die Kirschen sollten ganz trocken und das Eiweiß sehr fest sein.

Schwäbischer Kirschkuchen

4 Brötchen oder die gleiche Menge Schwarzbrot
2 Tassen Milch
60 g Butter
4 Eier
4 Eßl Zucker oder Honig
1 Tasse gemahlene Mandeln
1 Tasse geriebene Haselnüsse
1 Teel Zimt
1 Zitrone, Saft und Schale (unbehandelt)
1 kg Kirschen (besonders gut eignen sich eingemachte Schattenmorellen)
1 Schuß Kirschwasser

Die Brötchen zerpflücken und in der Milch einweichen. Die Butter schaumig rühren, Eigelb und Zukker nach und nach zugeben. Die Mandeln, den Zimt und die Zitrone (abgeriebene Schale und Saft) mit den Brötchen vermengen und zu der Eiermasse geben. Die Kirschen (entsteint) zugeben und den steifen Eischnee unterziehen. In eine gefettete Springform füllen und bei 200° ca. 45 - 50 Minuten backen.
Man kann auch nur ein Brötchen verwenden und statt der restlichen gekochten braunen Reis zufügen.

Botanische Erkennungszeichen

Süßkirsche

Vorkommen:	ganz Europa
Standort:	Waldränder bis 1.500 m
Höhe:	bis 25 m
Rinde:	grau-braun, später silbrig-grau
Blätter:	wechselständig, eiförmig zugespitzt, gesägt, unterseits behaart
Blüten:	April - Mai, zwittrig, einhäusig, weiß, in Büscheln
Früchte:	klein, dunkelrot bis schwarz, großer Kern
Sammelzeiten:	Blätter: Mai - Juni Beeren: Juli
Inhaltsstoffe:	Gerbstoffe, organische Säuren, Fruchtzucker, Blausäure-Glycosid
Holz:	gelblich-braun, gelblich-weiß, im Alter rotbraun, zäh, fest, elastisch, biegesam

DIE LÄRCHE

Larix europea

Familie der Kieferngewächse – *Pinaceae*

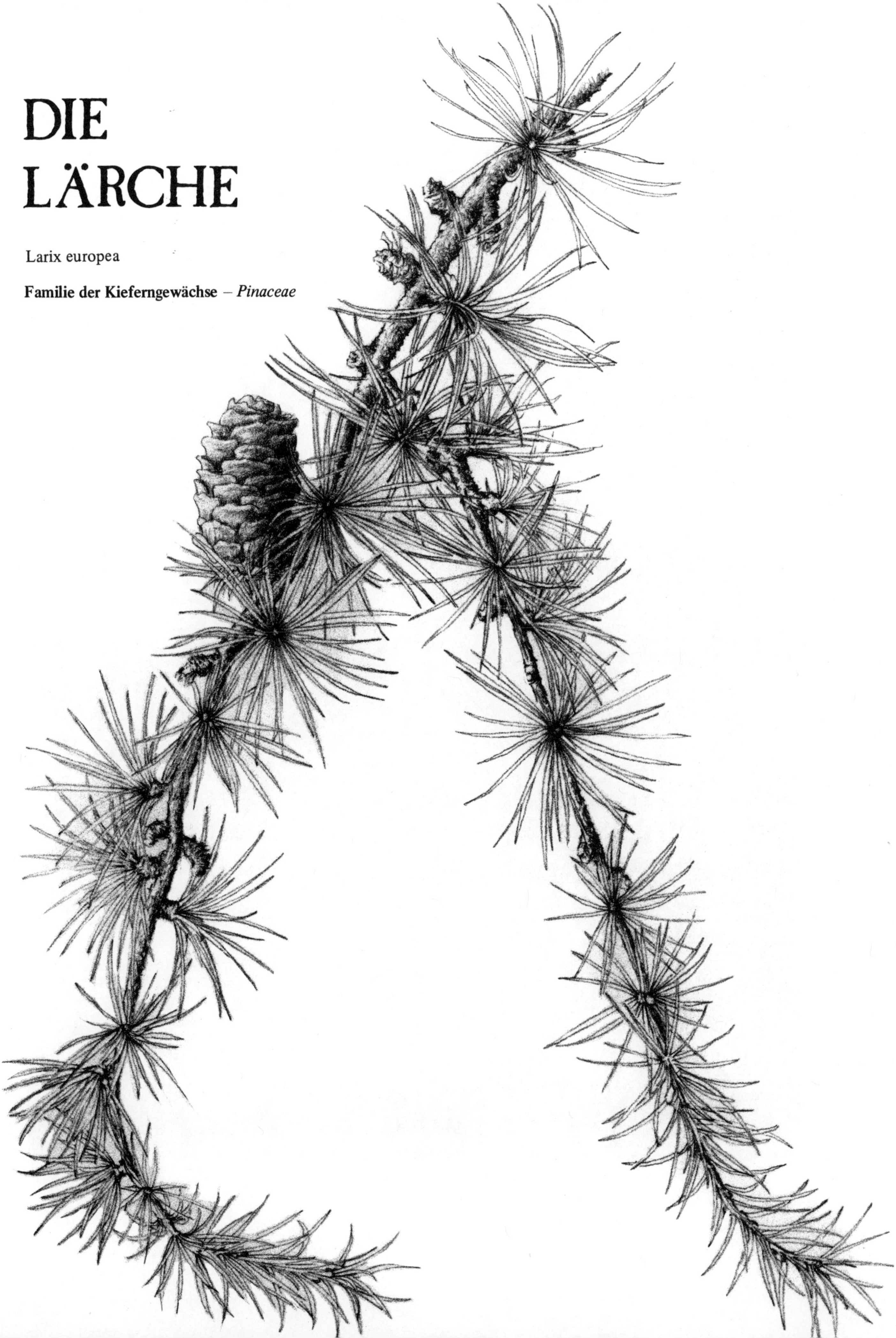

Die Lärche macht unsere Wälder heiterer. Sie begnügt sich nicht mit einem gleichfarbigen Nadelkleid, sondern wechselt im Laufe des Jahres die Farben.

Im Frühjahr leuchten die zartgrünen Nadeln durch die dunklen Tannen- und Fichtenwälder. Noch bevor sie einen satten Ton annehmen, schmücken gelbe und purpurrote Blüten die Zweige. Wie kleine, bunte Lichter sitzen sie im zarten Nadelschleier. Im Herbst sind die Nadeln in goldgelbe Farbe getaucht.

Und dann, im November, wirft die Lärche ihre Nadeln einfach ab. Das ist etwas sehr außergewöhnliches für einen Nadelbaum, der doch das Sinnbild der Beständigkeit ist, und seine Nadeln nicht einfach sang- und klanglos abwerfen kann.

Die Lärche tut es einfach und trägt damit noch zur Fruchtbarkeit des Waldbodens bei. Ihre Nadeln bilden einen Humus, auf dem sich eine reiche Bodenflora entwickeln kann. Auch hierbei unterscheidet sich die Lärche von den anderen Nadelbäumen. Im Lärchenwald ist es niemals dunkel, denn sie braucht zu ihrer vollen Entfaltung das Licht. Zusammen mit Kiefer, Erle, Birke, Zitterpappel und Eiche gehört die Lärche zu unseren einheimischen Lichtbaumarten. Buche und Tanne führen lieber ein Schattendasein. Die Fichte kann sich nicht richtig entscheiden, sie gedeiht auch im Halbschatten.

Außer dem Licht liebt die Lärche die Luft der Höhen. Die herrlichsten Lärchenwälder Europas wachsen in den Höhenlagen der Alpen, der Tschechoslowakei, Polens und der Karpaten. Die Lärche ist ein Baum des Hochgebirges, dort oben fühlt sie sich am wohlsten.

Zusammen mit der Bergkiefer und der Arve steigt die Lärche in Höhen bis zu 2.000 Meter hinauf, in die kein anderer Baum sich wagt. Dort oben trotzt sie Sturm und Schnee und wagt sich an steil abfallende Abhänge.

Die Lärche ist schnellwüchsig und anspruchslos. Immer wieder hat man versucht, sie wie die Fichte in großen Monokulturen anzupflanzen. Man hat sie der Fichte beigemischt. Zuerst wuchsen die kleinen Lärchen schnell heran und schienen die Fichten zu überrunden. Doch als der erste Schub vorbei war, holten die Fichten auf und überschatteten die Lärchen. So ist man vom Fichten - Lärchenwald wieder abgekommen. In kleineren Beständen wird die Lärche jedoch heute über ganz Europa verbreitet angepflanzt. Sie liefert ein sehr schönes und haltbares Holz. Es ist zäher und härter als das der Fichte, Kiefer und Tanne. Es enthält noch mehr Harz als das Kiefernholz und ist deshalb noch resistenter gegen Wurmfraß und Witterungswechsel.

Auch Wassereinflüssen gegenüber ist das Lärchenholz standhaft. Deshalb gebrauchte man es früher zu Wasserbauten, Wasserleitungen, und die Böttcher stellten daraus ihre Bottiche und Kübel her. Heute werden aus dem Lärchenholz Möbel, Wandvertäfelungen, Türen und Fenster gefertigt.

Bei einem Schindelmacher sah ich zum ersten Mal die dicke, karminrote Innenschicht der Lärchenrinde. Mit einem Beil spaltete er die Holzklötze zu Schindeln, die dicke Außenschicht flog auf den Ausschußhaufen. Früher hat man viele Häuser in den Alpengebieten mit Lärchenschindeln gedeckt, nach einer Schaffenspause sind die Schindelmacher wieder sehr beschäftigt, denn Schindeln sind wieder im Kommen.

Um die feinen und lieblichen Lärchen ranken sich die vielen Geschichten und Sagen der Waldfeen. Welcher andere Baum des Hochgebirges hätte sich so gut als Ruhe- und Tanzplatz für eine Wald- und Bergfee geeignet wie die Lärche? Die knorrigen und schrulligen Berggnome halten sich lieber unter den Fichten und Tannen auf. Wenn der Wind in den leichten Zweigen der Lärchen spielt, ist es, als hingen die zartgrünen Schleier der Waldfeen daran.

Die Sagen erzählen von so manch einem, der die Waldfräulein oder die Säligen, wie sie noch genannt wurden, gesehen haben will. Sie sind, im Gegensatz zu vielen anderen Waldgeistern, dem Menschen immer wohlgesonnen. Den verirrten Wanderer führten sie auf den Weg zurück, den Spinnerinnen sponnen sie den Flachs, den Frauen halfen sie bei einer schweren Geburt oder nahmen die Kinder in Pflege, wie es das Waldfräulein in E.T.A. Hoffmann's Erzählung *"Klein Zaches"* tut.

Hat ein Mensch den Waldfeen in irgend einer Weise geholfen, so belohnten ihn die Säligen tausendfach. Meist zeigten sie sich mit ihren "unerschöpflichen" Geschenken erkenntlich: mit Geldsäcken, die nie leer werden, Brotkästen, die immer gefüllt sind.

Der Mensch darf jedoch nicht gegen die Gesetze der Natur verstoßen und den Lebensbereich der Waldfräulein zerstören. Dann verschwinden sie, und mit ihnen der Segen und Reichtum der Landschaft.

Besonders die Jäger, die die Lieblingstiere der Waldfeen, die Gemsen, töteten, vertrieben die glücksbringenden Frauen aus dem Revier.

Viele Geschichten beschreiben solche Begebenheiten, wie die folgende aus dem Allgäuer Sagenschatz, in der ein Wildfräulein bei einer schweren Geburt ihre Dienste anbietet.*

"Ein Weib in Hindelang lag in seiner schweren Stunde und wartete auf die Wehmutter. Aber sie kam nicht. Der Mann war am verzweifeln, weil er seinem Weibe so gar nicht helfen konnte. Da klopfte es auf einmal ans Fenster. Eine Sälige vom Fräuleinstein stand draußen, die gleiche, der die Leute im Tal den Namen Kolatsche gegeben hatten. Der Mann ließ sie herein; sie machte sich ohne ein Wort der Begrüßung sogleich an die Arbeit und tat für die Frau alles, was sein mußte. Es wurde ein Büblein, ein ganz feines mit goldblondem Haar; die Eltern waren außer sich vor Freude.

Das Fräulein aber nahm als Lohn nur ein Näpflein Milch. Wie nun der Bauer mit einer goldenen Münze seine Schuld begleichen wollte, schüttelte das Fräulein, das immer noch kein Wort gesprochen hat-

te, still den Kopf, und öffnete nur seinen dunklen Umhang ein wenig. Da strahlte dem jungen Vater ein Gürtel aus purem Gold entgegen, womit die Sälige sagen wollte, daß sie das wenige Gold des Bauern nicht brauche. Freundlich strich sie der Mutter über das Gesicht und dem Neugeborenen über sein Köpflein. Dann ging sie ohne Gruß, wie sie gekommen."

Die Lärche war wie die damit verbundenen Säligen dem Menschen wohlgesonnen. Mit Räucherungen aus Lärchenholz glaubte man, böse Einflüsse abwehren zu können. Die Lärche galt als Sitz des guten, weiblichen Hausgeistes und wurde deshalb in den Alpen oft als Hausbaum in die Nähe der Höfe gepflanzt.
Noch heute erinnern Flur- und Ortsnamen, besonders in Süddeutschland, an die alten Sagen um die Waldfeen. So gibt es noch Plätze, die "Frauenstein", "Säligenberg", "Fräuleinwiese" oder "Saligental" heißen.

Medizinische Verwendung

Das Harz der Nadelbäume gehört zu den begehrtesten Heilmitteln aus der pflanzlichen Apotheke. Die Bäume werden angebohrt und der austretende Harzsaft gesammelt. Er wird gereinigt und unter dem Namen Terpentin in den Handel gebracht.
In den alten Apotheken standen gleich mehrere Terpentinarten zur Auswahl. Das gebräuchlichste war das Kiefernharz. Von diesem gab es wiederum verschiedene Sorten.
Das Lärchenterpentin ist eine gelbliche bis bräunliche, honigdicke Flüssigkeit. Es riecht feiner als die anderen Harze, schmeckt würzig und leicht bitter. Venedig war der Hauptumschlagplatz für dieses Harz, und deshalb nannte man es Venetianisches Terpentin.
Heute wie damals wird es hauptsächlich in den Bergen Südtirols gewonnen. Die Bäume werden angebohrt und die Öffnung mit einem Holzstopfen verschlossen. In Abständen läßt man den angesammelten Saft ausfließen.
Das Lärchenharz wird nun zu verschiedenen Heilmitteln verarbeitet.
Im *"Arzeney-Schatz"* des Johann Schröder aus dem Jahre 1685 ist über das Lärchenharz folgendes verzeichnet:
"Es warmet/erweichet/abstergiret/wird innerlich gebrauchet in Reinigung der Lungen/Gonorrhaea (mit Wegerichwasser und Agstein) treibet den Harn/und laxiert. Eusserlich gebrauchen ihn die Wundartze. sehr offt/und bald in allen Pflastern/dann er treibet das Aiter/zeitiget und heilet die Rauden."

In der Pflanzenheilkunde wird das Lärchenharz noch heute hauptsächlich zur Salbenherstellung verwendet. Das Harz wirkt durchblutungsfördernd, wundheilend, desinfizierend und schleimlösend.
Eine Lärchenharzsalbe hilft bei rheumatischen Schmerzen, Hexenschuß und Neuralgien.
Als Wundsalbe desinfiziert sie die Wunden, zieht den Eiter heraus und beschleunigt den Heilvorgang.

Als Brustsalbe erleichtert sie das Abhusten des Schleims bei Husten und Bronchitis. Der innere Gebrauch des Lärchenharzes und seine Verarbeitung ist nicht ganz ungefährlich. Das Harz regt die Nieren an, kann sie jedoch bei übermäßigem Gebrauch auch stark reizen. Kleinere Mengen des festen Harzes im Munde zerkaut sind jedoch ein unschädliches Mittel bei Grippe, Erkältung und zur Unterstützung der Brustsalbe.
Die aus den Nadeln zubereiteten Bäder haben die gleiche Wirkung wie die aus den Tannen und Fichten.

Lärchenharzsalbe

Lärchenharz, etwa haselnußkern-groß
8 g Bienenwachs
5 Eßl Ringelblumenöl
5 Eßl Johanniskrautöl
1 Teel Perubalsam (aus der Apotheke)

Gelegentlich können Allergien auf Perubalsam auftreten: Bitte machen Sie in der Armbeuge mit Perubalsam einen Allergietest. Falls Rötung und Bläschen nach ca. 15 Minuten auftreten, lassen Sie bitte Perubalsam weg und fügen die gleiche Menge Propolistinktur hinzu.
Um Lärchenharz zu sammeln, braucht man keine Bäume zu beschädigen. Wenn man sich etwas Zeit nimmt, findet man sicher einen verletzten Baum, an dem etwas Harz an der Rinde ausgetreten ist. Das Harzstück sollte möglichst von Verunreinigungen frei sein. Zur Bereitung der Kräuteröle füllt man ein Glas mit den Kräutern, übergießt sie mit kaltgepreßtem Olivenöl und verschließt gut. 3 Wochen an der Sonne oder an einem warmen Ort stehenlassen und abfiltrieren.
Das Harz zerkleinern und langsam in einem Topf schmelzen. Ständig umrühren. Das Öl dazugeben. Dann das Wachs etwas zerkleinern und darin auflösen. Wenn sich alles gut verbunden hat, den Perubalsam einrühren. Vom Herd nehmen und gleich in bereitgestellte Salbengefäße füllen. Diese Salbe ist sehr haltbar. Sie ist eine ausgezeichnete Wund- und Heilsalbe, die sich bei Mensch und Tier bewährt hat.
Falls man sich das Lärchenharz nicht selbst beschaffen kann, muß man auf das Lärchenterpentin zurückgreifen. Es ist eine zähe, gelbliche Flüssigkeit, die sehr angenehm nach Harz duftet. Die Apotheken haben es sicher nicht vorrätig, aber in der einen oder anderen Apotheke kann man es bestellen. Es ist unter dem Namen *Terebinthina laricina* erhältlich.
Statt dem Harz fügt man das Lärchenterpentin zu den anderen Ölen und gibt etwas mehr Bienenwachs hinzu. Bitte nicht gleich verzweifeln, falls die Salbe beim ersten Versuch nicht gelingt. Salben-kochen gehört mit zu den schwierigsten Zubereitungsarten der Naturheilkunde. Ein Nichtgelingen kann von vielen Faktoren abhängen wie der Beschaffenheit der Zutaten, der Raumtemperatur, dem Werkzeug. Wie für alle anderen Rezepte in diesem Buch rate ich zum Experimentieren.

Die Lärche

Die Lärche gilbt unter den Nadelgeschwistern,
sie birgt das lichte Haupt.
Die Schwermut hab ich in ihrem Gezweige
wie einen Geist zu sehen geglaubt.

Keinen Flügel hebt der Herbstwind dem Samen,
die Schuppen hüten ihn winterlos jung.
Im Astwerk bewahrt sie verjährte Zapfen
wie ich die taube Erinnerung.

Welcher Geist mag das Gezweige bewohnen,
wenn es die Nacht mit Sternen belaubt?
Unter dem vollen und schwindenden Monde
berge ich wie die Lärche das Haupt.

*Günther Eich**

Botanische Erkennungszeichen

Vorkommen:	in fast ganz Europa, ursprüngliche Standorte: Alpen, Tschechoslowakei, Polen, Karpaten
Standort:	Gebirgswälder bis 2.400 m, liebt den Alleinstand
Höhe:	bis 40 m
Rinde:	gelblich, glatt bei jungen Bäumen, später grau, Innenseite rötlich, sehr dick und rissig
Nadeln:	an den Langtrieben einzeln, an den Kurztrieben in Büscheln, zart und nicht stechend, hellgrün, fallen im Herbst ab
Blüten:	März - Mai, einhäusig weibliche: purpurrote, aufrechte Zäpfchen, blühen zwei Wochen früher als die männlichen, um so von Pollen fremder Bäume bestäubt zu werden männliche: rötlich-gelbe, eiförmige Kätzchen, hängend
Zapfen:	klein, eiförmig, zuerst hellbraun, dann grau, Samen reifen im Oktober - November, hellbraun mit Flügeln
Sammelzeiten:	Nadeln: Mai - Juni
Inhaltsstoffe:	Harz, ätherische Öle, Bernsteinsäure, Bitterstoff, Farbstoff
Holz:	rötlich, im Alter braunrot, harzreich, fest, hart, elastisch, zäh, trag- und druckfest

DIE LINDE

Die Linde — Tilia cordata – Winterlinde
Tilia grandifolia – Sommerlinde

Familie der Lindengewächse – *Tiliaceae*

Linde...schon allein der Klang des Namens dieses Baumes weckt Bilder, Träume, Düfte und Töne. Warme, milde Sommerluft, der Duft von Blüten und Honig, das tiefe Summen vieler Tausend Bienen.

Es ist schon so oft beschrieben worden, daß man es nicht mehr hören kann. Aber wenn man dann wirklich in einer Sommernacht durch eine Lindenallee schlendert, dann empfindet man alle Lobeshymnen auf die Linde noch untertrieben.

Alles an der Linde ist weich und süß, eben lind. Und um soviel wie möglich an der Linde teilzuhaben, um so nah wie möglich auf einer Bank am Busen der Linden-Mutter sitzen zu können, haben die Menschen seit langen Zeiten die Linde zum klassischen Mittel-

punkt ihrer Dörfer und Städte gemacht.
Diese Liebe beruht auf Gegenseitigkeit. Auch die Linde scheint die Nähe des Menschen zu lieben, sie wächst nicht gern, Baum an Baum gedrängt, im Wald.

Hier, auf dem Dorfplatz, breitet sie sich gewaltig aus, weich und einhüllend wölbt sie ihre Krone über die Bänke, manchmal schon seit über tausend Jahren. Ganze Bücher voller Gedichte, Lieder, Sagen sind darüber geschrieben worden, was sich im Schatten dieses Baumes alles zugetragen hat. Junge Paare tanzten im Mittelalter, begleitet von der Handtrommel, um den Baum. Besonders im Mai löste ein Tanzfest das andere ab. Im Laufe der folgenden Jahrhunderte änderten sich die Trachten, Instrumente und Tänze, aber die alte Linde blieb der Mittelpunkt vieler Feste.

Hier, unter der Linde, soll Zwergenkönig Laurin die Schwester Dietrich von Bern's geraubt haben, und hier besiegte Siegfried den Drachen.
Walther von der Vogelweide bereitete sein berühmtes Liebeslager aus Heidekraut und Rosen unter der Linde, und sicher viele andere Paare im Laufe der folgenden Jahrhunderte.
Überhaupt sind die meisten Lindengeschichten zugleich auch Liebesgeschichten, denn die Linde ist der Baum der Liebe. Sie war natürlich einer Göttin geweiht. In der Antike wurde unter einer Linde der Liebesgöttin Aphrodite geopfert. Die Germanen verehrten Freya, die Göttin der Liebe und des Glücks, in der Linde. Später sind dann aus den vielen Freya-Linden die Maria-Linden geworden.
Die Linde, als Baum der Liebe, trägt tausende von kleinen Herzen an ihren Zweigen. Ihre unregelmäßig geformten Blätter haben nämlich genau die Form des menschlichen Herzens.
Der Baum der Freya war für die Germanen zugleich auch der Gerichtsbaum, unter dem ihre Gerichtsverhandlungen und Thingversammlungen abgehalten wurden. Freyas Baum, so glaubten sie, könne bewirken, daß die reine Wahrheit ans Licht komme.
Durch den süßen Duft dieses Baumes hat sich sicher so mancher Richter zu einem milderen Urteil bewegen lassen. Die Urteile unter Eichen wären vielleicht strenger ausgefallen. Bis in unsere Zeit waren die Linden Gerichtsbäume, viele der alten Linden, die noch heute stehen, waren einmal Gerichtssaal und Richtstätte zugleich.
So gibt es nicht nur Geschichten um die Liebe, die sich um die alten Linden ereigneten, sondern auch viele Sagen und Märchen, die von weisen oder ungerechten Urteilen unter Linden erzählen. In seiner Geschichte *"Die drei Linden"* hat Hermann Hesse von solch einem Linden-Urteil erzählt.
Was hat die Linde mit einem Lindwurm gemeinsam? Um diese Frage zu beantworten, müssen wir wieder in germanische Zeiten hinabtauchen. Zuerst muß ich einen Lindwurm noch genauer beschreiben. Es ist ein ganz "gewöhnlicher" Drache, jedoch unterscheidet er sich von anderen durch seine Flügellosigkeit. Er kann sich nicht in die Lüfte erheben, ist aber dafür auf der Erde umso wendiger.

Die deutsche Bezeichnung "Linde" geht auf einen germanischen Baumnamen zurück, der seine Wurzel in dem indogermanischen Adjektiv *lento-s* = biegsam, hat. Die Biegsamkeit des Lindenbastes und des Holzes scheint der Linde ihren Namen verliehen zu haben. Auch der Lindwurm verdiente diese Bezeichnung, er ist besonders *lint*, d.h., biegsam und beweglich.

Außer dieser etymologischen Erklärung gibt es noch eine recht abenteuerliche Geschichte, die einen weiteren Zusammenhang der Linde mit dem Lindwurm beschreibt:
In der Siegfried-Sage kämpft der junge Held mit einem riesigen Lindwurm. Fafnir ist ein ekelhafter, sich windender Drache, der rote und blaue Flammen speit. Siegfried gelingt es, den Drachen mit seinem Schwert zu töten. Vom Drachenblut konnte man, wie zu dieser Zeit jeder wußte, Unsterblichkeit erlangen. Also badete Siegfried im Blut des Lindwurmes. Und gerade in diesem Moment ließ die nahestehende Linde ein Blatt fallen. Es blieb genau zwischen Siegfrieds Schulterblättern haften. Diese einzig verwundbare Stelle sollte ihm später zum Verhängnis werden. Wieder unter einer Linde, gab ihm Hagen den Todesstoß, genau in diese verwundbare Stelle hinein.

Als niemand mehr an Drachen glaubte und es verboten war, unter heiligen Bäumen irgendeinem heidnischen Gott zu opfern, da waren es die Linden, die als einzige Baumheiligtümer in die neue Zeit hinübergerettet wurden. Nachdem an der alten Gerichts- oder

Freyalinde ein Kreuz oder eine Mariafigur befestigt worden war, sahen die Ordnungshüter in den Bäumen nichts Gefährliches mehr, und sie durften weiterhin im Mittelpunkt des dörflichen Lebens stehenbleiben.

Die Linde blieb der Schutz-und Familienbaum, der der Gemeinde oder einer einzelnen Familie Glück und Gesundheit bescheren sollte.
Von dem Botaniker Linné, der die Pflanzen in ein bis heute gültiges System einteilte, berichtet Wilhelm Mannhardt in seinem Buch über Baumkulte solch eine Familien-Baum-Geschichte.

"In Lindegard in Schweden stand eine große, dreistämmige Linde, die der Familienbaum dreier Familien war: Linnaeus (Linne), Lindelius und Tiliander. Alle drei Familien hatten sich nach der Linde benannt.
Als die Familie Lindelius als erste ausstarb, vertrocknete einer der Hauptäste. Nach dem Tode der Tochter des Botanikers hörte der zweite Ast auf, Blätter zu tragen. Als dann die letzte der Familie ausstarb, war auch die Kraft des Baumes erschöpft. Er starb ab."

Von den alten Dorf- und Familienlinden sind noch einige übriggeblieben. Mit einer kleinen Tafel versehen und ordentlich renoviert stehen sie noch immer an ihrem alten Platz.
Nicht nur in unserem Land erzählte man sich Geschichten um die alten Lindenbäume, sondern auch in der griechischen und römischen Literatur gibt es Erzählungen um diese Bäume. Nach der griechischen Sage soll die Linde eng mit der Philyra, einem Geistwesen, verbunden gewesen sein.
Für die Griechen war es eine Gnade der Götter, in einen Baum verwandelt zu werden. Das Liebespaar Philemon und Baucis wurde wie Daphne in zwei Bäume verwandelt:
Hermes und Zeus wanderten über die Erde, um die Menschen zu prüfen. Als zwei arme Wanderer verkleidet, klopften sie an die Türen und baten um Unterkunft. Überall wurden sie unfreundlich und abweisend behandelt.
Nur das alte Bauernehepaar Philemon und Baucis, die besonders arm waren, öffneten den Wanderern die Tür. Sie bewirteten die beiden mit allem, was sie noch besaßen. Nach dem Essen sprachen die beiden Fremden von einer bevorstehenden Sintflut und befahlen dem Paar, sofort das Haus zu verlassen. Es stürmte schon bedrohlich, als die beiden, Arm in Arm, das Haus verließen. Sie kämpften sich durch Regenfluten eine Anhöhe hinauf, genauso, wie es die beiden Wanderer geraten hatten. Es wurde immer finsterer, und die Bäche hatten sich in reißende Fluten verwandelt. Endlich, am Gipfel des Berges angelangt, suchten sie in einer Ruine Unterschlupf und schliefen erschöpft ein. Während sie schliefen, wurde das Dorf, in dem sie gewohnt hatten, und alle anderen menschlichen Behausungen von den Fluten weggerissen. Als Philemon und Baucis wieder erwachten, war das Unwetter vorbei, und sie entdeckten, daß die beiden Wanderer ihnen das Leben gerettet hatten. Die Ruine, in der sie jetzt aufgewacht waren, war ein alter Tempel. Beide lebten noch lange dort und hüteten das verlassene Heiligtum. Sehnlichst wünschten sie sich, nicht durch den Tod getrennt zu werden und an diesem schönen Platz bleiben zu dürfen. Die Götter erfüllten ihnen diesen Wunsch. Baucis verwandelten sie in eine Linde, und Philemon wurde zur Eiche. Eng umschlungen sollen beide Bäume noch jahrhundertelang das Dach des Tempels wie Säulen getragen haben.

Die Linde spielte nicht nur in der Mythologie eine Rolle, sondern auch im alltäglichen und sozialen Leben.
Jedes europäische Dorf hatte früher seine Dorflinde, die das Zentrum bildete und wichtiger Kommunikationsplatz war. So ist es kein Wunder, daß soviele Geschichten, wahre oder erfundene, unter einem Lindenbaum spielen.
Das soziale Leben hat sich verändert, es besteht kein Bedarf mehr an einer Dorflinde. Die Menschen verbringen ihre Abende meist isoliert vor dem Fernseher, die Kommunikation ist unterbrochen.
Welcher Städteplaner reserviert schon in der Mitte einer Trabantenstadt einen Platz für eine Linde, unter der Tanzveranstaltungen und Feste, oder auch nur der kleine Plausch am Abend stattfinden können. Das Zentrum der neuen Siedlungen ist heute meist ein großer Supermarkt oder eine Fußgängerzone, die mit Waschbetonbehältern ausstaffiert in allen Städten Europas gleich aussieht.

Es hat noch einen weiteren Grund, warum es immer weniger alte Linden in unseren Städten gibt. Sie sind besonders empfindlich gegen Abgase.
Linden sind auch in unseren Wäldern zur Rarität geworden. Sie haben in der modernen Forstwirtschaft keine Bedeutung mehr. Ihr Holz ist nicht gefragt. Dabei war es einmal das *Lignum sanctum*, das "heilige Holz", aus dem Riemenschneider, Veit Stoß und viele unbekanntere Meister ihre Werke schufen, denn das weiche Holz der Linde eignet sich sehr gut für Schnitzereien. Lindenholz ist nicht als Nutz- oder Bauholz verwendbar, und als Brennholz versagt es. So werden heute so profane Dinge wie Pinselstiele, Uhrenkästen, Spulen und Reißbretter aus dem Lindenholz hergestellt. Über sehr lange Zeit hinweg wurden die Linden hauptsächlich ihres Bastes wegen geschätzt und angepflanzt. Schon in steinzeitlichen Pfahlbauten fand man Lindenbast. Die Bewohner dieser Hütten hatten aus dem Lindenbast Matten, Betten und sogar Kleidungsstücke gefertigt. Später waren es die Seiler, die diese alte Kunst weiterpflegten. Sie stellten daraus Matten und Seile her.
Im Mai wurde die Rinde der Linde abgeschält, die weiche Innenseite abgetrennt und zu Büscheln zusammengebunden. Diese legte man so lange ins Wasser, bis sich der reine Bast leicht ablöste. Dieser wurde danach an der Sonne getrocknet.

Den größten Nutzen von der Linde haben die Bienen. Sie ist für sie eine riesige Bienenweide, die aus bis zu 60.000 Blüten zusammengesetzt ist. Die Linden lokken die Bienen mit ihrem besonders süßen und duftenden Nektar an. Er rinnt ihnen geradezu aus den Blüten und von den Blättern. Geschäftig und äußerst befriedigt summen die Bienen von einer Blüte zur anderen und besorgen so nebenbei die Bestäubung.

Die Linden bilden die eigene Familie der Lindengewächse. Alle tragen folgende gemeinsame Merkmale: viele in Gruppen stehende Staubbeutel, ein

verzweigter, abgeflachter Blütenstand, 5 Kelch- und Blütenblätter, ein Fruchtknoten mit 5 Fruchtblättern und eine Frucht mit 1 - 3 Samen. Von den etwa 400 Lindenarten, die hauptsächlich in den Tropen vorkommen, sind 4 bei uns heimisch. Sie neigen sehr stark zur Bastardbildung, daß es oft schwer ist, sie voneinander zu unterscheiden. Hauptsächlich sind die Linden jedoch bei uns durch die Sommerlinde und die Winterlinde vertreten. Näheres darüber im botanischen Teil.

Medizinische Verwendung

Wenn man im Winter einen Tee aus Lindenblüten bereitet, so ist es, als habe sich in seinem Duft ein Stück Sommer erhalten. Besonders die Winterkrankheiten wie Erkältung, Schnupfen, Grippe, Husten und Bronchitis werden durch den sommerlichen Lindenblütentee ge-lind-ert.
Die Blüten enthalten schweißtreibende Glycoside, die dem Tee eine ähnliche Wirkung verleihen wie dem Holunderblütentee. Die Anwendung ist bei beiden gleich: der Tee wird heiß getrunken und mit Honig gesüßt. Die Wirkung wird noch verstärkt, wenn man einige Tassen des Tees im Bett zu sich nimmt, und die gleiche Prozedur durchführt wie beim Kapitel über den Holunder beschrieben ist.

Der Blütentee wirkt außerdem schleimlösend und krampfstillend. Das macht ihn zu einem guten Hustentee. Einige Tassen davon trinkt man über den Tag verteilt.
Pfarrer Kneipp rühmt den Lindenblütentee als ein treffliches Mittel bei altem Husten, Verschleimung der Lunge und der Luftröhre, bei Unterleibsbeschwerden, die ihren Ursprung in der Verschleimung der Nieren haben.
Die Blüten sammelt man im Juni oder Juli. Auf ein Tuch oder Gitter ausgebreitet werden sie getrocknet und danach gut verschlossen aufbewahrt. Man muß schon jedes Jahr "in die Linden gehen", denn der Tee verliert nach einem Jahr seine Heilwirkung. Auf 1 Tasse Wasser gibt man 2 Teelöffel der Blüten. Mit dem kochenden Wasser überbrühen, ziehen lassen, abseihen und mit Honig süßen.
Lindenblütentee oder Lindenblütenwasser (aus der Apotheke) können auch äußerlich angewendet werden.

"Im Sommer soll man sich, wenn man schlafen gehet, mit frischen Lindenblättern die Augen und das ganze Gesicht bedecken. Das macht die Augen rein und klar", so schreibt Hildegard v. Bingen* vor 800 Jahren über die äußere Anwendung der Lindenblätter. Noch heute werden die Zubereitungen aus der Linde als gutes Augenheilmittel empfohlen. Bei entzündeten oder ermüdeten Augen bereitet man sich einen Lindenblütentee, läßt ihn etwas abkühlen, seiht ab und tränkt darin eine Kompresse, die man sich über die Augen legt.
Auch das Lindenblütenwasser kann auf die gleiche Weise verwendet werden. Dieses Wasser stärkt und reinigt die Haut. Es ist ein mildes Gesichtswasser besonders für empfindliche Haut. Man kann statt dem Lindenblütenwasser auch den Tee verwenden.
Aus dem Holz der Linde wird die Lindenkohle hergestellt. Sie ist in der Volksheilkunde ein altbekanntes Heilmittel gewesen, heute aber fast ganz vergessen.
Die feingepulverte Lindenkohle, die in der Apotheke erhältlich ist, wirkt desinfizierend und kann, eingenommen, Giftstoffe und Säure im Magen an sich binden. Diese können dann mit einem anschließend eingenommenen Abführmittel aus dem Körper ausgeschieden werden. Bei Blähungen, Erbrechen, entzündlichem Magen, Darmerkrankungen und Sodbrennen nimmt man die Lindenkohle messerspitzenweise ein. Tagesdosis sind 1 - 2 Messerspitzen.
Zu einem Zahnpulver verarbeitet, reinigt, desinfiziert und stärkt die Lindenkohle das Zahnfleisch.
Auch in der Tierheilkunde ist die Lindenkohle ein bewährtes Mittel. Sie stillt Durchfälle und hilft bei Blähungen und Vergiftungen. Man mischt sie teelöffelweise unter's Futter oder rührt sie in Milch ein.

Wintertee

2 Teile Lindenblüten
1 Teil Schlüsselblumen
1 Teil Pappelknospen

Erwärmender und stärkender Tee für die Winterzeit. 1 Tasse Wasser aufkochen lassen, 2 Teelöffel der Mischung zugeben und den Topf vom Herd nehmen. Abdecken und ca. 10 Minuten ziehen lassen. Mit Honig süßen.

Zahnpulver

1 Teil Lindenkohle
1 Teil Salbeiblätter

Beides, fein gepulvert, mischen. Etwas davon auf die Zahnbürste geben und das Zahnfleisch damit gründlich massieren.

Botanische Erkennungszeichen

	Sommerlinde	Winterlinde
Vorkommen	ganz Europa, im Norden bis zur Ostsee, im Osten bis zur Ukraine	ganz Europa, im Norden bis Schweden, im Osten bis zum Ural
Standort	Laubmischwälder, Vorgebirgslagen bis 1.000 m	Niederungen, Auenwälder bis 1.800 m
Höhe	30 - 35 m	25 - 30 m
Rinde	braun, glatt, später dunkler, der Länge nach netzförmig aufgerissen	
Blätter	wechselständig, schief herzförmig, 6 - 10 cm groß, langgestielt, zugespitzt, am Rande gesägt, in den Nervenwinkeln weiß behaart	wechselständig, schief herzförmig, 5 - 8 cm groß, langgestielt, behaarter Blattstiel zugespitzt, am Rande gesägt, in den Nervenwinkeln rot behaart, Unterseite blaugrün
Blüten	Juni - Juli, zwittrig gelblich-weiß, 2 - 5 hängende Blüten aus einem zungenförmigen, blaßgrünen Hochblatt entspringend, blüht ca. 14 Tage früher als die Winterlinde, hat etwas größere Blüten	Juni - Juli, zwittrig gelblich-weiß, 5 - 11 hängende Blüten, aus einem zungenförmigen, blaßgrünen Hochblatt entspringend
Früchte	birnenförmige Nüßchen, bräunlich, in der Kapsel 1 - 2 Samen	birnenförmige Nüßchen, bräunlich, in der Kapsel 1 - 2 Samen
Sammelzeiten	Blüten mit Hochblatt: Juni - Juli	
Inhaltsstoffe	Ätherische Öle, Schleim, Gerbstoffe, Flavonoide, Glycosid, Honigtau, Saponin	
Holz	weißlich, gelblich, leicht rötlich, Seidenglanz, leicht, weich, wenig elastisch, gut zu bearbeiten	

DIE PAPPEL

Populus nigra – Schwarzpappel
Populus alba – Weißpappel
Populus tremula – Zitterpappel

Familie der Weidengewächse – *Salicaceae*

Eine Pappel, besonders eine Zitterpappel, könnte man mit verbundenen Augen von anderen Bäumen unterscheiden. Man würde sie hören.
Jede Baumart hat ihre eigenen Geräusche, die sich aus dem Zusammenspiel der Formen mit dem Wind ergeben. Jeder Baum ist ein anderes Instrument für den Wind: die Eichen mit ihren festen Blättern, Lärchen und Weiden mit ihren langen, biegsamen Zweigen, Tannen und Fichten mit ihrem dichten Nadelschleier. Die einen bäumen sich gegen den Wind auf, die anderen legen sich hinein.
Der Wind in den Pappeln hat ein leichtes Spiel. Schon beim leisesten Lufthauch beginnen die Pappeln mit ihrer Melodie. Sie haben langgestielte Blätter, die sich leicht im Wind bewegen.
Die der Zitterpappel, *Populus tremula*, sind zudem noch zur Blattfläche hin abgeflacht. Bei der leisesten Ahnung eines Windhauches flüstert und raschelt es in der Krone. Die vielen bewegten Blättchen flimmern und "zittern wie Espenlaub".
Die Zitterpappel oder Espe ist ein Lichtbaum, sie steht nicht gerne an einem dunklen, schattigen Ort. Ansonsten stellt sie keine besonderen Ansprüche. An der Stammrinde kann man die Zitterpappel von der Schwarzpappel unterscheiden. Junge Espen haben eine gold-braune Rinde, die auch noch im Alter recht glatt bleibt. Schwarzpappeln tragen eine dunkle Rinde, die dem Alter zu sich immer mehr in Falten legt.

Die Schwarzpappel, *Populus nigra*, kann als einzelstehender Baum bis 35 Meter hoch werden. Sie bildet dann eine weitausladende Krone. Ihre großen Blätter stehen wechselständig angeordnet an den Zweigen, sie sind keilförmig und haben ebenfalls einen langen Blattstiel.
Aus der Schwarzpappel ist die dritte der bekannten einheimischen Pappelarten, die Spitz- oder Pyramidenpappel, entstanden. Sie klemmt alle Äste an den Stamm heran. Wie ein riesiger Zeigefinger deutet sie gen Himmel. Eigentlich ist sie viel zu dünn für eine Pyramide. Sie ähnelt eher dem danebenstehenden Obelisken.
Im Alleinstand wirkt sie in dieser aufsehenerregenden Geste fast lächerlich, doch an den langen Reihen aus Pyramidenpappeln entlang der Flüsse, Alleen und Straßen kann man nicht mehr unbeeindruckt vorbeischauen. Wie eine Armee aus Riesensoldaten teilen sie die Landschaft ein. Napoleon ließ sie entlang seiner Heerstraßen pflanzen als unmißverständliche Linie seines Besitzanspruches.
Die Pyramidenpappel ist ein verhältnismäßig neuer Baum in unserer Landschaft. Erst im 18. Jahrhundert war sie über Italien nach Deutschland eingeführt worden. Sie kann nur durch Stecklinge vermehrt werden. Sind diese alle Abkömmlinge eines einzigen Baumes, so entstehen die Klonen, mit identischen Erbanlagen.'
Leider sind die Pyramidenpappeln sehr anfällig für Krankheiten, und der Pappelbock, ein Käfer-Schädling der Pappeln, hat leichtes Spiel.
Der gleichen Familie entstammt das absolute Gegenteil zur Pyramidenpappel, die Trauerweide. Sie läßt alle Zweige bis zum Boden hängen, man wartet förmlich darauf, den Stamm auch noch hinschmelzen zu sehen.
Diese Gegensätzlichkeit hat viele Garten- und Parkgestalter bewogen, diese beiden mit einzuplanen. Sie sind zum klassischen Baum-Paar im Park geworden.
Die Silberpappel, *Populus alba*, unterscheidet sich von den anderen Pappeln durch ihre filzigen, silberglänzenden Blattunterseiten. Die Blätter sind ahorn-ähnlich in fünf Lappen geteilt.

Pappeln sind das schnellwüchsigste einheimische Nutzholz. Mit für einen Baum atemberaubender Geschwindigkeit bauen sie ihren Stamm auf. Man kann sie wachsen sehen. Um eine neue Pappel zu pflanzen, genügt es, einen Ast in die Erde zu stecken. Unter den richtigen Voraussetzungen grünt und wächst der Ast heran.
Diese starke, vegetative Vermehrungsfähigkeit der Pappeln zeigt sich auch an den jungen Bäumen, die aus den Wurzeln des Mutterbaumes oft meterweit davon entfernt aus der Erde treiben. Ja, selbst aus gefälltem Pappelholz treiben grüne Zweige neu heraus.

Man kann von diesem schnellwachsenden Holz natürlich nicht erwarten, daß es die Härte und Haltbarkeit von Eichenholz besitzt. Es ist leicht, weich, hell und sehr leicht spaltbar. Es wird heute hauptsächlich zur Zelluloseherstellung und für Sperrholz verwendet. Früher gebrauchte man das Pappelholz zum Schnitzen der Klompen, der Holzschuhe, die leicht und unempfindlich sein sollten.
Und wer eine Schachtel Streichhölzer öffnet, wird 50 kleine Pappel-Hölzchen mit roten Köpfen darin liegen sehen.
Die Rinde der Pappel hat man früher zum Gerben verwendet. Die daraus bereitete Lohe gebrauchte man zum Gerben des "Zurichtleders", eines besonders beanspruchbaren Leders. Weiterhin verarbeitete man die Rinde zu einem gelben Farbstoff, mit dem man Leinen gelb färbte.
Die Rinde ist sehr saftreich. Die Indianer Nordamerikas haben sie im Frühjahr abgeschält und, als Notration zubereitet, gegessen. Die frische Rinde legten sie als Wundverband über die Wunden. Auch hier bei uns war die Pappelrinde als Heilmittel bekannt.

Pappeln sind zweihäusig. Weibliche und männliche Blüten sitzen auf verschiedenen Bäumen. Lange bevor die Blätter erscheinen, hängen die Kätzchen an den Zweigen. Auch die spitzen Knospen zeigen sich schon zeitig im Frühjahr. Die weinroten Kätzchen kann man nur selten bewundern, denn sie finden sich auf dem obersten Drittel des Baumes ein.
Die reifen Samen sind nach Pappelart im Herbst von einem baumwollartigen Flausch umgeben, der vom Wind leicht weggetragen werden kann. Mit dieser Baum-Wolle, mühsam gesammelt, stopfte man früher Kissen und Decken.

Pappeln haben wie Erlen, Birken und Weiden eine große Vorliebe für das Wasser. Sie können sogar zeitweise Überflutungen überstehen. Sie sind Pionierpflanzen, die ödes Land besiedeln können. Durch ihr weitverzweigtes Wurzelwerk befestigen sie Bachläufe, Moorränder und Flüsse.
Nachdem die großen Gletscher sich nach der Eiszeit zurückgezogen hatten, sind die Pappeln, zusammen mit anderen Pionierbäumen, nachgerückt. Sie haben mitgeholfen, das moorige und nasse Land für weitere Baumarten vorzubereiten. Espe und Moorbirke waren die ersten "richtigen" Bäume, die die eisfreien Gebiete Mittel- und Nordeuropas zurückeroberten.

Medizinische Verwendung

Die Pappel gehört zu den "angesehenen" Arzneibäumen. Ihre heilkundliche Verwendung läßt sich weit zurückverfolgen.
Hauptsächlich werden die Knospen verwendet. Die daraus zubereitete Pappelsalbe ist seit Jahrhunderten bekannt. Sie hat sich, äußerlich aufgetragen, bei vielen Leiden bewährt: Verbrennungen, Wunden, Hämorrhoiden und Gliederschmerzen. Die Knospen können auch als Tee zubereitet werden. Dann helfen sie bei Rheuma, Gicht, Blasenleiden und Erkrankungen der Prostata.
Im zeitigen Frühjahr sammelt man die rehbraunen Knospen. Sie sind harzig und strömen einen angenehmen balsamischen Geruch aus. 1 Teelöffel der getrockneten oder frischen Knospen reicht für 1 Tasse Wasser. Die Knospen mit kochendem Wasser überbrühen und 5 Minuten ziehen lassen. Tagesdosis sind 2 Tassen.

Blasen- und Prostata - Tee

2 Teile Espenknospen
1 Teil Zwergpalmenfrüchte
1 Teil Goldrutenkraut

Espenknospen und Goldrutenkraut kann man selbst sammeln, die Zwergpalmenfrüchte, *Fructus Sabalae serrulatae*, sind in der Apotheke oder im Kräuterhaus erhältlich. 2 Teelöffel der Mischung mit 1 Tasse kaltem Wasser übergießen. Erhitzen und kurz aufkochen lassen. Zugedeckt 10 Minuten ziehen lassen. Tagesdosis: 2 - 3 Tassen.

Pappelsalbe

Die "klassische" Pappelsalbe hat man früher mit Schweinefett zubereitet. In dem heute erhältlichen Schweinefett sind jedoch soviele Giftstoffe eingelagert, daß ich die Zubereitung mit Bienenwachs und Öl vorziehe.

100 g Pappelknospen
250 ml Olivenöl, kaltgepreßt
45 g Bienenwachs

Die Salbe wird am besten, wenn man frische Pappelknospen verwendet. Ansonsten verwendet man getrocknete Knospen, *Gemmae Populi*, aus dem Kräuterhaus oder aus der Apotheke.
Die Knospen im Mörser etwas zerquetschen, in ein Glas füllen und das Öl darübergießen. Gut verschliessen und an einem warmen Ort aufbewahren. Gelegentlich umschütteln. Nach 2 Wochen das Öl mit den Knospen in einem Topf erwärmen. Das Öl soll gut heiß sein, darf aber nicht kochen. Ständig rühren. Nach ca. 15 Minuten den Topf vom Herd nehmen und das Öl abseihen. Das Öl wieder erhitzen und das Wachs darin gut auflösen. In Salbengefäße füllen. Kühl aufbewahren.
Zu verwenden bie Verbrennungen, Hämorrhoiden, Gliederschmerzen.

Botanische Erkennungszeichen

	Schwarzpappel	**Zitterpappel**
Vorkommen	ganz Europa, außer in nördlichen Gebieten	ganz Europa
Standort	Flußtäler	Kahlschläge, Niederwald, bis 1.000 m
Höhe	35 m	30 m
Rinde	grau-schwarz, rissig	gold-grau, glatt
Blätter	wechselständig, eiförmig, gestielt, am Rande gewellt, zugespitzt, gesägt	wechselständig, rautenförmig, zugespitzt, grob gezähnt, platte Stiele
Blüten	März - April, zweihäusig weiblich: schlanke, gelbliche Kätzchen männlich: dicke, hängende Kätzchen mit roten Narben	wie bei der Schwarzpappel
Früchte	Kapselfrucht, grün-braun kleiner Same mit langen Flughaaren	Kapselfrucht, gelblich, kleiner Same mit etwas kürzeren Flughaaren
Sammelzeiten	Knospen: Februar - März	
Inhaltsstoffe	Gerbstoffe, ätherische Öle, Harze, Salicin	
Holz	weißlich, gelblich, weich, leicht, nicht druck- oder biegefest	

DER QUITTENBAUM

Cydonia oblonga

Familie der Rosengewächse – *Rosaceae*

"In Germania haben wir nur ein Quittengeschlecht/ und das ist beynahe allenthalben gemein worden/ wie wol diser apffel auch frembd erstmals auß der Jnsel Creta/vom Flecken Cydone/daher sie den namen behalten/zu uns kommen."

Schon 1577 berichtete Hironymus Bock in seinem Kräuterbuch über die Quitte, die nur "beynahe" bei uns heimisch geworden ist.
Sie ziert noch heute recht selten unsere Obstgärten. Vielleicht, weil sie frostempfindlicher ist als ihre Verwandten, der Apfel- und Birnbaum. Im Süden Europas wurde sie oft nur ihrer schönen Blüten wegen angepflanzt. Nördlich der Alpen hat die Quitte wenig Liebhaber gefunden.
Dabei ist sie die Krönung des Obstgartens. Rosarot und zart schweben ihre Blüten an den Zweigen, die Blätter glänzen silbern, und im Herbst hängen leuchtend gelbe Früchte im Baum. Diese Quittenfrüchte sind mit einer samtenen Haut überzogen. Sie duften nach Zitronen und Rosen, nach einem frischen Frühlingsmorgen.
Man kann sie aber nicht einfach vom Baum pflücken und hineinbeißen. Sie schmecken herb und zusammenziehend. Nachdem wir sie im Oktober vom Baum geholt haben, müssen sie bis Weihnachten nachreifen.

Die Geschichte der Quitten beginnt im oben genannten "Flecken", der antiken Stadt Kydonia, auf der Insel Kreta. Die griechischen Sagen behaupten, daß hier zum ersten Mal ein Quittenbaum gepflanzt wurde. Die Botaniker haben den Ursprung der kultivierten Quittenbäume nach Nordpersien verlegt, denn dort wächst dieser Baum noch wild in den Wäldern.

Die Griechen nannten die Quitte "den Apfel aus Kydonia". Die Römer übernahmen diese Bezeichnung, und noch heute trägt die Quitte diesen Namen: *Cydonia.*
Die Germanen, die durch die Römer diesen Baum kennenlernten, veränderten das Wort etwas; im Althochdeutschen wurde dann daraus *"Quitina"* und später die "Kittenäpfel". Etwas fremd sind uns die Quitten bis heute geblieben.
Im antiken Griechenland waren sie so gebräuchlich wie für uns heute die "normalen" Äpfel. Sie galten damals als ein Symbol der Liebe. Bei vielen Hochzeitsbräuchen wurden Quittenäpfel verschenkt. Sie sollten dem jungen Paar Glück bringen.
Den Göttern selbst sollen keine Früchte als Opfergaben so angenehm gewesen sein wie die Quittenfrüchte.
"Etliche halten sie für die guldenen Aepffel der Poeten", heißt es im 1679 erschienenen Kräuterbuch von Adamus Lonicerus. Er hat damit sicher die goldenen Äpfel der Hesperiden gemeint, die auf einem Relief am Zeustempel in Olympia abgebildet sind. Ihrem Aussehen nach ähneln diese den Quitten.

Medizinische Verwendung

Im 4. Jahrhundert v.Chr. hat Hippokrates der Quitte ein großes Lob ausgesprochen: er bezeichnete sie als die für Heilzwecke nützlichste Frucht. Dieser gute Ruf der Quitte ist lange erhalten geblieben, und in den Apotheken waren Quittenkerne (*Semen Cydoniae*) und verschiedene Quitten-Zubereitungen erhältlich. Auch der Quittenschleim war damals auf Lager. Heute muß man sich ihn selbst herstellen.

Die Quitte wirkt entzündungswidrig, kühlend, zusammenziehend und reizmildernd. Da sie gleichzeitig Gerb- und Schleimstoffe enthält, ist sie ein gutes Heilmittel für entzündete Schleimhäute. Am bekanntesten war der aus den Kernen zubereitete Quittenschleim, *Mucilago Cydoniae*. Die Kerne der Quitte besitzen die Fähigkeit, eine große Menge Wasser in Schleim zu verwandeln. Dieser Schleim wirkt kühlend und heilend. Er wird äußerlich angewendet bei Wunden, Verbrennungen, rissiger Haut, entzündeten Augen und wunden Lippen. Man streicht ihn auf oder gebraucht ihn als Umschlag.
Innerlich als Trank eingenommen, hilft er bei Halsentzündung, Magen- und Darmschleimhautentzündung, Bronchitis und Husten mit viel Schleimabsonderung.

Quittenschleim

1 Teil Quittenkerne unzerkleinert
8 Teile Wasser (falls vorhanden:Regenwasser)

Die Kerne mit dem kalten Wasser übergießen und kräftig schütteln. Einige Zeit stehen lassen, bis das Wasser schleimig geworden ist. Abseihen und weiter verwenden. Zur Verfeinerung nimmt man nur 7 Teile Wasser und dafür 1 Teil Rosenwasser (aus der Apotheke).
Zum inneren Gebrauch genügt 1 Teelöffel der ganzen Kerne auf 1 Tasse Wasser.

Auch der Saft der Quitten ist ein Heilmittel. Wir können ihn im Dampfentsafter leicht herstellen. Er ist ein erfrischender Trunk bei Fieber, Nieren- und Blasenkrankheiten.
Eine besondere Verwendung der Quitten hat Johann Schröder in seinem *"Arzeney-Schatz"* - Buch aufgeschrieben:
"Wenn man die Quitten mit Zimmet Negelein einmachet/und wutzet/so helffen sie verdauen/bey denen Schwangeren starken sie nicht nur die Frucht/ sondern machen uber das auch/ (wo anders die schwangere Weiber selbe gar offt gebrauchen) daß schone Kinder zur Welt gebohren werden."
War dies vielleicht der ursprüngliche Sinn der antiken Quitten-Hochzeitsgaben?

Kochrezepte

Quittenbrot und Quittenlikör waren ein fester Bestandteil der alten Kochbücher. Heute sind diese Zubereitungen aus der Mode gekommen.
Sie sind leicht herzustellen und eine köstliche Bereicherung des Küchenzettels.

Quittenlikör

1 l Quittensaft
1 l Branntwein
125 g Zucker (fein)
1 Zimtstange
2 - 4 geschälte bittere Mandeln
Schale 1/2 Zitrone (unbehandelt)
1 Vanillestange (aufgeschlitzt)

Die Quitten mit einem Tuch gut abreiben. Auf einem Reibeisen grob raspeln. Im Keller über Nacht ziehen lassen. Mit einem Tuch den Saft auspressen. Den Saft mit dem Zucker, den zerstampften Mandeln, der Zitronenschale und der Vanille in eine weithalsige Flasche geben. Zimtstange dazugeben und mit dem Branntwein übergießen. Gut verschließen und 6 Wochen an einen warmen Ort stellen. Abseihen und in kleine Flaschen füllen. Mindestens 1 Monat lagern.

Quittenmarmelade

2 kg Quitten
1 1/2 kg Zucker

Die Quitten abreiben, kleinschneiden und mit wenig Wasser oder Weißwein weichkochen. Durch ein Sieb passieren, mit dem Zucker vermischen und bis zur Marmeladenprobe einkochen (ca. 15 Minuten). Heiß in Gläser füllen und mit Einmachhaut verschließen. Kann mit Nelken, Zimt oder Vanille gewürzt werden.

Quittenbrot

2 kg Quitten
1 kg Zucker
Zimt, Ingwer oder Vanille
3 Tassen Hagelzucker oder gerösteten Sesam
1 Zitrone (unbehandelt)

Die Quitten vierteln. Nicht entkernen oder die Schale entfernen. Mit der kleingeschnittenen Zitrone und etwas Wasser weichkochen. Durch ein Sieb passieren und mit dem Zucker dick einkochen. Die Gewürze, je nach Geschmack, zugeben. Ein Backblech mit Pergamentpapier belegen, einfetten und mit dem Hagelzukker oder Sesam bestreuen. Die Quittenpaste mit dem Messer daumendick aufstreichen. An einem luftigen Ort einige Tage abtrocknen lassen oder im Backofen bei 50^{0} ca. 2 Stunden trocknen. Der Ofen sollte dafür nicht geschlossen werden. Jetzt die feste Masse in Streifen schneiden oder mit Förmchen ausstechen. Eventuell nochmals in Zucker oder Sesam wälzen.

Aus der mit Zucker eingedickten Quittenpaste (da die Quitten selbst sehr viel Zucker enthalten, kann man auch je nach Geschmack weniger oder gar keinen Zucker verwenden) läßt sich ein sehr feines Quittenkonfekt herstellen. Hierfür formt man kleine walnußgroße Kugeln, die auf ein wie oben vorbereitetes Blech gelegt werden. An einen luftigen Ort stellen und am nächsten Tag mit dem Nudelholz zu flachen Plätzchen plattwalzen. Dies öfters wiederholen und in einigen Tagen gut austrocknen lassen. Die dünnen Quittenscheiben mit Zucker bestreuen und gut verschlossen aufbewahren.

Botanische Erkennungszeichen

Vorkommen:	in Gärten Mitteleuropas, wild wachsend in Nordpersien
Standort:	sonnig
Höhe:	5 - 8 m
Rinde:	glatt, braun
Blätter:	behaart, ganzrandig, Blattunterseite hellgrau
Blüten:	Mai - Juni, einhäusig zartrot oder weiß, groß
Frucht:	Oktober hellgelb, apfel- oder birnenförmig, pelzige Außenhaut
Sammelzeiten:	Früchte im Oktober pflücken
Inhaltsstoffe:	Schleim, Gerbstoffe, Vitamin C, Pektin, Amygdalin

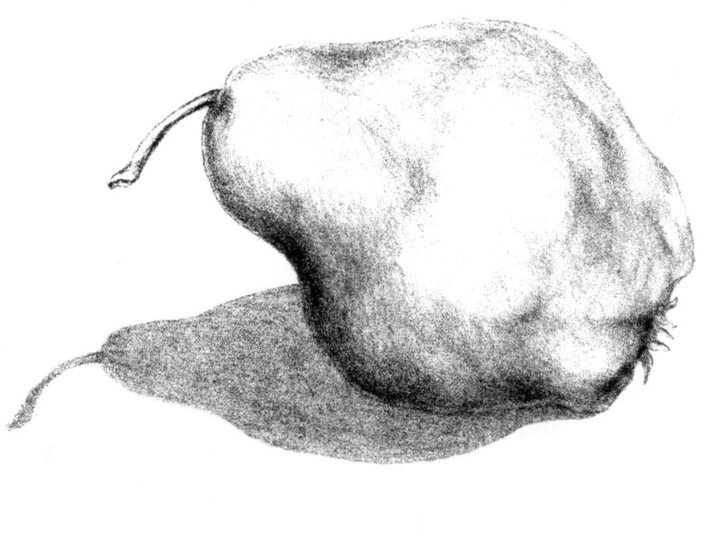

DER SCHLEHDORN

Prunus spinosa

Familie der Rosengewächse – *Rosaceae*

Im April, manchmal auch schon im März, leuchtet es weiß an Wald- und Wegrändern. Ein kleiner, sparriger, dicht verzweigter Strauch hat seine schwarzen Äste mit schneeweißen, 5-strahligen Sternchen geschmückt. Es ist der Schlehdorn, auch Schwarzdorn genannt, der als erster der wilden Sträucher es wagt, seine Blüten zu zeigen.
Jetzt ist auch die Zeit, in der man den Schlehdorn sicher vom Weißdorn unterscheiden kann. Die Blüten des Schlehdorns stehen an den nackten Zweigen, während die des Weißdorns erst nach den Blättern erscheinen.
Auch daran kann man sie unterscheiden: die Zweige des Schlehdorns enden in langen, geraden Dornen. Die Seitenzweige stehen fast rechtwinklig zum Hauptzweig.
Alles zusammen bildet ein undurchdringliches, stacheliges Zweiggewirr. Das macht den Schlehdorn zu einem wertvollen Vogelschutzgehölz. Die kleinen Vögel können zwischen seinen Zweigen ungestört ihren Brutgeschäften nachgehen. Und den Bienen sind die zeitigen Blüten eine willkommene Honigweide. Der Schlehdorn gehört zur großen Familie der Rosengewächse und hält sich somit an die vorgegebene 5-Zahl der Kron- und Kelchblätter. Er ist unser ursprünglichstes Obstgehölz und trägt noch seinen unveränderten, altgermanischen Namen.

Der Gebrauch der Schlehen als Nahrungsmittel läßt sich noch weiter zurückverfolgen als bis zu den Germanen: die Menschen der Jungsteinzeit haben den Schlehdorn auch geschätzt, denn in ihren Pfahlbauten wurden Schlehenkerne gefunden.
Der Schlehdorn hat die Menschen lange begleitet. Er umzäunte die Weiden und Gehöfte, seine Beeren wurden zu Nahrungsmitteln verarbeitet, sein Holz in

schöne Spazierstöcke verwandelt. Aus seiner Rinde stellte man eine rote Farbe für Wolle und Leinen her.

Den Bauern konnten die Schlehenblüten die Zeit der Ernte vorhersagen. In Schwaben und Franken war dieser Spruch bekannt:

"Soviel Tag die Schleh' vor Walburgi blüht,
soviel Tag der Schnitter vor Jakobi in die Ernte zieht."

In Westpersien war man schon früher als hier vom herben Geschmack der Schlehenfrüchte verdrossen. Dort züchtete man vor langer Zeit aus dem kleinen Schlehenstrauch einen Obstbaum, der größere und süßere Früchte trägt. Er steht noch heute in unseren Obstgärten: der Pflaumenbaum.
Wahrscheinlich hat man damals in Persien zu diesem Zweck den Schlehdorn mit der dort heimischen Kirschpflaume, *Prunus cerasifera*, gekreuzt. Aus der Bekanntschaft dieser beiden Bäume ist dann der Pflaumenbaum entstanden, der sich durch weitere Veredelungen zu zahlreichen Arten entwickelte, die schon in der Antike in den Obstgärten gepflanzt wurden.

Medizinische Verwendung

Pfarrer Kneipp hat den Tee aus den kleinen Blüten des Schlehdorns sehr gelobt. Er hielt ihn für das unschädlichste Abführmittel, das zur gleichen Zeit auch magenstärkend ist.
Die Blüten werden im zeitigen Frühjahr gesammelt und getrocknet. 2 Teelöffel davon werden mit 1 Tasse kochendem Wasser übergossen. 10 Minuten ziehen lassen und eventuell mit Honig süßen.
Der Tee ist besonders für Kinder als mildes Abführmittel geeignet. Außerdem regt der Tee Blase und Niere, ja, den gesamten Stoffwechsel an. Deshalb wird er bei Blasen- und Nierensteinen und als ein Blutreinigungsmittel empfohlen. Hierfür trinkt man den Tee kurmäßig über längere Zeit hinweg. Tagesdosis sind 2 - 3 Tassen.
Zu gleichen Teilen mit Gänsefingerkraut gemischt, ergeben die Blüten einen krampflösenden Tee, der besonders bei Magen- und Unterleibskrämpfen hilft.

Die dunkelblauen Beeren sind ein allgemeines Stärkungsmittel, das besonders nach schweren Krankheiten und in Grippezeiten die Lebensgeister wieder weckt. Hierfür bereitet man ein Mus oder einen Sirup. Diese Zubereitungen aus den Beeren helfen auch bei Durchfall mit Erbrechen. Sie werden eßlöffelweise eingenommen. Bei Zahnfleischblutungen und Zahnfleischentzündungen wird mit dem verdünnten Mus oder Saft gegurgelt.
Rezept für Schlehenmus und Saft im Küchenteil.

Kochrezepte

Schlehenwein war ein häufig gebrauchtes Mittel zum Verbessern schlechter Rotweine. Im letzten Jahrhundert braute man aus dem Schlehensaft ein besonders bei Matrosen beliebtes Getränk, den Oporto oder Rumpunk. Man mischte hierfür den Saft mit Apfelmost und Branntwein.
Man braucht nicht auf klapprigen Schiffen über die Meere zu kreuzen, um sich am Schlehenwein zu erfreuen, er erwärmt und schmeckt sehr gut auch an Land, besonders, wenn es draußen stürmt und schneit.

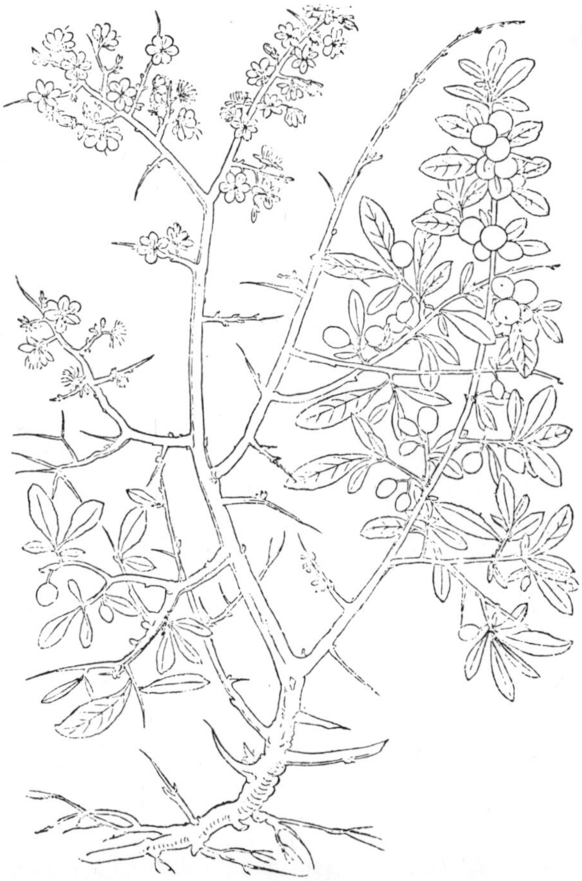

Oporto

Reife Schlehen werden nach dem ersten Frost gesammelt. Mit der gleichen Menge kochendem Wasser übergießen und über Nacht stehenlassen. Alles aufkochen und etwa 15 Minuten kochen lassen. Den Saft abgiessen und die Schlehen mit einem Tuch auspressen. Den Saft nochmals erwärmen und den Zucker (auf 1 l Saft 1 Pfd Zucker) darin auflösen. Den Saft noch heiß in saubere Flaschen füllen, fest verschließen und versiegeln oder im Dampfkochtopf sterilisieren. Dieser Saft kann so oder mit Wasser oder Milch vermischt getrunken werden. Er schmeckt auch gut zu Milchreis, Pudding oder Vanilleeis.
Für den Oporto wird er so gemischt:

3 Teile Schlehensaft
2 Teile Apfelmost
1 Teil Branntwein

Gut mischen und servieren. Vorsicht, er hat es in sich!

Schlehenmus

2 Pfd Schlehen
1 Pfd Zucker
1 Teel Zimt
1/4 Teel reine Vanille
1 Schuß Kirschwasser

Die Schlehen waschen und mit wenig Wasser weichkochen. Durch ein Sieb passieren, mit dem Zucker und den Gewürzen dick einkochen. Das Kirschwasser dazugeben. In Marmeladegläser füllen. Das Mus hält sich wie alle Zubereitungen aus Wildfrüchten sehr lange.

Schlehenlikör

4 Tassen Schlehenfrüchte
3 Tassen Zucker
1 Vanillestange
4 Nelken
1 1/2 Tassen Rosinen
1 l Kirschwasser oder Korn

Die Schlehen nach dem ersten Frost sammeln. In einem Mörser grob zerstoßen, so daß die Kerne aufspringen. Die Rosinen ebenfalls im Mörser stampfen. Die Vanillestange aufschlitzen. Alle Zutaten in ein großes Schraubglas füllen und mit dem Kirschwasser oder Korn übergießen. Gut verschließen und 8 Wochen stehenlassen. Gelegentlich umschütteln. Abseihen und in eine Flasche füllen. Nochmals im Keller 2 Monate lagern. Der Likör bekommt einen noch besseren Geschmack, wenn man die Beeren vor dem Zerstoßen im Backofen etwas antrocknet.

Botanische Erkennungszeichen

Vorkommen:	in ganz Europa
Standort:	Waldränder, Hecken, Gebüsche, sonnige Lagen bis 1.600 m
Höhe:	bis 3 m hoher Strauch
Rinde:	rauchschwarz
Blätter:	wechselständig, gestielt, lanzettförmig
Blüten:	April schneeweiß, an kurzen Stielen
Früchte:	September - Oktober Steinfrüchte, blau-schwarz, schmekken sehr sauer und zusammenziehend
Sammelzeiten:	Blüten: März - April Beeren: nach dem ersten Frost
Inhaltsstoffe:	Gerbstoff, Blausäureglycosid, Flavone

DIE TANNE

Abies alba

Familie der Kieferngewächse – *Pinaceae*

Der Tannenbaum zum Weihnachtsfest ist schon fast zum Nationalheiligtum geworden. Dabei ist dieser Brauch noch gar nicht so alt. Anfang des 19. Jahrhunderts war er erst wenigen Deutschen bekannt. Der erste urkundlich erwähnte Weihnachtsbaum soll im Straßburger Münster gestanden haben, und das im Jahre 1539.
Im 17. Jahrhundert brach diese noch nicht vergessene, vorchristliche Sitte, zum Fest einen Baum aufzustellen, zum ersten Mal wieder auf. Im Elsaß soll man damals in den Wald gezogen sein, um sich ein schönes Tännchen für die Weihnachtsstube zu suchen. Diese neue, beziehungsweise diese alte Mode breitete sich rasch aus, so daß sich die Kirche sehr beeilen mußte, den heidnischen Brauch zu unterbinden.
Es ist sogar noch die Rede eines damaligen Professors der Universität Straßburg erhalten, in der er die Bürger aufruft, mit dem heidnischen Glauben der Weihnachtsbäume zu brechen. Doch es nützte nichts. Der geschmückte Lichterbaum erfreute sich so großer Beliebtheit, und ob heidnisch oder christlich, jede Familie wollte zu Weihnachten ihren Baum.

"Auff Weihnachten richtet man Dannenbäum zu Strasburg in den Stuben auff, daran hencket man roßen auß vielfarbigem papier geschnitten, Aepfel, Obladen, Zischgold, Zucker. Man pflegt darum ein viereckent ramen zu machen..."

Diese genaue Beschreibung der damaligen Weihnachtsbäume stammt aus dem Jahre 1606. 1765 beschreibt der junge Student Goethe einen Weihnachtsbaum, der im Hause der Mutter von Theodor Körner in Leibzig aufgestellt war: "*...mit allerlei Süßigkeiten war er behangen, darunter Lamm und Krippe mit zuckernem Christkind. Davor stand ein Tischen mit Pfefferkuchen für die Kinder.*"

Über ganz Deutschland hat sich der Brauch aber erst 1870/71 verbreitet. Im deutsch/französischen Krieg ordnete König Wilhelm I. große Mengen von Weihnachtsbäumen für seine Soldaten an der Front an. Die Soldaten fanden die Idee so gut, daß sie, wieder zuhause, zum Fest einen Baum aufstellten.

Die frühen Christen kannten noch keine Feier zur Geburt des Heilands. Geburtstagsfeiern waren eine heidnische Angelegenheit gewesen, die man besser gar nicht mehr aufkommen ließ. Was an einem Heiligen interessierte, war seine Taufe und sein Tod, am besten als Märtyrer.
So feierte man am 6. Januar das Fest der Taufe des Herrn. Es herrschte damals noch die offizielle Meinung, daß Christus erst durch die Taufe im Jordanwasser zum Gottessohn geworden wäre. Das Epiphanie-Fest der Taufe hatte man im 2. Jahrhundert n.Chr. genau auf den Tag des römischen Dionysosfestes gelegt. Dieses alte Fest hatte alles übertroffen, was man sich an Ausgelassenheit und Lustbarkeit vorstellen kann. Zu Ehren des Dionysos, dem Gott des Weines, gab es Trinkgelage und Tanzfeste. Man badete in den Flüssen, weil ihr Wasser in dieser Nacht als heilig galt. Dieser Brauch von der Verwandlung des Wassers in Wein oder in eine besonders heilkräftige Medizin hat sich bis ins 18. Jahrhundert auch in Deutschland und Österreich erhalten. Zu bestimmten Nächten, der Nacht zum Nikolaustag oder der Weihnachtsnacht, verwandle sich das Wasser, so glaubte man, in Wein oder Medizin.

Auch am 25. Dezember feierte man in ganz Rom und seinen Provinzen. Das Fest zu Ehren des Mithras, Gott des Lichtes und der unbesiegbaren Sonne, war allgemeiner Staatsfeiertag. Man schenkte sich Kerzen und Tonfiguren; in der Nacht leuchteten Sonnwend-

feuer von den Bergen und Hügeln.
Der Kult des Mithras war zu dieser Zeit schon tausendjährig. Römische Soldaten hatten ihn aus Persien, wo er schon lange bekannt war, mitgebracht. So lag es nahe, auch auf diesen Tag eines alten heidnischen Festes ein großes christliches Fest zu legen.
Auf dem Konzil von Nicäa, im Jahre 325 n.Chr., verwarf man den Glauben von der Bedeutung der Taufe Jesu und stellte fest, daß bei der Taufe schon ein Gott ins Wasser getaucht wurde. Nach vielen Spekulationen legten die Kirchenväter den Termin der Geburt auf den 25. Dezember.
Erst in der Mainzer Synode von 813 wurde das Weihnachtsfest für Frankreich verbindlich, und im selben Jahrhundert erging der päpstliche Erlaß, der Jahresbeginn sei vom Weihnachtstag an zu rechnen. Bis 1773 gab es sogar an Weihnachten vier offizielle Feiertage.
Die römische Sitte, sich am Neujahrstag Geschenke zu überreichen und Kerzen anzuzünden, wurde auf den neuen Feiertag übertragen.

Der Kult des Mithras wie auch das christliche Weihnachtsfest künden beide vom Licht, das in die dunkle Welt gebracht wird, um sie zu erlösen.
Die Natur selbst mit ihrem Jahresablauf gab zu diesem Gedanken Anstoß. Die Tage waren in dieser Zeit immer kürzer geworden, die Nacht hatte schon fast die Vorherrschaft gewonnen. Am 21. Dezember, dem Wendekreis des Krebses, hat es das Licht doch geschafft, das Dunkle zu besiegen. Langsam werden die Tage wieder länger. Schon seit urdenklichen Zeiten haben die Menschen in der Zeit, in der wir heute unser Weihnachtsfest feiern, den Sieg des Lichtes über die dunklen Mächte mit Freude und Besinnung gefeiert.
Auch die germanischen und keltischen Stämme, zu denen später das Weihnachtsfest gebracht wurde, feierten in dieser Zeit.
Das Julfest, das altgermanische Wintersonnwendfest, wurde im Julmond, dem heutigen Monat Dezember, manchmal bis zu 20 Tage lang gefeiert.
Auch dieses Fest wurde nach der Christianisierung zum Weihnachtsfest umgemünzt. Es lag für die damaligen Menschen nahe, die wiedererwachende Natur nach der Todesstarre des Winters mit dem Baum als Lebenssymbol zu feiern. Viele Baumrituale haben sich bis weit in unsere Zeit hinein erhalten.
Die Wintersonnwendfeiern wurden immer mit Symbolen der Fruchtbarkeit in Verbindung gebracht. Man schmückte die Baumzweige mit Äpfeln und Nüssen, die beide alte Fruchtbarkeitssymbole sind. Noch heute hängen an den Zweigen des Weihnachtsbaumes Äpfel und Nüsse, wenngleich inzwischen aus den meisten Äpfeln glänzende Weihnachtskugeln geworden sind. Auch die Kerzen des römischen Dionysosfestes sind im Laufe der Jahrhunderte nicht verloren gegangen, sie stecken jetzt zwischen den Zweigen des Weihnachtsbaumes.

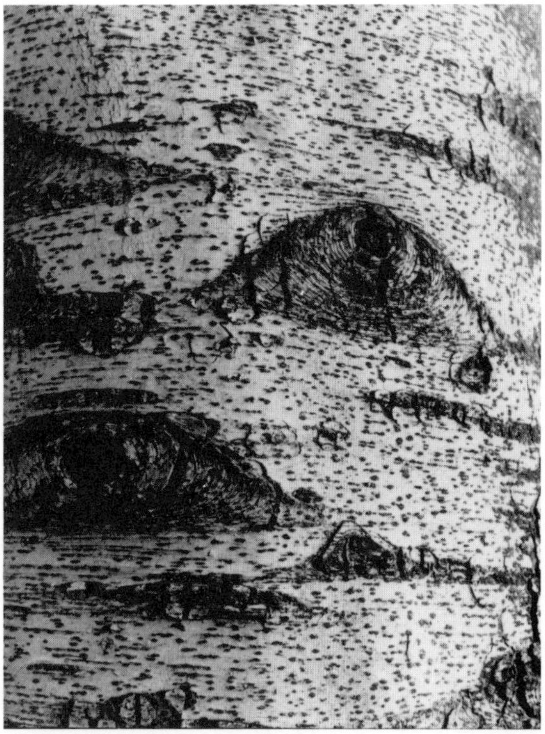

Leb-e-kuchen, zur Feier zum Sieg des Lebens über den Tod, hängen manchmal dazwischen.

Wenn wir heute von einem Tannenbaum sprechen, so meinen wir in den meisten Fällen eine Fichte. Die Weißtanne, die man früher als Licht- und Weihnachtsbaum aufstellte, ist von der Massenware Fichte verdrängt worden.
Ausgedehnte, majestätische Tannenwälder, wie es sie früher einmal hier gegeben hat, sind verschwunden. Nur in den Vogesen, im Schwarzwald, im Frankenwald und im Bayerischen Wald stehen noch kümmerliche Reste der einstigen Pracht. In den dunklen Hallen der früheren Tannenwälder haben viele unserer Märchen und Sagen ihren Ursprung und haben sich solch abenteuerliche Geschichten ereignet, wie sie z.B. Christian Hauff in seinem Märchen *"Das kalte Herz"* erzählt.
Die Tannen sind selten geworden, und auch diese letzten sind jetzt vom zerstörerischen Eingriff des Menschen in die Natur bedroht. Viele verdorren, ihre verwegenen Kronen verwelken zu schäbigen Besen. Zuerst sind nur einige kurze Bemerkungen über ein "rätselhaftes Tannensterben" in der Presse veröffentlicht worden. Doch langsam sickert die Gewißheit einer bevorstehenden ökologischen Katastrophe durch. Industrieabgase verursachen das Sterben der Bäume. Das Schwefeldioxyd wird vom Regen zu Schwefelsäure gelöst. Diese versauert die Böden und die Gewässer. Durch die Übersäuerung entstehen giftige Konzentrationen, die die Kurzwurzeln der Bäume

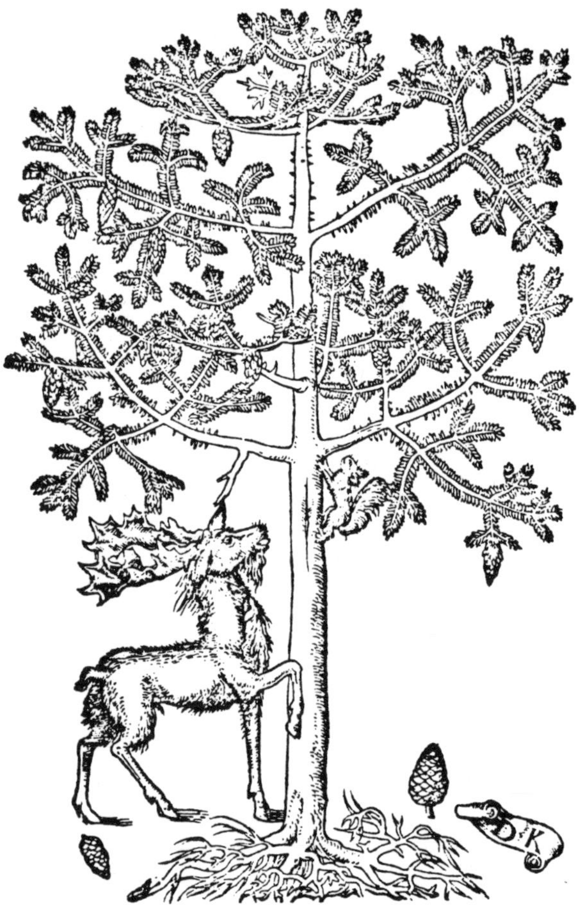

absterben lassen. Im Stamm bilden sich Naßkerne, der Transport des Wassers von der Wurzel zur Krone ist verhindert. Die geschwächten Bäume finden weniger Halt im Boden und können vom Wind leichter entwurzelt werden. Zudem sind sie viel anfälliger gegen Schädlinge und Pilzkrankheiten. Zuerst waren es nur die Tannen, die von der "rätselhaften Krankheit" befallen wurden. Doch inzwischen sind auch unsere Kiefern, Lärchen und Fichten bedroht.

Medizinische Verwendung

Die Kraft und Majestät der Tanne, ihr balsamischer und belebender Geruch, haben schon in frühen Zeiten die Menschen dazu angeregt, sie zu Heilzwecken zu gebrauchen.
Man hat aus ihrem Holz, aus den Nadeln und dem Harz Heilmittel hergestellt, aber gleichzeitig gebrauchte man sie zu vielen magischen Handlungen, die mit der Heilanwendung in Verbindung standen.
Für die frühen Völker, die die Tanne kannten, war sie ein Baum mit außerordentlicher magischer Kraft, mit der man sich vor Unheil schützen konnte.

"Die Tanne ist mehr warm als kalt und enthält viele Kräfte. Sie ist ein Sinnbild der Stärke. Geister hassen Tannenholz, und vermeiden Orte, an denen sich solches befindet.
Wenn jemand am Kopf leidet, und von der Stärke dieses Leidens auch Herzbeschwerden bekommt, muß er sich zuerst über dem Herzen, und dann nach Abrasieren der Haare auch auf dem Kopfe 2 oder 3 Tage lang mit einer Salbe einreiben, die folgendermaßen hergestellt wird: man kocht in Wasser Rinde und Blätter und auch ganz kleine Stückchen vom Holz des Baumes und halb soviel Salbei bis es dick wird.
Die Blätter, das Holz und die Rinde müssen im Mai abgenommen werden..."

Dieser Text stammt aus der *"Naturkunde"*, die Hildegard v. Bingen vor 800 Jahren verfaßt hat. Es gibt nur noch wenige unverfälschte Zeugnisse vom vorchristlichen Natur-Wissen, wie es die Texte der heiligen Hildegard sind. Sie hat viel vorchristliches Brauchtum und Wissen aufgezeichnet, notdürftig mit christlichen Segenssprüchen verdeckt. Einige Jahrhunderte später wäre Hildegard v. Bingen sicher dieser Schriften wegen der Hexenprozeß von der Kirche gemacht worden.

Auch von der Tanne, wie von den anderen Nadelbäumen, hat man hauptsächlich das Harz zu Heilzwecken verwendet. Das Tannenharz, als "Elsässer Terpentin" im Handel, war hochgeschätzt. Es strömt einen starken Duft nach Zitronen und Gewürzen aus. In vielen Salben und Pflastern war das Tannenharz enthalten. Heute wissen wir, daß es durch seine antiseptische Wirkung zurecht als Wundheilmittel verwendet wurde.
"Es wird auch diß Harz zu den frischen Wunden gebraucht/denn es heilet und heftet dieselbe zusammen."
Das Harz wirkt außerdem durchblutungsfördernd und wird deshalb noch heute in Rheuma- und Arthrose-Salben gemischt.
Kleine Stücke im Mund langsam zerkaut, festigen das Zahnfleisch.

Auch die frischen Triebe werden wegen ihres hohen Gehaltes an ätherischen Ölen zum Heilen verwendet. Sie wirken auswurffördernd bei Husten und Verschleimung, lungenstärkend bei Lungenschwäche und Bronchitis, nervenstärkend bei Aufregung und Streß.

Pfarrer Kneipp empfahl seinen Patienten zur Heilung bei Lungenleiden und Bronchitis folgendes Rezept:
Einige grüne Tannenzapfen werden zerschnitten (3 Zapfen auf 1/2 l Wasser) und mit dem Wasser in einem zugedeckten Topf ca. 10 Minuten gekocht. Den Absud durchseihen und damit 3 mal täglich gurgeln.

Bei den oben genannten Leiden kann man sich auch einen Tannentee zur Inhalation zubereiten:

frische Tannenzweige werden in einem Topf mit Wasser ca. 20 Minuten gekocht (Topf zugedeckt lassen); den Topf vom Herd nehmen und unter einem darübergelegten großen Tuch die Dämpfe einatmen.

Ein Bad zur Nervenstärkung und als "Winterbad" bei Erkältung bereitet man sich genauso. Den abgeseihten Sud dem Badewasser zufügen.
Ein Sitzbad daraus hilft bei Blasenentzündung und Ausfluß.

Schon allein der ausströmende Duft der Tannen wirkt stärkend auf die Lungen. Deshalb empfahl Pfarrer Kneipp, sich ein kleines, in einen Topf gepflanztes Tännchen ins Zimmer zu stellen.
Die heilende Wirkung des Absuds aus den Tannenzweigen genossen unsere Vorfahren im Mittelalter noch auf eine berauschende Art. Sie stellten daraus durch Vergärung ein "Tannenbier" her. Die Zubereitung von Kräuterbieren, die heute ganz vergessen ist, spielte im frühen Mittelalter eine große Rolle, da die Alkoholdestillierung erst zu Beginn des 14. Jahrhunderts in Westeuropa bekannt wurde. Für die zahlreichen Trinkgelage war der teure Wein zu schade, man vergnügte sich mit Kräuterbier.

Botanische Erkennungszeichen

Vorkommen:	Mittel- und Südeuropa
Standort:	Bergwälder, Wälder der Mittelgebirge bis 1.500 m
Höhe:	bis 60 m
Rinde:	anfangs glatt und braun, später in eckigen Schuppen abblätternd, silbrig glänzend (deshalb Weißtanne)
Nadeln:	flach, gedreht, an der Spitze eingekerbt, oberseits glänzend dunkelgrün, unterseits 2 bläuliche Längsstreifen erneuern sich alle 8 - 11 Jahre
Blüten:	Mai - Juni, einhäusig weibliche: 6 cm langer, hellgrüner Zapfen, wird später braun, an den obersten Zweigen männliche: 2,5 cm lange, gelbe Kätzchen, dichtstehend
Zapfen:	Zapfen fallen nicht als Ganzes zu Boden, sondern nur die einzelnen Schuppen. Zapfenspindel bleibt am Baum stehen
Samen:	dreikantig, weich, mit breiten Flügeln
Sammelzeiten:	Zweige: April - Mai Zapfen: August
Inhaltsstoffe:	Ätherische Öle, Vitamin A und C, Harze
Holz:	gelblich bis rötlich, weich, leicht, leicht spaltbar

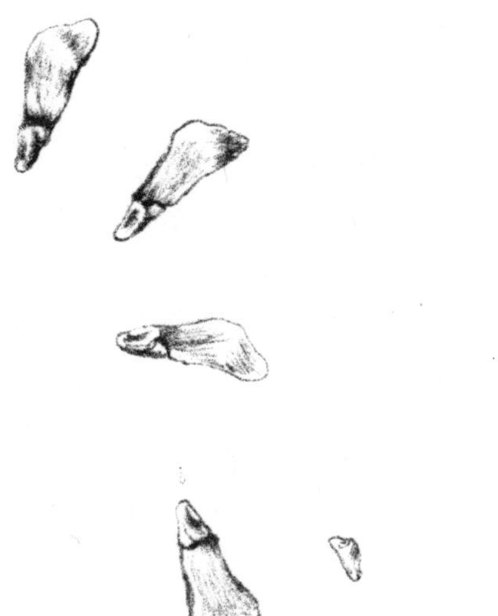

DIE ULME

Ulmus campestris – Feldulme
Ulmus montana – Bergulme
Ulmus laevis – Flatterulme

Familie der Ulmengewächse – *Ulmaceae*

Spaziergängern und Fahrradfahrern ist es vielleicht aufgefallen. Einige der großen Bäume am Straßenrand beginnen plötzlich im Sommer zu welken. Schon kurze Zeit danach sind ganze Äste braun geworden.
Das sind die Ulmen, um die es zur Zeit schlecht steht. Das sogenannte "Ulmensterben", eine Krankheit, die nur die Ulmen befällt, hat sich in den 20er Jahren stark ausgebreitet und wütet bis heute ungehemmt weiter.
Vom Nordosten Frankreichs griff diese Krankheit auf Holland über und befiel dort die holländischen Ulmen, Kreuzungen zwischen Feld- und Bergulme. Seitdem wird die Krankheit "Holländische Krankheit" genannt. Heute liegen alle Ulmen Europas im Einzugsgebiet der Ulmenkrankheit. Schon aus früheren Zeiten sind Berichte über das rätselhafte Ulmenwelken bekannt. Die Widerstandskraft des Baumes scheint aber jedesmal gesiegt zu haben, und die Krankheit verschwand wieder.
Doch jetzt sieht es ernster aus. Vor allem in trockenen Sommern welken die Bäume massenhaft dahin. Sie beginnen zu welken, werden braun und sterben dann ab. Heute sollen 90 % der Ulmen in Mitteleuropa von der Krankheit infiziert sein. Man befürchtet schon ein Aussterben des gesamten Ulmenbestandes. Und das, nachdem die Ulmen eine Entwicklungszeit von Jahrmillionen hinter sich haben.

Zusammen mit den Eichen waren die Ulmen am Ende der letzten Eiszeit, vor ca. 10.000 Jahren vor der Zeitenwende, in die Gebiete nördlich der Alpen zurückgekehrt. In den wärmeren Gebieten hatten sie die Eiszeit überstanden und bildeten jetzt mit den Eichen die riesigen Lauburwälder. Als die Zeit der Buchen gekommen war, wurden die Ulmen etwas zurückgedrängt.

Die Ulmenkrankheit hat gleich zwei Verursacher: einen Käfer und einen Pilz. Beide sind aufeinander eingeschworen in ihrem Zerstörungswerk an den Ulmen. Der Käfer ist ein ca. 6 cm großer, schwarzer Geselle mit braunen Flügeln. Dieser Ulmensplintkäfer bohrt sich in die Rinde der Ulmen. Das entstandene Bohr-

mehl, das man manchmal am Stamm oder auf Spinnweben am Baum entdeckt, ist ein Indiz für das Vorhandensein dieses Käfers. Er ist bereits am Werk: nachdem er sich durch die Rinde durchgefressen hat, geht er in die horizontale Lage und frißt sich zwischen Holz und Rinde einen geräumigen Muttergang zurecht. Hier hinein legt er seine Eier, aus denen sich die Larven entwickeln. Bevor diese zu Käfern heranwachsen, hinterlassen sie eine deutliche Spur. Hinter der lockeren Rinde steht ihr großes Fraßbild, ein dikker Hauptgang mit vielen kleinen Seitenästen, die wie Flügel angeordnet sind.
Die geschlüpften Käfer begeben sich sogleich zu ihrer Lieblingsspeise, den zarten Knospen und Blättern "ihres" Baumes. Diese Käfergeneration produziert noch mehr Larven, die allmählich das ganze Kambium zerstören.
Der Komplize des Käfers ist ein Schlauchpilz, der an dem Käfer kleben bleibt und so auf andere Bäume übertragen wird. Die Pilzfäden wachsen in die Leitungsbahnen des Baumes und verstopfen sie. Der Baum ist so von seinem eigenen Saft abgeschnitten und stirbt ab.
Es ist natürlich schon alles versucht worden, aber bis jetzt hat man noch kein wirksames Mittel gegen diese Schädlinge gefunden. Man bemüht sich, eine resistente Ulmenart zu züchten. Besonders in Holland scheinen sich erste Erfolge abzuzeichnen.

In Europa sind hauptsächlich drei Ulmenarten vertreten.
Die Feldulme, *Ulmus campestris*, wächst vor allem in Niederungen und an Flußläufen, wo sie zusammen mit Eiche, Erle und Pappel die Mischwälder der Auen bildet. Wie bei allen Ulmenarten sind auch ihre Blätter asymmetrisch geformt. Ein Blattöhrchen ist etwas kleiner ausgebildet als das andere. Die Blätter wirken grob und stumpf. Ungefähr in der Mitte haben sie eine kugelige Verformung.
Die Bergulme, *Ulmus montana*, kann etwas höher hinaufsteigen. Bis in 1.000 m Höhe findet sie noch einen geeigneten Standort. Auch sie liebt es feucht und stellt sich auch hier oben gern an Bäche und Flüsse. Ihre Blätter sind etwas länger als die der Feldulme. Sie sind an der Oberseite aufgerauht, während die Blätter der Feldulme an der Oberseite glatt sind. Das Holz der Bergulme wurde früher zur Herstellung von Waggons und Gewehrkolben gebraucht, heute stellt man nur noch Möbel daraus her.
Die Flatterulme, *Ulmus laevis*, liebt das Wasser am meisten. An Flußmündungen und in Niederungen hält sie sich dicht an den Wasserlauf. Selbst eine Überschwemmung kann ihr nichts schaden. Sie blüht ca. 2 Wochen vor ihren beiden Schwestern. Nach Ulmenart mit kleinen, roten Büscheln.
Sie kann der Ulmenkrankheit am meisten widerstehen. Ihr Holz jedoch ist nicht so geschätzt wie das der Bergulme. Nur noch selten wird sie angepflanzt.

Die Ulme ist heute ein richtiger Stadtbaum geworden, denn sie verträgt die verschmutzte Stadtluft verhältnismäßig gut.

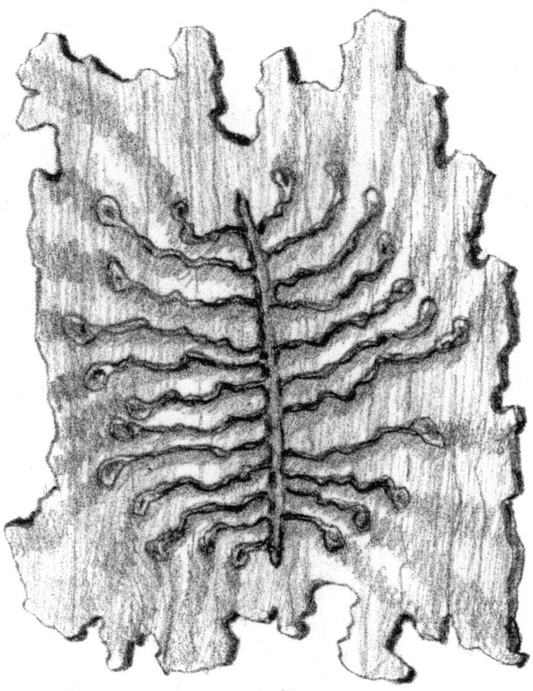

Auf dem Lande bildet die Feldulme mit ihrer dunklen imposanten Gestalt markante Punkte in der Landschaft.

Im Volksmund wurden die Ulmen mit verschiedenen Namen benannt: Rüster, Jffe, Jlme, Effe. Ortsnamen wie Jffeldorf, Jffigheim, Jffens deuten noch auf alte Ulmenstandorte hin.
In unserem Sprachraum gibt es wenig Sagen oder Geschichten über die Ulmen. Vielleicht wirken sie etwas zu traurig, aber nicht düster genug, um solche Schauergeschichten, wie sie sich um Erlen oder Eiben ranken, entstehen zu lassen. Den alten Griechen war die Ulme ein Symbol des Todes und der Trauer. Nymphen sollen das Grab Eätions, des Vaters der Andromache, mit Ulmen bepflanzt haben.

Sehr alt ist die Vorstellung von der Entstehung des Menschen aus einem Baum. Die Bäume wurden in männliche und weibliche Individuen eingeteilt, und so entstanden Frauen- und Männerbäume. Die Ulme galt als ein männlicher Baum.
In Italien wurden die "männlichen" Ulmen in die Weinberge gepflanzt, damit sich die "weiblichen" Rebstöcke daran stützen konnten.
Auch die germanische Mythologie kennt ein Baumpaar.
Die Götter, die am Strand entlangschlenderten, entdeckten zwei Baumstämme. Sie waren als Treibgut angeschwemmt worden. Es waren eine Ulme und eine Esche. Die Götter flößten den Stämmen Geist, Sprache, Blut und Leben ein und machten sie zu den Stamm-Eltern der Menschen.

Botanische Erkennungszeichen

Feldulme

Vorkommen:	ganz Europa außer nördliche Gebiete
Standort:	Niederungen, Flußauen bis 1.300 m
Höhe:	bis 30 m
Rinde:	anfangs braun-grau, später dunkelbraun und rechteckig gefurcht
Blätter:	wechselständig, asymmetrisch, eiförmig, Oberseite glatt und dunkelgrün, in den Nervenwinkeln behaart
Blüten:	März - April, zwittrig kurzgestielte Blütenknospen, in Knäueln angeordnet hellgelb oder rötlich
Früchte:	Juni flaches Nüßchen in großem talerförmigem Flügel
Sammelzeiten:	Rinde: Herbst (nur von gefällten Bäumen)
Inhaltsstoffe:	Gerbstoffe, Schleimstoffe, Kalium, Bitterstoffe
Holz:	bräunlich, grobporig, hart, zäh, elastisch, schwer zu spalten

Medizinische Verwendung

Die Feldulme wurde seit der Antike zum Heilen verwendet. Durch ihren hohen Gerbstoffgehalt eignet sie sich zur Behandlung von Durchfällen. Ihre Schleimstoffe schonen dabei die Schleimhäute des Magens. Der Tee regt zudem Blase und Nieren an und kann auch in Rheumatee-Mischungen verwendet werden.

Ein Absud aus der Rinde dient zum Waschen von Geschwüren, Wunden, Flechten und Hautausschlägen.

Auch in der Tierheilkunde hat sich die Heilkraft der Ulme schon seit langem bewährt. Hier wird sie bei Ekzemen als Pulver aufgestreut oder als Abkochung zu Waschungen gebraucht. Man mischt sie zu gleichen Teilen mit Eichenrinde.
Bei Koliken der Schafe, Ziegen und Pferde wird die Rinde pulverisiert und eingegeben.

Teemischung bei Durchfall

2 Teile Ulmenrinde
1 Teil Eichenrinde
1 Teil Tormentillwurzel

Von den zerkleinerten Zutaten gibt man 1 gehäuften Teelöffel auf 1 Tasse Wasser. Mit kaltem Wasser übergießen, erhitzen und ca. 5 Minuten kochen lassen. Abseihen und je nach Bedarf 2 - 3 Tassen täglich trinken.

DER WACHOLDER

Juniperus communis

Familie der Zypressengewächse – *Cypreaceae*

Eine schweigende Gruppe aufrechter Gestalten steht in der Heide. In einer längst vergangenen Zeit durch einen Zauberspruch festgebannt, warten sie noch immer ernst und geheimnisvoll auf das befreiende Losungswort. Und dann, in der Dämmerung, treten aus den säulenförmigen Figuren menschliche Gestalten heraus.

So mögen schon unzählige den Wacholder gesehen haben. Zu allen Zeiten hat dieser Baum durch seine eigenartige, menschenähnliche Gestalt fasziniert.

Wie die Eibe, so gehörte der Wacholder zu den dunklen Todesbäumen, die noch heute bevorzugt auf den Friedhöfen gepflanzt werden. Aber der Wacholder führt nicht direkt in die Schattenwelt, sondern er kann eine Umkehr bewirken. Die Seelen der Verstorbenen, so glaubte man, können sich im Baum verbergen und durch bestimmte Umstände wieder zum Leben zurückkehren. Der Wacholder war der europäische Totembaum. Diese Kraft, die man dem Baum zusprach, wird in den vielen Namen, mit denen man den Wacholder benannte, deutlich: Quickholder, Queckholder, Weckholder, Wacholder.

Er ist demnach ein Wach-halter, ein Lebendig-macher, der die Sterbenden am Leben erhalten kann. Zu Zeiten, in denen der Tod nahe war, wie z.B. in den grossen Pestzeiten des Mittelalters, galt der Wacholder als wichtiges Mittel, um vor Ansteckung zu schützen. Er war aber auch das magische Zauberholz, mit dem man die bösen Geister vertreiben konnte.

Auf den Plätzen der Dörfer und Städte wurden damals Notfeuer aus Wacholderholz entzündet. Mit den glühenden Scheiten dieser Feuer räucherte man danach die Krankenstuben aus. Rubine und Saphire wurden in Wacholderöl getaucht, und man zeichnete damit Zauberkreise um die Krankenstuben.

Heute weiß man, daß der Wacholder eine stark desinfizierende Wirkung hat und diese seltsam anmutenden Bräuche nicht sinnlos waren. Von dem Gebrauch des Wacholders als Räuchermittel zeugen noch weitere Namen, die man ihm gegeben hat: Reckholder, Racholder, Räucholder. Auch innerlich wurden die Wacholderzubereitungen während der Pestzeiten eingenommen. Das Öl und Harz verarbeitete man zu vielen "Geheimmitteln wider die Pest". Die Vögel sollen es

während der Pestzeit von den Dächern gepfiffen haben: *"Eßt Kranewitt (Wacholder) und Bibernell, dann sterbts nit so schnell."* Kranewitt wurde der Wacholder nach einem Vogel benannt, der seine aromatischen Beeren besonders gern nascht: der Krammetvogel, wie im Mittelhochdeutschen die Wacholderdrossel bezeichnet wird.
Vielleicht war der schöne Vogel im Grimm'schen Märchen vom "Machandelboom" auch eine Wacholderdrossel. In diesem Märchen zeigt sich der Machandelboom, nämlich der Wacholderbaum, wieder als Sitz einer verstorbenen Seele: Das von der bösen Stiefmutter getötete Kind entsteigt als Vogel dem Nebel, der aus einem Wacholderbaum strömt.

Von den vielen Wacholderbräuchen haben sich einige bis weit in unsere Zeit erhalten.
In Niederbayern war die Martinsgerte meist aus Wacholderreisig gebunden. Am St. Martinstag zog der Dorfhirte mit der Martinsgerte von Haus zu Haus und steckte einen Zweig davon an die Stalltüre. Der Zweig sollte das Vieh vor Krankheiten schützen und es fruchtbar machen. Die bösen Geister, die das Vieh verhexen könnten, sollten vor dem Wacholderzweig Reißaus nehmen. Während der Hirte den Zweig aufsteckte, sprach er dazu:

"Kimmt der Martini mit seiner Gert:
Glück ins Haus, Unglück ausn Haus!
So viel Krametsbia (Wacholderbeeren), soviel Kälberküh!
Nehmts die Martinigert und steckt sies ober d'Tür."

So diente der Wacholder besonders als Gegenzauber in einer Zeit, in der man noch an Verzauberungen und Bannsprüche von Teufeln, Hexen und bösen Nachbarinnen glaubte.
Gegen das Verhexen der Milch sollte diese nur mit einem Wacholderstock gerührt werden, und damit der Wein nicht durch die Sprüche eines Neiders schlecht werde, waren im Weinfaß einige Wacholderstücke mit eingearbeitet.
Sogar Diebe soll man mit dem Wacholder erkennen können. Frau Wacholder, so sagte man, kann Diebe zwingen, gestohlenes Gut zurückzubringen. Man mußte nur folgende Regel genau befolgen:
"Gehe vor Sonnenaufgang zu einem Wacholderbusch, beuge einen Zweig mit der Linken nach Osten bis auf die Erde hinunter und lege einen Stein darauf. Spreche: Wacholderstrauch ich tue dich bücken und drükken bis der Dieb sein gestohlenes Gut wiedergebracht hat." Der Dieb wird kommen. Sobald er aber das Gestohlene gebracht hat, muß man den Zweig lösen und den Stein genau an seine vorige Stelle legen.

Leider hat die hohe Einschätzung, die der Wacholder zu allen Zeiten genoß, ihn so dezimiert, daß er heute unter Naturschutz gestellt worden ist, um ihn vor der völligen Ausrottung zu schützen.
Das begehrte Holz, das heute zwar nicht mehr zu Zauber, sondern nur noch zum Räuchern von Fleisch und Fisch verwendet wird, darf nicht mehr gesammelt werden. Die Beeren, ein wunderbares Gewürz, stehen nicht unter Naturschutz. Um diese Beeren heranzureifen, läßt sich der Wacholder Zeit. Erst 2 Jahre nach der Blüte sind sie reif.

Der Wacholder ist im Gegensatz zu den anderen Nadelbäumen zweihäusig. Im April erscheinen die weiblichen und männlichen Blüten. Die weiblichen sind gelblich und entwickeln sich aus drei dicht aneinanderstehenden Samenknospen. Die männlichen bilden eine gelbe, stäubende Blütenstaude.
Einzigartig unter den Nadelbäumen sind die Nadeln des Wacholders. Meergrün, zu dreien zusammenstehend, reihen sie sich in vielen Stockwerken an den Zweigen empor. Das dicht geschlossene Nadelkleid bildet insgesamt die dunkelgrüne Wacholdergestalt, die, von weitem gesehen, mit meergrünen Nischen durchsetzt ist.

Medizinische Verwendung

"Vor dem Holunder soll man den Hut abnehmen, vor einem Wacholder aber muß man in die Knie gehen." Dieser alte Spruch zeigt, wie sehr man die Heilkraft des Wacholders geschätzt hat. Wie der Holunder war

auch der Wacholder eine regelrechte Baum-Apotheke, die man für unzählige Leiden in Anspruch nahm.

Der Wacholder ist nicht erst zu Pestzeiten berühmt geworden. Schon auf der altägyptischen Papyrusrolle, auf der auch der Ahorn erwähnt ist, wird der Wacholder in die Reihe der wichtigsten Heilpflanzen aufgenommen.

Die alten Anwendungen haben sich bestätigt: der Wacholder besitzt eine starke keimtötende und abwehrsteigernde Kraft. Noch heute kann man sich durch das Kauen von Wacholderbeeren vor Ansteckung während der Grippezeiten schützen.

Bewährt hat sich der Wacholder auch bei Lungenkrankheiten, Bronchitis und Erkältung. Es muß nicht gleich die Pest sein, um nach der Wacholder-Medizin zu greifen. Für die oben genannten Krankheiten empfiehlt sich neben dem Kauen der Beeren auch die Inhalation. Da der Wacholderbaum unter Naturschutz steht, sollte man nur die Präparate aus der Apotheke verwenden, es sei denn, man besitzt im Garten einen eigenen Wacholderstrauch. Die Inhalation bereitet man, wie bei Fichte und Tanne angegeben. Von dem ätherischen Öl aus dem Wacholder gibt man einige Tropfen ins heiße Wasser. Man kann das Öl auch einnehmen. Hierzu träufelt man 1 - 3 Tropfen des reinen ätherischen Öles auf einen Würfelzucker.

Aus diesem Öl hat man früher nach komplizierten Rezepten Räucherkerzen zum Reinigen der Luft herge-

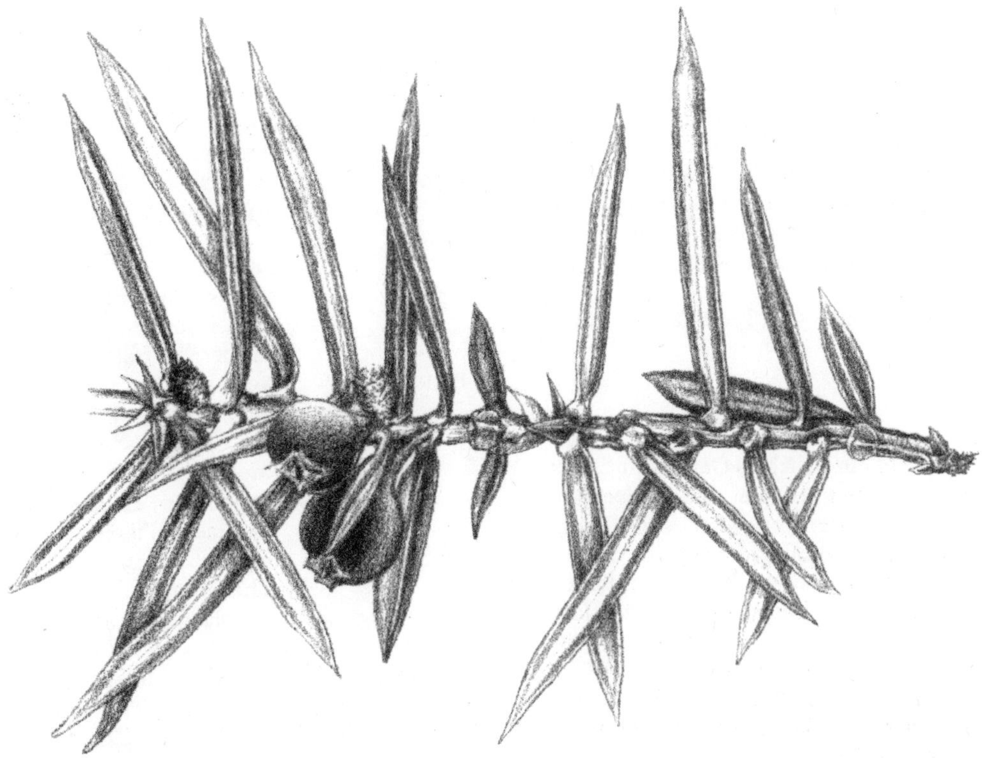

stellt. Einige Tropfen des Öls in den Wasserbehälter der Heizung oder auf eine Lampe gegeben, erfüllen fast den gleichen Zweck.
Der Wacholder gilt in der heutigen Pflanzenheilkunde als ein Ableitungsmittel auf die Nieren. Durch seine anregende Wirkung auf die Nieren werden die im Körper angesammelten schädlichen Stoffe ausgeschieden. Diesen Effekt nützt man zur Behandlung von Rheuma, Gicht, Arthrose, Hautkrankheiten und Wassersucht. Auch bei Harnverhalten und Neigung zur Steinbildung helfen die Wacholderzubereitungen.
Für den Tee setzt man 1 Teelöffel der angequetschten Beeren mit 1 Tasse kaltem Wasser an, erhitzt und läßt kurz aufkochen. Ziehen lassen und abseihen. Tagesdosis sind 2 Tassen des Tees.
Der Wacholdertee und alle anderen Zubereitungen dürfen jedoch nicht während einer vorhandenen Nierenkrankheit eingenommen werden. Dies kann zu Nierenschädigungen führen. Besonders bei entzündlichen Nierenkrankheiten sollte man den Wacholder nicht gebrauchen. Der geschädigten Niere ist diese Anregung zuviel. Auch während der Schwangerschaft sollte der Wacholder beiseite gestellt werden. Die oben genannten Krankheiten können neben der Teekur, die nie länger als 6 Wochen dauern sollte, auch mit Wacholderbädern behandelt werden. Hierfür wird man auf ein Fertigpräparat zurückgreifen müssen.

Kräuterpfarrer Kneipp hat den Wacholder besonders hoch geschätzt. Er empfahl Magenkranken seine Wacholderkur:
Am ersten Tag der Kur beginnt man mit 5 Beeren, die gut zerkaut werden müssen. Jeden Tag kaut man eine Beere mehr, bis man schließlich bei 15 angelangt ist. Ab dann nimmt man täglich eine Beere weniger ein, bis man wieder bei 5 Beeren angelangt ist.
Die Beeren wirken anregend auf die Darmfunktion und steigern den Appetit. Sie erfüllen also als Gewürz in schwer verdaulichen Speisen ihre Funktion als Hilfe für Magen und Darm.
Zusammen mit weiteren Magenpflanzen ergeben sie einen guten Magenbitter:

Magenbitter

2 Teile Wacholderbeeren
2 Teile Angelikawurzel
2 Teile Orangenschalen (ungespritzt)
1 Teil Kalmus
1 Teil Enzianwurzel
70 %iger Alkohol, Menge je nach Kräuteranteil

Die frischen oder getrockneten Kräuter in eine weithalsige Flasche füllen, so daß sie zur Hälfte gefüllt ist. Mit 70 %igem Alkohol übergießen, an einen warmen Ort stellen und 4 Wochen ziehen lassen. Abseihen und in eine Tropfflasche füllen.
Davon nimmt man 20 - 30 Tropfen vor dem Essen ein.

Der aus den Beeren zubereitete Sirup ist ein Heilmittel bei Lungenschwäche, Husten, Bronchitis und dient zur Abwehrsteigerung in Grippezeiten. Für Kinder ist er ein Stärkungsmittel.

Wacholdersirup

1 Pfd Wacholderbeeren
2 l Wasser

Die Beeren zerquetschen und mit kochendem Wasser übergießen. Zudecken und über Nacht stehenlassen. Langsam erhitzen und kurz aufkochen lassen. Durch ein Sieb passieren. Nochmals aufkochen. Eventuell Zucker oder Honig zugeben. Kühl und gut verschlossen aufbewahren.
Tagesdosis für Erwachsene: 3 - 4 Teelöffel, für Kinder 2 Teelöffel.

Kochrezepte

Wacholderbeeren sind ein beliebtes Gewürz für Sauerkraut, Fleisch- und Fischgerichte. Wacholdergeräuchertes ist leider sehr selten geworden, weil das aromatische Wacholderholz zum Räuchern von Fleisch und Fisch so begehrt war, daß der Wacholder deshalb in manchen Gegenden fast ausgerottet wurde. Jetzt steht er unter Naturschutz, und sein Holz und seine Zweige dürfen nicht mehr gesammelt werden.
Bei den Beeren darf man aber noch zugreifen. Als Gewürz sammelt man sie im September oder Oktober, trocknet sie und bewahrt sie gut verschlossen auf.

Die folgende Kräutermischung dient als Ansatz für Essig oder Öl und ergibt einen aromatischen Kräuteressig oder ein würziges Salatöl.

Kräutermischung

3 Eßl Wacholderbeeren
2 Knoblauchzehen
1 Teel Senfkörner
1/2 Teel grüne Pfefferkörner
2 Teel Rosmarin
1 Teel Thymian
2 Teel Estragon
1 Teel Salbei
1 Holunderblütendolde
5 Gewürznelken
4 Lorbeerblätter
1 l Essig oder 1 l kaltgepreßtes Sonnenblumenöl

Die Kräuter, frisch oder getrocknet, in ein weithalsiges Glas füllen. Mit dem Essig oder Öl auffüllen und gut verschließen. 4 Wochen ziehen lassen. Gelegentlich umschütteln. Abseihen und in eine Flasche füllen.

Botanische Erkennungszeichen

Vorkommen:	fast überall in Europa
Standort:	Heide, lichte Nadelwälder, Südhänge bis 1.600 m
Höhe:	als Strauch 2 - 3 m als Baum bis 10 m
Rinde:	braun, später grau-schwarz mit Längsrissen
Nadeln:	sehr spitz, blaugrün, in Dreierquirlen, bläulich-weißer Mittelstreifen auf der Oberseite
Blüten:	April - Mai, zweihäusig weibliche: grünliche Zäpfchen aus drei zusammenstehenden Samenknospen männliche: gelbe Kätzchen aus vielen Staubgefäßen
Früchte:	eigentlich Beerenzapfen, im ersten Jahr hellgrün, im zweiten und dritten blauschwarz, der Same reift im September des zweiten Jahres
Sammelzeiten:	Beeren: September - Oktober
Inhaltsstoffe:	Ätherische Öle, Bitterstoffe, Gerbstoffe, Harz, Campher, Pinen, Pektin

DER WALNUSSBAUM

Juglans regia

Familie der Walnußgewächse – *Juglandaceae*

Mit dem gleichnamigen Riesenfisch hat der Walnußbaum nichts gemeinsam. Sein Name erklärt sich aus der Reiseroute, die ihn von seinem Ursprungsland bis ins heutige Deutschland führte. Die ursprüngliche Heimat des Walnußbaumes ist Mittelasien. Über die Griechen lernten die Römer den Baum kennen, führten ihn ein und kultivierten ihn in ihren Gärten. Um 800 n.Chr. wurde der Baum auch nördlich der Alpen

bekannt und populär, besonders nachdem er von Karl dem Großen zum Anbau empfohlen und angeordnet wurde. *"Welchen"* oder *"Walcher"* wurden damals die Bewohner Galliens und Italiens genannt. Die zweite Bedeutung dieses Wortes war "fremd, andersartig". Da der Walnußbaum über Frankreich, dem damaligen Gallien, nach Deutschland eingeführt wurde, belegte man ihn mit dem Namen Walchbaum oder Welschbaum. Ab dem 18. Jahrhundert ist der daraus entstandene Name Walnußbaum bezeugt.
Auch der lateinische Name *"Juglans regia"* hat seine Geschichte. Die Griechen sahen in den Walnüssen die Speise ihrer Götter. Auch die Römer wollten die wertvollen Nüsse den Göttern weihen und nannten sie *Jovis glans*, Eicheln des Jupiter.
So stammt der Walnußbaum aus einer viel wärmeren Gegend als der unseren. Daraus erklärt sich seine grosse Frostempfindlichkeit. Wenn die Blüten im April oder Mai noch vom Frost erwischt werden, ist es um die Nußernte geschehen. Der 25. April, der Markustag, wird deshalb von den Bauern und Nußbaumbesitzern als "Nußfressertag" gefürchtet.
Die empfindlichen Blüten sind eher unscheinbar. Die weiblichen entspringen an der Spitze der Zweige in gelblichen Trauben. Die männlichen Kätzchen hängen an den Blattachsen der vorjährigen Zweige.
Ein Zusammenkommen der beiden ermöglicht der Wind, denn die Insekten scheint der Walnußbaum nicht besonders zu interessieren. Im Gegenteil, die Ausdünstungen der Blätter gelten als Abwehrmittel gegen Insekten. Zerreibt man sie zwischen den Händen, strömen sie einen aromatischen Duft aus. Deshalb hat man früher gern einen Walnußbaum in die Nähe der Jauchegrube gepflanzt, damit er die Insekten fernhält.
Der Duft der Blätter galt im Mittelalter als reinigend. Die Krankenzimmer wurden damit ausgeräuchert, genau wie mit Weihrauch und Wacholder.

Das Begehrteste am Walnußbaum sind jedoch seine Nüsse. Sie haben einen sehr hohen Gehalt an fettem Öl und eignen sich zur Herstellung von Speiseöl. Dafür werden die Nüsse getrocknet und in einer Ölpresse ausgequetscht. Das Nußöl ist hellgelb und schmeckt nußartig. Aus 50 kg Nüssen erhält man etwa 10 l Öl.

Das Öl hat nur einen Nachteil: es wird sehr schnell ranzig. Durch den Import ausländischer Speiseöle ist es immer weniger im Gebrauch. Ein weiterer Grund dafür ist die starke Dezimierung der Nußbäume. Das Holz wird hoch bezahlt, und deshalb wanderten viele alte Nußbäume in die Möbelfabrik.

Die alten Ärzte haben vor den Walnüssen gewarnt. Sie hielten sie für ein besonders schwer verdauliches Nahrungsmittel. In den Gesundheitsregeln der Schule von Salerno, der im Mittelalter berühmtesten medizinischen Hochschule Europas, werden auch die Nüsse als Nahrungsmittel behandelt. Die salernitanischen Ärzte scheinen sie nicht besonders geschätzt zu haben. Vielleicht hängt dies mit dem alten Fruchtbarkeitszauber um die Nüsse zusammen, den die Mönchsärzte nicht gutheißen konnten. Wieder andere erklären diese Stelle aus den Gesundheitsregeln aus der astrologischen Entsprechung. Die Walnüsse waren dem Mars zugeordnet, und damit dem problematischen Temperament des Cholerikers.

"Nach dem Fische die Nuß, wie nach dem Fleische der Käse,
Eine bekommt, die zweite ist schädlich und tödlich die dritte."

Diese kurze Abhandlung über die Nüsse im *Regimen Sanitatis Salernitanum** greifen spätere Autoren immer wieder auf.

"Nuß soll man nach Fischen essen/dann sie mit ihrer Wärme oder Truckne den zähen Schleim zerteilen", schreibt Tabernaemontanus 1731 in seinem Kräuterbuch.

An einer Nuß wird wohl noch niemand gestorben sein. Doch so ganz unrecht haben die Alten wohl doch nicht. Nüsse gehören zu den fettreichsten und kalorienträchtigsten Nahrungsmitteln. Sie enthalten bis zu 60 % Fett. Man sollte vielleicht, angesichts dieser Werte, seinen Hunger mit leichteren Nahrungsmitteln stillen und die Walnüsse nur als proteinhaltige (bis 18 %) und köstliche Beigabe oder Nachspeise reichen.

Kehren wir nach diesem kulinarischen Ausflug noch einmal zur Nuß als einem Symbol der Fruchtbarkeit zurück. Wahrscheinlich hat sich der alte Glaube, der sich mit den Haselnüssen verband, auch auf die "neue" Walnuß übertragen. Sie steht der Haselnuß dabei um nichts nach.
Der frischgebackenen Braut empfahl man in Bayern und Südtirol, viel Nüsse zu essen. Das war schon eine ganz unverblümte Forderung nach reichem Kindersegen.
Und die Bauern dachten im Umgang mit den Nüssen ganz praktisch: um die Fruchtbarkeit der Kühe zu erhöhen, verabreichten sie den Tieren an ganz bestimmten Tagen drei Nüsse.
Die Nachgeburt einer Stute soll man im Allgäu an einen Nußbaum gehängt haben, um Stute und Fohlen bei guter Gesundheit zu erhalten.

Die Erklärung des Ausdruckes "Kopfnüsse verteilen" gehört auch ins Kapitel über die Walnuß. Zur Ernte der reifen Nüsse muß man eine besondere Regel befolgen: man wartet nicht einfach, bis sie herunterfallen, sondern sie müssen mit langen Stecken vom Baum **gehauen** werden. Erntet man die Nüsse "falsch", so soll der Ertrag im nächsten Jahr gleich sehr viel geringer sein.
Und noch etwas mußte ein "Nußbauer" beachten, besonders einer, der es gerne werden wollte. Es galt früher als erwiesene Tatsache, daß die Eiche mit dem Nußbaum in alter Fehde stehe. Nie hätte ein Bauer beide Bäume zusammengepflanzt, denn er wußte, daß dabei die Eiche den kürzeren ziehen würde und abstürbe.

"Man sagt, daß eine solche Uneinigkeit under dem Nußbaum und Eichbaum sey/daß er neben einem Nußbaum gepflanzt/ganz verderbe", heißt es 1679 im Kräuterbuch des Adamus Lonicerus.
Der Walnußbaum soll nicht nur für die Eiche schädlich sein. Schon im ersten Jahrhundert nach Christus schrieb Plinius der Ältere in seiner großen Enzyklopädie über den Walnußbaum wenig Rühmliches. Der Schatten des Walnußbaumes soll so schädlich sein, daß er alle anderen Pflanzen zerstören kann. Diese Meinung hat sich im Laufe der Jahrhunderte so verstärkt, daß man glaubte, ein kurzes Nickerchen unter einem Walnußbaum könnte tödlich enden.
Tatsächlich kann der Walnußbaum unter seiner Krone wachsende Pflanzen im Wachstum hemmen, das Gras wächst spärlicher, Blumen gehen ein. Kein Grund, den Walnußbaum ganz zu verdammen. Nur etwas mehr Abstand bewahren.

Das Holz des Nußbaumes gehört zu den begehrtesten einheimischen Nutzhölzern. Seine eigenartige Textur, seine wunderschöne braun-graue Färbung hat es zum Lieblingsholz der Möbelbauer gemacht. Besonders in Frankreich, wo die Walnuß heimischer ist als bei uns, sind wunderschöne Prachtstücke aus Walnußholz entstanden.

Medizinische Verwendung

Der Walnußbaum wird in der Naturheilkunde den blutreinigenden Pflanzen zugeordnet. Blutreinigend wirken diese Kräuter, indem sie die Organe anregen, die für die Ausscheidung von eingelagerten Giftstoffen im Körper zuständig sind: Leber, Blase, Nieren, Darm und Haut.
Besonders bei Hautkrankheiten, die meist eine innere Ursache haben, wird der Walnußblättertee empfohlen. Bei chronischen Ekzemen, Hautausschlägen und Akne trinkt man über längere Zeit hinweg 2 - 3 Tassen täglich.
Die frisch gepflückten Blätter werden sorgfältig getrocknet und gut verschlossen aufbewahrt. 2 Teelöffel davon übergießt man mit 1 Tasse kochendem Wasser und läßt ca. 5 Minuten ziehen.
Die Blätter kann man auch mit anderen Kräutern zu einem Blutreinigungs- oder Stoffwechseltee mischen.

Blutreinigender Tee

2 Teile Walnußblätter
2 Teile Brennesselblätter
1 Teil Feldstiefmütterchenkraut
1 Teil Erdrauchkraut
1 Teil Fenchelsamen

1 gehäufter Teelöffel der Mischung reicht für 1 Tasse Wasser. Das Wasser zum Kochen bringen, und die Kräuter in den Topf geben. Vom Herd nehmen und zugedeckt noch ca. 5 Minuten ziehen lassen. Abseihen und möglichst nicht süßen. Tagesdosis: 2 - 3 Tassen.

Der zweite Wirkungsbereich des Walnußbaumes wird in der Naturheilkunde als "lymphatisch-skrophulöse Diathese" umrissen. Die alten Naturheilkundigen bezeichneten damit die Bereitschaft des Menschen, an einer Reihe von bestimmten Krankheiten zu erkranken. Diese Veranlagung kann auch erblich bestimmt sein.
Drüsenschwellungen, Rachitis, Knochenerkrankungen, Karies, ständig entzündete Augen, Geschwüre, Hauterkrankungen sind die bezeichnensten Krankheiten dieses Symptom-Kreises. Zu ihrer Heilung empfahlen sie Walnußblättertee oder auch Zubereitungen aus den grünen Nußschalen. Zur Verstärkung der inneren Anwendungen helfen Waschungen und Bäder der erkrankten Körperteile oder auch Vollbäder. Besonders in der Kinderheilkunde haben sich die Walnußbäder zur Heilung von Milchschorf bewährt.
Aus den Schalen kann man auch ein Hautöl herstellen, das die Haut stärkt und anregt. Zudem verleiht es ihr eine bräunliche Tönung.

Die Nüsse müssen um Johanni geerntet werden, wenn sie noch unreif und grün sind. Zerschneiden (Finger sind danach dauerhaft braun, deshalb eventuell Handschuhe benützen) und ein weithalsiges Glas zu 2/3 füllen. Mit kaltgepreßtem Olivenöl oder Sonnenblumenöl auffüllen. Zuschrauben und an einem warmen Ort oder an der Sonne 3 Wochen ziehen lassen. Abseihen und kühl lagern. Gibt man zu diesem Öl einige Tropfen ätherisches Nelkenöl (*Oleum Caryiophylli aether.*), ergibt dies ein insektenabwehrendes Sonnenöl.
Mit einigen Tropfen ätherischem Rosmarinöl und Citronellöl wird das Nußöl zu einem guten Massageöl.

In der Frauenheilkunde wird die Walnuß gleich zweimal verwendet. Zu Spülungen bei Ausfluß bereitet man, beziehungsweise frau, sich einen Tee aus den Blättern. Dieser wird zu körperwarmen Spülungen verwendet. Er kann auch mit Frauenmantelkraut gemischt werden.
Zum Abstillen hat man früher die frischen Blätter als Auflagen verwendet. Auch als Tee zubereitet, werden die Blätter hierfür empfohlen.

Als es noch keine Haarfärbemittel aus der Tube gab, war man auf die Farbtöne aus der Natur angewiesen. Sie haben den Vorteil, daß sie die Haare weniger angreifen und frei von den teilweise bedenklichen Giftstoffen sind. Allerdings sind die Anwendungen damit sehr mühsam und erfordern Erfahrung und Übung. Auch der Walnußbaum gehörte in die Reihe der Pflanzenfärbemittel. Mit den Zubereitungen aus den Blättern und Schalen färbte man früher die Haare dunkelbraun. So lautete das abenteuerliche Rezept eines Haarfärbemittels vor 100 Jahren:

"Ausgezeichnetes und unschädliches Mittel zum Schwarzfärben der Haare:
1/2 Pfund Walnußblüten, 1 Pfund Senföl, werden in einem eisernen Gefäß 3 Wochen lang in Pferdemist vergraben, jedoch täglich umgeschüttelt, dann durchgeseiht, 1 Skrupel blauer Vitriol, 1 Drachme Katechu dazu gemischt, und das ganze als Haarfärbemittel benutzt."

Es geht auch einfacher, wenn auch nicht ganz so wirkungsvoll:
Für eine Haarspülung können wir die Walnußblätter zu einem Tee aufbrühen. Nach der letzten Wäsche die Haare damit spülen. Verleiht braunem Haar einen schönen Glanz. Eine stärkere Tönung ergibt eine Abkochung aus den grünen Walnußschalen. Sie können frisch oder getrocknet verwendet werden.

Kochrezepte

Aus dem Jahre 1577 ist uns von Hironymus Bock folgende Rezeptangabe zur Verwendung der grünen Nußschalen in der Küche erhalten:

Etliche Kuchenmeister dörren Nußleuffel/pulverisieren die selbige/und brauchen sie für Pfefferwurtz inn der Kost/und so man ein wenig gedörrter Salbey darzu nimpt/schmeckt es nicht ubel."

Die gedörrten Schalen dienten somit als Ersatz für den teuren Pfeffer. Dieser Gebrauch ist heute ganz in Vergessenheit geraten.
Aber der Nußlikör wird gelegentlich noch serviert. Wer sich diesen feinen Likör selbst zubereiten möchte, streiche sich im Kalender den 24. Juni, den Johannistag, rot an. Dieser Tag gilt traditionell als "Ansetztag" für diesen Likör.

Nußlikör

25 grüne Nüsse
1 l Korn
1 Zimtstange
1 Vanillestange (aufgeschlitzt)
4 Nelken
2 Teel Rosinen
275 g Zucker
1/2 l Wasser

Die frisch geernteten Nüsse grob zerkleinern und in ein weithalsiges Schraubglas füllen. Zimt, Vanille, Nelken und Rosinen zugeben und mit dem Korn auffüllen. Verschließen und 4 Wochen an der Sonne oder an einem warmen Ort stehen lassen.
Abseihen. Den Zucker mit dem Wasser aufkochen und der Walnußessenz zufügen. In Flaschen füllen und noch gut 2 Monate im Keller reifen lassen.

Die grünen Walnüsse können auch nach einem recht komplizierten Verfahren kandiert werden.
So lautet das Rezept dafür aus dem Jahre 1731:

Von eingemachten Nüssen
"Um St. Johannes Tag breche der welschen Nuß also frisch vom Baum/durchstich sie creutzweiß mit einem kleinen Pfriemlein/und schele die grüne/bittere Schelffe davon/nachmals lege sie sieben oder zehen Tag in frisch Brunnenwasser/(welches Wasser soll des Tages einmal oder zwey erfrischet werden)/wenn ihnen nun die Bittere ist benommen/so laß bey sanfftem Feur sieden/biß sie mürb/doch nicht gar weich werden/nochmals truckne sie auf einem Sieb/bestecke die gestochene Löchlein mit Zimet/Näglein und Pommerantzenschelffen/siede den Zucker ziemlich hart ab.
Etliche machen sie auch in Honig ein."

Diese eingemachten Nüsse schmecken sehr gut. Der Arbeitsaufwand ist jedoch groß. Für den, der es trotzdem ausprobieren will, noch einige Erklärungen: Zum Durchstechen der Nüsse habe ich Zahnstocher verwendet. Mit Nägelein meint der Autor Nelken, und Pommerantzenschelffen sind einfache, am besten ungespritzte Orangenschalen. Die so zubereiteten Nüsse werden in Zuckersirup (375 g Zucker auf 3/4 l Wasser) aufgekocht, in Gläser gefüllt und mit dem Sirup übergossen.

Walnußpastete

1 Pfd Kartoffeln
1 1/2 Tassen frisch gemahlene Walnüsse
1 1/2 Tassen scharfer Käse
3 Eier
1 Teel frischer grüner Pfeffer
1 Teel Salz
1 Teel Basilikum (falls vorhanden, das frische Kraut)

Die Kartoffeln weichkochen, schälen und mit dem Kartoffelstampfer zerdrücken. Walnüsse, den kleingeschnittenen Käse, Eigelb, Pfeffer, Salz und die Gewürze zugeben. Alles gut vermengen. Die geschlagenen Eiweiß unterziehen und in eine gefettete Backform geben. Bei mittlerer Hitze ca. 30 - 40 Minuten backen, bis die Pastete goldbraun geworden ist. Mit etwas saurer Sahne oder Joghurt servieren.

Botanische Erkennungszeichen

Vorkommen:	West- und Mitteleuropa
Standort:	warme geschützte Lagen bis 800 m
Höhe:	bis 20 m
Rinde:	aschgrau, rissig
Blätter:	wechselständig, unpaarig gefiedert, aus 5 - 13 Fiederblättchen zusammengesetzt, dunkelgrün, glänzend
Blüten:	Mai, einhäusig weiblich: gelbe Trauben an den Zweigenden männlich: grünliche Kätzchen an den Blattachsen der vorjährigen Triebe
Früchte:	kugelige Nuß mit grüner Schale, im strengen botanischen Sinn eigentlich keine Nuß, sondern ein Kern von Steinfrüchten
Sammelzeiten:	Blätter: Mai - Juni grüne Nüsse: Ende Juni - Anfang Juli reife Nüsse: September
Inhaltsstoffe:	Gerbstoffe, ätherisches Öl, Bitterstoff, Eiweiß, Öl
Holz:	graubraun, dunkelbraun, fein, schlecht spaltbar, zäh, biegsam, lebendige Maserung

DIE WEIDE

Salix alba – Silberweide
Salix caprea – Salweide
Salix fragilis – Bruchweide

Familie der Weidengewächse – *Salicaceae*

Die gekrümmten Gestalten, in zottige Fetzen gehüllt, mit aufgedunsenen Köpfen und wild zu Berge stehenden Haaren haben schon so manchem Wanderer einen furchtbaren Schrecken eingejagt. Und als dieser dann feststellte, daß er die Kopfweiden im Nebel für Gestalten gehalten hatte, seufzte er erleichtert.

Doch wenn er seine Verwechslung nicht bemerkte und endlich im nächsten Gasthaus eingekehrt war, gab er dort die schauerliche Geschichte von den Hexen und Kobolten zum besten, denen er mit knapper Not entkommen war.

Zur Zeit der Hexenverfolgungen wähnte man unter

den Weiden die Hexen und deren Komplizen, denn jeder wußte ja, daß diese ihre Zauberbesen mit Vorliebe aus den Ruten der Weiden fertigen.
Die Weide war der Hexenbaum, und eine Frau, die sich nachts dort herumtrieb, war allemal verdächtig.

Nicht immer waren es böse Hexen gewesen, die sich in den hohlen Weidenstämmen verbargen oder unter den silbernen Blättern tanzten.
Demeter selbst, die antike Göttin der Ähren und des Wachstums der Pflanzen, erschien in ihrem geweihten Weidenbaum. Und manchmal tauchte Persephone, ihre Tochter, die Göttin des Todes und der Wiedergeburt, im Dunkel des Stammes auf.
Der Mond und das Wasser, beides lebensspendende Kräfte, die zur Fruchtbarkeit der Erde beitragen, wurden zusammen mit den Weiden als Symbol der Göttinnen verehrt.
Die Weide gehört mit dem Apfelbaum, der Erle und dem Kirschbaum zu den Mondbäumen, die in früheren Zeiten als Bäume der großen Mütter hohes Ansehen genossen und nach der Christianisierung zu Geister- und Hexenbäumen gemacht wurden.
Warum war gerade die Weide ein wichtiges Sinnbild für den Kreislauf des Lebens, für das Entstehen und das Absterben zugleich?
Ich habe mich schon oft gewundert, daß aus den geköpften Baumstrünken der Weiden wieder neue Zweige geradezu herausschießen. Auch aus den Baumscheiben gefällter Weiden drängt es heraus und bald entsteht ein neues Weidengestrüpp. Die Weide braucht nicht zu warten, bis aus einem Samen ein neuer Baum entstanden ist, ihr alter Körper ist der Nährboden für neue Bäume. Selbst aus Weidenzweigen, in die Erde gesteckt, werden neue Bäumchen.
In dieser unbändigen Lebenskraft sahen die Menschen die erneuernde Kraft der Demeter.
Persephone, die Todesgöttin, liegt über den vielen Weidenbäumen, die noch als grünender Baum von innen heraus zu faulen beginnen und langsam zerfallen. Das Holz der Weide hat wenig Widerstandskraft und ist bald von Fäulnis zerfressen.
Die Weide liebt das Wasser, sie kann nicht nahe genug an ihrem geliebten Element stehen. Mit ihren Wurzeln scheint sie wie mit Rüsseln das Wasser aus dem Bach zu saugen.
Auch das Wasser, an dem die Weide wächst, galt als doppeldeutiges Element der Göttin. Lebensspendend und gefährlich zugleich.
Während der Thesmophorien, dem Fest zu Ehren der Göttin, bei denen die Frauen alljährlich in Athen in die Geheimnisse der Demeter und Persephone eingewiesen wurden, waren deshalb frische Weidenzweige als Lagerstätte ausgebreitet.

Die Druiden der frühen Kelten hatten die Weide als 5. Baum in ihr Baumalphabet aufgenommen. Zur Zeit der Weidenblüte feierten sie das Fest der Wiedergeburt der Natur. Weidenzweige wurden in den Boden gesteckt, um die Fruchtbarkeit der Felder zu fördern.
In ländlichen Gegenden haben sich diese Vorstellungen der früheren Menschen bis weit in unsere Zeit erhalten.
Die Weide galt als heilender Baum, der die Fähigkeit besaß, Unheil und Krankheit auf sich zu nehmen. Besonders bei Fieber und Gicht suchten die Menschen Weidenbäume auf. Wunderheiler, Gesundbeter, wie sie noch heute auf dem Lande praktizieren, verbannten die Krankheit in die hohlen Weidenbäume.

Eine Erinnerung an die weiblichen Baumfeen der früheren Zeiten sind die Geschichten der Baumfrauen, die in den Weidenbäumen wohnen und manchmal sogar mit den Menschen zusammenleben.
Aus Böhmen stammt eine Erzählung, die von einer Frau berichtet, welche sich Nacht für Nacht von Mann und Kindern hinwegschlich, um zu einer Weider am nahe gelegenen Bach zu gehen.
Der Mann folgte ihr eines Nachts und fällte am nächsten Tag die Weide. Doch im selben Augenblick, als der Baum fiel, stürzte auch seine Frau tot zu Boden. Da erkannte er, daß er eine Baumnymphe geheiratet hatte. Aus dem gefällten Baum wuchsen bald neue Weiden heran. Die Kinder schnitten sich aus den Zweigen Flöten, und wann immer sie auf diesen spielten, hörten sie die Stimme ihrer Mutter in den Weiden.
Auch die Palmweihe, die am Palmsonntag in der katholischen Kirche gefeiert wird, hat in den alten Fruchtbarkeitsfesten ihren Ursprung. Am Palmsonntag werden die blühenden Weidenzweige in der Kirche geweiht und zu Hause im Herrgottswinkel aufbewahrt.
Das Fest der Weidenzweige scheint so stark im Volk verwurzelt zu sein, daß die Kirche es nach der Christianisierung nicht unterdrücken konnte. Die Palmkätzchen stehen heute für die Palmzweige, die das Volk von den Bäumen brach, um sie beim Einzug Christi auf die Straße zu streuen.

Palmkätzchen werden die Blüten der Weiden zu Recht genannt, denn sie fühlen sich so weich wie das Fell junger Katzen an. Die Zweige sind im Frühjahr mit unzähligen kleinen Pelztierchen besetzt.
Eigentlich sind die Kätzchen noch gar nicht die fertigen Blüten. Sie sind nur der Haarschopf der dicht aneinandersitzenden Blüten, die noch in der Knospe versteckt schlummern.
An diesen Knospen kann man die Weide im Winter von anderen Bäumen unterscheiden: sie bestehen nur aus einer Schuppe.

Die Weide ist zweihäusig, die männlichen und weiblichen Blüten sitzen auf verschiedenen Bäumen. Es gibt also "Weidenmännlein" und "Weidenweiblein", wie alle Bäume, auch die einhäusigen, im Mittelalter eingeteilt wurden.
Damit die beiden zusammenkommen, scheiden die Blüten einen süßlichen, klebrigen Nektar aus, der im Frühjahr die eben ausgeschwärmten Bienen heranlockt. Diese krabbeln eifrig auf den Blüten herum

und bringen so die Pollen auf die Narben. Die Weide ist deshalb eine wichtige Bienen-Weide, denn so zeitig im Frühjahr gibt es noch wenig Blüten für die Bienen. Obstgartenbesitzer pflanzen die Weiden gern in die Nähe ihrer Obstbäume, damit die angelockten Bienen etwas später auch die Obstblüten bestäuben.

Die kleinen Samen mit den langen, wolligen Haaren gibt die Weide dem Wind, damit er sie an geeignete Plätze für neue Weidenbäumchen tragen kann. Die Samen müssen deshalb sehr leicht sein, sie bekommen kein Nährgewebe mit auf den Weg und müssen sich so mit dem Keimen beeilen. Ist ein Same auf einen geeigneten Platz gefallen, so beginnt er bald zu keimen, und ein neues Bäumchen wächst heran.

Diese Raschwüchsigkeit der Weiden wird nur noch von den Pappeln übertroffen. Beide, Pappel und Weide, gehören zur gleichen Familie, der Familie der Weidengewächse. Diese Familie besteht aus drei Schwestern, Weide, Pappel und Chosenia. Die Chosenia bildet ein Mittelding zwischen Weide und Pappel; sie kommt außerhalb ihrer Heimat Korea selten vor.

In den nördlichen gemäßigten Zonen gibt es ca. 300 verschiedene Weidenarten. Vom großen stattlichen Baum bis zum kriechenden Winzling ist alles vertreten. Wenige der Weidenarten entwickeln sich allerdings zu stattlichen Bäumen wie die Silberweide. Viele der Weiden sind Zwergsträucher, die sich hauptsächlich in Gebirgslagen eng am Boden halten. Die winzigsten darunter, die sich netzartig am Boden entlang ducken, hat der Botaniker Linné als die "kleinsten Bäume der Welt" bezeichnet. Die Weiden kreuzen sich sehr gern untereinander, neue Spielarten entstehen, so daß selbst Botanikern eine Unterscheidung der vielen Arten schwerfällt.

Bei uns wachsen einige Weidenarten, die ihre Eigenschaften so prägnant ausgebildet haben, daß man sie verhältnismäßig leicht voneinander unterscheiden kann.

Ich möchte mit der Trauerweide beginnen. In sie habe ich mich dieses Frühjahr verliebt, als ich sie an einem nebligen Frühlingsmorgen zwischen grauen Häuserblocks der Großstadt entdeckte. Die meisten Bäume standen noch traurig-kahl in den Vorgärten, während sie sanft mit zartgrünen, hauchdünnen Schleierzweigen winkte. Sie schien zu schweben.

So ähnlich scheint es Napoleon mit einer Weide auf Sankt Helena gegangen zu sein. Der Platz unter der Trauerweide war ihm der liebste, und er beharrte darauf, nach seinem Tode unter eben diesem Baum begraben zu werden.

Die Liebe Napoleons zu der Trauerweide scheint diese Bäume erst populär gemacht zu haben. Jeder Park und große Garten mußte jetzt auch seine Trauerweide haben. Noch heute gilt dieser Baum als klassischer Parkbaum.

Lange Zeit hat man angenommen, die Trauerweide stamme aus Babylon. Deshalb hat man sie mit dem botanischen Namen *Salix babylonica* belegt. Sie soll der Baum gewesen sein, unter dem die Juden während ihrer Gefangenschaft saßen und weinten.

"An den Wassern zu Babel saßen wir und weinten,
wenn wir an Zion gedachten.
An die Weiden
hängten wir unsere Harfen."

Nach diesem Psalm erhielten die Trauerweiden ihren Namen. Heute wissen wir, daß es nicht die Trauerweiden waren, an die sie ihre Instrumente hingen. Der Ursprungsort der Trauerweiden ist nicht das alte Babylon, sondern West-China. Dort, im Reich der Mitte, ist die Trauerweide ein sehr häufiger Park- und Alleebaum. Wie und wann der Baum von China nach Europa kam, ist unbekannt. Die alte babylonische, beziehungsweise chinesische Trauerweide wird jedoch heute nur noch selten angepflanzt. Sie hat sich als nicht genügend frostsicher erwiesen. Heute trauert bei uns eine Weidenart, die aus einer Kreuzung zwischen der alten Trauerweide und der Silberweide entstanden ist.

Auch die "einfache" Silberweide ist eine Augenweide. Ihre schmalen Blätter sind mit silbrigen Haaren bedeckt. Die großen Bäume leuchten hell wie von der Sonne bestrahlte Wolken. Die Silberweiden sind

die in Europa am häufigsten gepflanzte Weidenart. Die knorrigen Kopfweiden sind meist geköpfte Silberweiden. Ihre biegsamen Ruten werden gewässert und zum Flechten verwendet.
Die Bruch- oder Knackweide, *Salix fragilis*, macht ihrem Namen Ehre. Schon bei der leisesten Berührung brechen ihre Seitenzweige ab. Ihre Blätter sind auf der Oberseite hellgrün und glänzend gefärbt. Die Blattunterseite scheint blaugrün. Auch sie kann baumartig heranwachsen.
Die schönsten Kätzchen aber hat die Salweide, *Salix caprea*. Sie blüht als erste Weide, und ihre Kätzchen werden mit jedem Tag gelber und voller.

Das Holz der Weiden ist kein gefragtes Nutzholz. Nur wenige der einheimischen Weidenarten wachsen zu so großen Bäumen heran, daß es sich lohnte, sie zu Brettern und Balken zu sägen. Das Holz ist weich und besonders anfällig für Schädlinge. Man möchte dem Weidenholz nicht die Last eines tragenden Balkens anvertrauen. Nur die Silberweide hat es mit ihrem Holz zu bescheidenem Ruhm gebracht: es werden daraus Holzschuhe, Kricketschläger, Reißbretter, Zündhölzer und gelegentlich leichte Boote hergestellt. Auch für die Zelluloseherstellung ist es noch gut genug.
Die Weiden machen sich auf viele andere Arten nützlich. Früher wurden Schafe, Ziegen und Pferde zu den Weiden getrieben. Nachdem die Bäume kahlgefressen waren, begannen sie bald, wieder nachzuwachsen. Die größten ausgehöhlten Baumstämme wurden zu Backtrögen und manchmal zu kleinen plumpen Booten.
Die Rinde sammelte man, um damit zu gerben, und aus dem Absud der Blätter stellte man eine Farbe für Baumwolle her.
Die Weidenruten waren seit Jahrtausenden das Material zum Flechten von Körben und zum Befestigen von Wänden.
Sogar für die Samenwolle wußte man eine Verwendung: Kissen und Polster wurden damit gestopft.
Heute werden die Weiden zum Befestigen der Ufer auf Kahlschlägen und Ödland angepflanzt. Dort erschließen sie als Pionierpflanze den Boden, entwässern und befestigen ihn für weitere Pflanzungen.

Medizinische Verwendung

Die Rinde und Blätter der Weiden wurden bereits im klassischen Griechenland als Heilmittel verwendet. Die Ärzte verordneten die Zubereitungen daraus bei Fieber, Magen-Darmkrankheiten, Blutungen, Augenkrankheiten und zur Dämpfung der "Lust auf Liebe". So berühmte Heiler wie Hippokrates, Plinius, Hildegard v. Bingen, Albertus Magnus und Paracelsus lobten die Heilkraft der Weiden.
Heute wird in der Naturheilkunde hauptsächlich die Rinde der Silberweide und der Bruchweide verwendet.
Sie wirkt fiebersenkend, harn- und schweißtreibend, schmerzstillend, keimtötend und adstringierend.

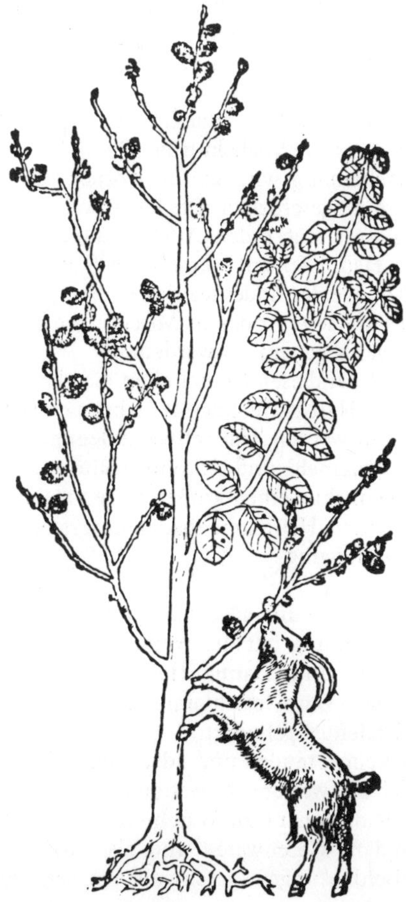

Als Fiebermittel hat die Weidenrinde lange mit der Chinarinde konkurriert. Dort wo eine Krankheit entsteht, wächst auch das Heilmittel. Von diesem Grundsatz ließen sich die Menschen wahrscheinlich leiten, als sie die Weiden als wichtiges fiebersenkendes Mittel einsetzten, denn die Weide bevorzugt als Standort feuchte und sumpfige Gelände.
Heute wird die Weidenrinde als gutes fiebersenkendes Mittel bei fieberhaften Infektions- und Erkältungskrankheiten und bei Arthritis und Neuralgien verordnet. Zur Bereitung des Weidenrindentees wird 1 Teelöffel der kleingeschnittenen Rinde über Nacht in 1 Tasse kaltes Wasser eingeweicht. Am nächsten Morgen kurz aufkochen. Tagesdosis: 2 Tassen.
Für den Tee wird die Rinde der ca. 3-jährigen Zweige im Frühjahr abgeschabt, zerkleinert und gut getrocknet.

Fiebertee

3 Teile Weidenrinde
1 Teil Enzianwurzel
2 Teile Fieberkleeblätter
2 Teile Wasserdostkraut
1 Teil Rosmarinblätter

1 Teelöffel der Kräutermischung mit 1 Tasse kaltem Wasser ansetzen, erhitzen und kurz aufkochen. Ziehen lassen und abseihen. Tagesdosis: 2 - 3 Tassen.

Ihren großen Ruhm erlangte die Weidenrinde als Rheuma- und Gicht-Heilmittel. Durch die vermehrte Harnausscheidung wird die im Körper angesammelte Harnsäure ausgeschieden. Die leicht schweißtreibende Wirkung unterstützt den Ausscheidungsprozeß auch über die Haut. Zudem werden die Schmerzen gelindert. Der Weidenrindentee kann bei Rheuma und Gicht als Einzeltee oder in Mischungen über längere Zeit kurmäßig getrunken werden.
Wichtig ist bei diesen Krankheiten die Umstellung der Ernährung. Harnsäurebildende Nahrungsmittel sollten weggelassen werden. Um Schweinefleisch, raffinierten Zucker, Weißmehl und Alkohol sollte man während einer Rheumakur einen großen Bogen machen. Moor- Schwefel- und Heublumenbäder unterstützen die innerliche Reinigung.

Die keimtötende und adstringierende, d.h. zusammenziehende Wirkung hat die Weidenrinde zu einem guten Magen- und Darmmittel gemacht. Durchfall, Ruhr, Magen-Darmverschleimung werden durch den reinen Rindentee gelindert.
Aus der keimtötenden und adstringierenden Wirkung ergibt sich ein weiteres Anwendungsgebiet: der Absud aus der Rinde dient zu Waschungen und Verbänden bei Wunden, Geschwüren und als Gurgelmittel bei Zahnfleischblutungen, geschwollenen oder entzündeten Mandeln.
Ein altes Rezept zur Herstellung eines Wundstreupulvers für offene Geschwüre und schlecht heilende Wunden: Weidenrinde und Lindenkohle werden zu gleichen Teilen gemischt. Beide müssen fein gepulvert sein.
Zu Bädern können Rinde und Blätter verwendet werden. Fußbäder aus Weidenrindenabsud helfen bei Fußschweiß.
Ein erfrischendes und stärkendes Fußbad für müde Füße nach langem Stehen:
1 Handvoll Beifuß
1 Handvoll Weidenblätter
1 Handvoll Rainfarnkraut

Die Kräuter, frisch oder getrocknet, in einem geschlossenen Topf mit 5 l Wasser aufkochen. Abseihen und für's Fußbad in einen Eimer oder eine Wanne füllen. Der Hauptwirkstoff der Weide ist das Glycosid Salicin. Es oxydiert im Körper zu Salicylsäure, die vom Körper aufgenommen wird und die eigentlich wirksame Substanz ist. 1898 ist eine synthetische Herstellung von Salicylsäureverbindungen gelungen. Der Stoff wurde Aspirin genannt und ist das bekannteste chemische Heilmittel geworden. Es entsteht heute als Abfallprodukt bei der Farbenherstellung, und die Weidenrinden-Vorräte in Apotheken und Kräuterhäusern wurden zu Ladenhütern.
Langsam beginnt man jedoch wieder, die reinen, pflanzlichen Heilmittel als Gesamtdroge zu schätzen. Sie enthalten in ihrer Gesamtheit eine ausgewogene Mischung verschiedenster Stoffe, die weniger Nebenerscheinungen hervorrufen als die isolierten oder synthetisch hergestellten Heilstoffe.

Weiden

Die Weiden: verwachsene Weiber,
gebeugt, mit zottigem Kopf,
zerlumpt sind ihre Röcke,
die Läuse nisten im Zopf.

Sie recken die dürren Arme
vereint zum Himmel auf.
Zu ihren verwurzelten Füßen
stockt der Wasserlauf.

Unter der Bohlenbrücke
liegt ertrunken ein Kind.
Aus faulenden Weidenstrünken
seine Glieder sind.

Ich weiß, daß die Weiden schreien
mitten im Sonnenlicht.
Ich gehe über die Brücke
und tu, als hört' ich es nicht.

*Günther Eich**

Botanische Erkennungszeichen

Silberweide

Vorkommen:	ganz Europa
Standort:	an Flußläufen, Auwäldern bis 1.800 m
Höhe:	bis 25 m
Rinde:	braun, im Alter dickborkig
Blätter:	wechselständig, lanzettlich, beidseitig dicht behaart
Blüten:	März - April, zweihäusig weibliche: grünliche Kätzchen, 3 - 5 cm lang männliche: gelbe Kätzchen
Früchte:	kleiner Same mit weißem Haarschopf
Sammelzeiten:	Rinde: Frühjahr Blätter: Frühjahr
Inhaltsstoffe:	Gerbstoffe, Salicin
Holz:	weiß-gelblich, feinporig, schwammig, weich

DER WEISSDORN

Crataegus

Familie der Rosengewächse – *Rosaceae*

Vom Himmel gefallenen Wölkchen gleich, leuchtet der blühende Weißdorn im Frühjahr. Seine stacheligen Zweige sind über und über mit weißen Blüten besetzt. In dieser Pracht fällt es nicht schwer, diesen Strauch der Familie der Rosengewächse zuzuordnen.

Am besten, man legt sich zu dieser Zeit selbst in seinen Blütenschatten und erfindet zu den vielen Geschichten, die sich um ihn ranken, eine neue.

Man ist dabei in bester Gesellschaft: Göttinnen und Götter längst vergangener Welten, Geister und Abergeister, Sichtbare und Unsichtbare, Hexen und Zaubermeister, sie alle haben diesen schönen Platz schon lange vor uns entdeckt.

Selbst Merlin, der weise Zauberer der keltischen Mythologie, ist dem Zauber dieses Platzes erlegen. Eigentlich hat Niniane, das schöne Mädchen, in das sich der greise Prophet unsterblich verliebte, etwas mitgeholfen:

Nachdem Merlin ihr all seine Künste verraten hatte, bannte sie ihn mit dem von ihm erworbenen Wissen unter einen Weißdornbusch. Nur sie selbst konnte den Bannkreis durchbrechen und ihn, wann immer sie wollte, besuchen.

Vielen fremdländischen Gesichtern begegnet man unter dem Weißdornbusch: zwischen einer Gruppe von römischen und griechischen Göttern erspähe ich eine wunderschöne Frau, und ich erfahre, daß sie eine Priesterin der Hethiter ist. Schon seit einigen tausend Jahren zelebriert sie am liebsten unter diesem Weißdornbusch ihre Reinigungszeremonie. Dem Kranken oder durch Sünde verunreinigten Menschen, der sie um Hilfe gebeten hat, gebietet sie, durch ein Tor aus Weißdornzweigen zu schreiten. Ich höre sie sprechen:*

"Du bist ein Weißdornstrauch,
im Frühling kleidest du dich weiß,
zur Zeit der Ernte aber kleidest du dich blutrot,
dem Schaf, das unter dir hinweggeht,
rupfst du das Wollvlies,
dem Rind, das unter dir hinweggeht,
rupfst du das Fell,
so ziehe auch eben diesem Opfermandanten,
der durch das Tor hindurchgeht
Böses, Unreinheit und den Zorn der Götter hinweg."

Bei ihren Worten fiel mir ein Spiel ein, das wir als Kinder sehr liebten. Zwei Kinder geben sich die Hände und bilden ein Tor, durch das die anderen von bestimmten Versen und Liedern begleitet durchziehen. In diesen alten Kinderspielen hat sich ein Brauch erhalten, der weit verbreitet bis ins 18. Jahrhundert hinein in ganz Europa ausgeübt wurde und der dem Ritual der Priesterin sehr ähnelt.

Aus biegsamen, stacheligen Zweigen formte man ein Tor, durch das der Kranke schreiten oder kriechen mußte. Die Krankheit sollte dabei einfach abgestreift werden. Zu diesem Ritual wurden oft die Weißdornzweige gebraucht.

In anderen Kulturen hat man den Weißdorn zum Zaubern verwendet, während in unserem Sprachgebiet der Weißdorn als Mittel zum Abwehren von Zauber bekannt war.

Zur Vertreibung böser Hexen z.B. nagelte man so viele Weißdornzweige an die Stalltüre, wie Kühe im Stall standen. Vielleicht haben unsere Vorfahren diesen Brauch von den Römern übernommen: dort nagelte man am 1. Juni über jede Tür einige Weißdornzweige, die die eulengestaltigen Geister der Krankheit vertreiben sollten. Die abwehrende Kraft des Weißdorn wollte man immer bei sich haben, und so trug man Amulette aus Weißdornholz.

Ich erwache aus meinen Weißdornträumen. Nah an meiner Blütenwolke vorbei rattert eine riesige Maschine. Auf den kleinen, durch Hecken getrennten Feldern haben diese Kolosse der Landwirtschaft nicht einmal Platz zum Wenden. Vielleicht wird deshalb dieser Weißdornbusch auch nicht mehr lange hier stehen. Der Einsatz von großen Landmaschinen kann von den Bauern nur auf großflächigen Weiden und Feldern rentabel betrieben werden. Bäume und Sträucher sind im Wege. Die Bäume werden gefällt, die Hecken entfernt und der Wasserlauf begradigt. Durch diesen Eingriff wird das ökologische Gleichgewicht gestört. Die Hecken zwischen den Feldern, die aus Weißdorn, Schlehe, Hainbuche usw. gebildet wurden, dienten einmal zur Einfriedung der Felder. Aus dem weiteren Namen des Weißdorns, Hagedorn, läßt sich der Zweck noch ablesen. Das mittelhochdeutsche Wort *"hag"* bedeutet Dorngebüsch, Umfriedung. Der Weißdorn sollte mit seinen stacheligen Ästen eine undurchdringliche Hecke zum Schutz der Felder bilden.
Dieser lebende Zaun hielt nicht nur unerwünschte Menschen und besonders Tiere ab, sondern er brach den Wind, der den Boden austrocknet und ihn abträgt und der heute ungehindert über die baum- und strauchlose Landschaft fegt.
Dieses undurchdringliche Gestrüpp ist genau der richtige Brutplatz für kleinere Vögel, die darin, vor Raubvögeln geschützt, ihre Nester bauen können. Und im Herbst gibt es dann rote Beeren zum Fressen. Diese große Vogelschar ernährt sich von den Insekten und lohnt es dem Bauern so auf ihre Art. Heute muß der Bauer selbst sehen, wie er mit den Schädlingen fertig wird. Er tut es mit einer immer größer werdenden Menge von Giftstoffen, die nicht nur die Schädlinge, sondern auch die bodenverbessernden Organismen zerstört.

Medizinische Verwendung

Die heilenden Kräfte des Weißdorns sind in der Volksmedizin sehr bekannt. In vielen Herzstärkungs-Mitteln ist der Weißdorn mit enthalten. Ohne schädigende Nebenwirkungen reguliert der Weißdorn die Herztätigkeit. Bei Kreislaufstörungen, Herzschwäche und Schwindel gebraucht man den Weißdorn. Besonders bei Herz- und Kreislaufschwäche während und nach Infektionskrankheiten hat sich der Weißdorn bewährt. Aber auch bei Bluthochdruck und Angina pectoris kann der Weißdorn die Heilung unterstützen. Der Weißdorn sollte aber über längere Zeit eingenommen werden. Man verwendet die Blüten, Blätter und Früchte und bereitet daraus einen Tee. Die Blüten werden mit kochendem Wasser übergossen; ziehen lassen und abseihen. 2 Teelöffel auf 1 Tasse Wasser. 2 - 3 Tassen täglich.

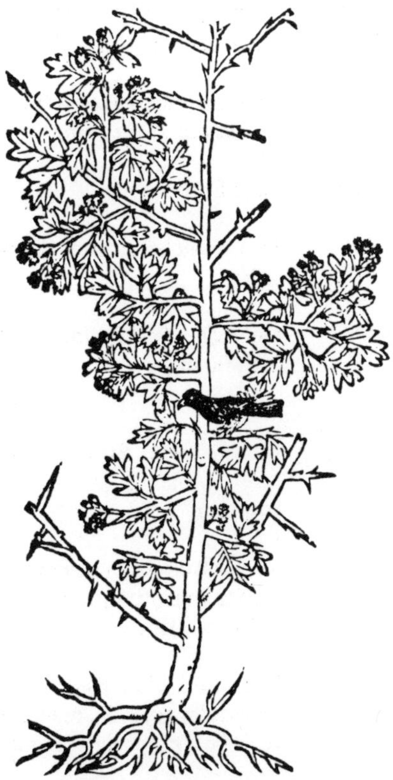

Der Tee aus den Blättern wird genauso zubereitet. Man kann auch Blätter und Blüten mischen. Die Beeren werden kurz aufgekocht.
Zur Bereitung von Herztropfen füllt man ein Glas zur Hälfte mit Blüten und Blättern und übergießt mit 45 %igem Weingeist. 3 Wochen an einem warmen Ort stehenlassen, abseihen und in Tropfflaschen füllen. Tagesdosis: 3 - 4 mal täglich 10 - 15 Tropfen.

Herzwein

2 Teile Weißdornblüten, -blätter und -früchte
2 Teile Goldmelissenkraut
1 Teil Ysop
Rotwein je nach Kräutermenge

Ein Glas mit den Kräutern, frisch oder getrocknet, 3/4 voll füllen. Mit einem guten Rotwein auffüllen und 3 Wochen an die Sonne oder einen warmen Platz stellen. Abseihen und in eine Weinflasche füllen. Likörglasweise genießen.

In der Tierheilkunde werden die Weißdornbeeren als stärkendes Futter für das Federvieh gebraucht. Eine Mischung aus getrockneten Weißdornbeeren, Vogelbeeren und Holunderbeeren ergibt ein gutes Zusatzfutter für Hühner, besonders in der Winterzeit.

Botanische Erkennungszeichen

	Zweigriffeliger Weißdorn *Crataegus oxyacantha*	**Eingriffeliger Weißdorn** *Crataegus monogyna*
Vorkommen	ganz Europa Im nördlichen Mitteleuropa häufiger als im südlichen	ganz Europa Im südlichen Mitteleuropa häufiger als im nördlichen
Standort	Gebüsche, Waldränder, kalkhaltiger Boden bis 900 m	Gebüsche, Waldränder, kalkhaltiger Boden, auch auf sandigem Boden bis 900 m
Höhe	bis 4 m hoher Strauch, selten Baum	Strauch oder bis 10 m hoher Baum
Rinde	rotbraun	rotbraun
Blätter	wechselständig, variierend, meist an der oberen Hälfte drei stumpfe Lappen, Nebenblättchen halbmondförmig	wechselständig, tief eingeschnitten, variierend, Nebenblättchen oft groß
Blüten	Mai - Juni, einhäusig weiß oder rosa, 2-, manchmal 3-griffelig, in aufrechten Trugdolden, kahle Blütenstiele	blüht 14 Tage später, weiß, meist nur 1 Griffel, Blütenstiele anfangs behaart
Früchte	blutrot, mit 2 oder 3 Kernen	blutrot, mit 1 Kern, selten mit 2
Sammelzeiten	Blüten: Mai - Juni Blätter: Mai - September Früchte: September - Oktober	
Inhaltsstoffe	Crataegussäure, Glycosid Oxyacanthin, Flavone, ätherische Öle	

Der Weißdorn und der Schlehdorn werden oft verwechselt. Hier einige sichere Unterscheidungsmerkmale:

	Weißdorn	**Schlehdorn**
Blätter	rautenförmig, gelappt	elliptisch, keine Lappen
Blüten	Blüten erscheinen **nach** den Blättern	Blüten erscheinen **vor** den Blättern
Rinde	aschgrau	braunschwarz
Früchte	rot	dunkelblau

Bildnachweis

S. 98 *Tacuinum Sanitatis – Das Buch der Gesundheit*, hrsg. von Luisa Cogliati Arano, Heimeran Verlag, München 1976. Seite 81

S.126 *Tacuinum Sanitatis – Das Buch der Gesundheit*, op. cit., Seite 55

Quellennachweis

S. 5 Gedichtzeile aus Günther Eich, "Ende eines Sommers", aus: *Gesammelte Werke, Die Gedichte.* Suhrkamp-Verlag, Frankfurt a.M., 1973.

S. 10 Hildegard von Bingen: *Naturkunde.* Otto Müller-Verlag, Salzburg, 1959. Seite 73

S. 11 aus: *Gesammelte Gedichte.* Literarischer Verlag Braun, Köln, 1977.

S. 23 "Birkenlegendchen" von Börries von Münchhausen (1874 - 1945), aus: *Das Balladenbuch des Freiherrn Börries von Münchhausen.* Deutsche Verlagsanstalt, Stuttgart, 1959. Seite 170

S. 31 aus: *Die Kunst, sich gesund zu erhalten.* Artemis-Verlag, Zürich/Stuttgart, 1964. Seite 18 (alter Text in neuer Übersetzung)

S. 43 Margarete Hansmann, "Landkarten - Engel der Geschichte", aus der Gedichtsammlung: *Ins Gedächtnis der Erde geprägt* (Schwäbisch Hall 1973). © – 1980 by Claassen Verlag GmbH, Düsseldorf

S. 47 Else Lasker-Schüler, aus "Die Eberesche", aus: *Gesammelte Werke in 3 Bänden.* Kösel Verlag, München, 1961/62 (zitiert nach *Insel-Buch der Bäume*, Seite 107).

S. 51 Hildegard von Bingen, op.cit., Seite 73

S. 56 Theodor Fontane, "Der Eibenbaum im Parkgarten des Herrenhauses", aus: "Wanderungen durch die Mark Brandenburg", Bd. 2, in *Sämtliche Werke.* Hanser-Verlag, München © 1967.

S. 63 Hermann Hesse, "Bäume", aus: *Wanderung.* Suhrkamp-Verlag, Frankfurt a.M., 1975.

S. 71 Hildegard von Bingen, op. cit., Seite 72

S. 89 Hildegard von Bingen, op. cit., Seite 68

S. 91 Hugo Schulz (Übers.), *Der Äbtissin Hildegard von Bingen Ursachen und Behandlung von Krankheiten.* Greifswald, 1932. Seite 171

S. 97 Hildegard von Bingen, op. cit., Seite 22

S.118 Karl Heinrich Waggerl, *Heiteres Herbarium.* Otto Müller-Verlag, Salzburg, Seite 40

S.131 Hermann Endrös u. Alfred Weitnauer: *Allgäuer Sagen.* Verlag des Heimatpflegers von Schwaben, Kempten, 1954. Seite 196

S.133 Günther Eich, aus "Abgelegene Gehöfte", in: *Gesammelte Werke, Die Gedichte.* Suhrkamp-Verlag, Frankfurt a.M., 1973.

S.140 Hildegard von Bingen, op. cit., Seite 72

S.158 Hildegard von Bingen, op. cit., Seite 71

S.173 aus: *Die Kunst, sich gesund zu erhalten.* Artemis-Verlag, Zürich, Stuttgart, 1964. Seite 18 (alter Text in neuer Übersetzung)

S.182 Günther Eich, "Weiden", aus: *Gesammelte Werke, Die Gedichte.* Suhrkamp-Verlag, Frankfurt a.M., 1973.

S.183 Volker Haas: *Magie und Mythen im Reich der Hethiter.* Merlin-Verlag, Hamburg, 1977. Seite 182

Literaturverzeichnis

Allgemeine Forstzeitschrift – erscheint bei der BLV-Verlagsgesellschaft München.

Bock, Hieronymus: *Kräuterbuch,* 1577. Reprint München, 1964.

Eich, Günther: *Gesammelte Werke, Die Gedichte.* Frankfurt a.M., 1973.

Endrös, Hermann u. Alfred Weitnauer: *Allgäuer Sagen.* Kempten, 1954.

Fontane, Theodor: *Sämtliche Werke* (Bd. 2). München, 1967.

Frazer, James, George: *Der Goldene Zweig.* Frankfurt a.M., 1977.

Gessner, Otto: *Gift- und Arzneipflanzen von Mitteleuropa.* Heidelberg, 1974.

Graves, Robert: *The White Goddess.* London, 1962.

Grohmann, Herbert: *Lesebuch der Pflanzenkunde.* Stuttgart, 1977.

Haas, Volker: *Magie und Mythen im Reich der Hethiter.* Hamburg, 1977.

Hammerbacher, H.W.: *Die Donareiche.* Heusenstamm, 1968.

Hansmann, Margarete: *Ins Gedächtnis der Erde geprägt.* Schwäbisch Hall, 1973.

Hesse, Hermann: *Wanderung.* Frankfurt a.M., 1975.

Hildegard von Bingen: *Heilkunde.* Salzburg, 1975.

Hildegard von Bingen: Naturkunde. *Salzburg, 1959.*

Kümmerly, Walter: *Die Wälder der Erde.* Stuttgart, 1966.

Lasker-Schüler, Else: *Gesammelte Werke.* München, 1961/62.

Lonicerus Adamus, 1679. Reprint München, 1962.

Madaus, Gerhard: *Lehrbuch der biologischen Heilmittel*, Bd. I - III. Leipzig, 1938.

Mannhardt, Wilhelm: *Der Baumkultus der Germanen und ihrer Nachbarstämme.* Berlin, 1875.

Marzell, Heinrich: *Bayerische Volksbotanik.* Nürnberg, 1925.

Marzell, Heinrich: *Ethnobotanische Streifzüge.* Freiburg, 1922.

Müller, Ferdinand: *Das große illustrierte Kräuterbuch.* Ulm, 1874.

Münchhausen, Börries von: *Das Balladenbuch des Freiherrn Börries von Münchhausen.* Stuttgart, 1959.

Neumann, Erich: *Die Große Mutter.* Zürich, 1956.

Pelikan, Wilhelm: *Heilpflanzenkunde.* Dornach, 1958 - 62.

Ripperger, Walther: *Grundlagen zur praktischen Heilpflanzenkunde.* Leipzig, 1937.

Schott, Rolf: *Die Kunst, sich gesund zu erhalten Regimen Sanitatis Salernitanum .* Zürich/Stuttgart, 1964.

Schulz, Hugo (Übers): *Der Äbtissin Hildegard von Bingen Ursachen und Behandlung der Krankheiten.* Greifswald, 1932.

Stern, Horst: *Rettet den Wald.* München, 1979.

Tabernaemontanus, Jakobus Theodorus: *Kräuterbuch.* 1731. Reprint München, 1975.

Tacuinum Sanitatis, hrsg. von Luisa Cogliati Arano. München, 1976.

Usteri, A.: *Pflanzenskizzen.* Dresden, 1935.

Waggerl, Karl Heinrich: *Heiteres Herbarium.* Salzburg, 1950.

Weiss, R.F.: *Lehrbuch der Phytotherapie.* Stuttgart, 1960.

Wirth, Hermann: *Um den Ursinn des Menschseins.* Wien, 1960.

Organisationen, die besonders zum Schutz des Waldes arbeiten

Stiftung Wald in Not
Wielandstr. 4
5300 Bonn 1, Tel. 0228/361295

Koordinationsbüro Waldsterben
Roonstr. 1
5800 Hagen, Tel. 02331/338768

Freudenstädter Aktionseinheit
gegen das Waldsterben
Postfach 570
7290 Freudenstadt, Tel. 07441/4337

Deutsche Waldjugend
Auf dem Hohenstein 3
5870 Hemer 3, Tel. 02372/6902

Schutzgemeinschaft Deutscher Wald
Meckenheimer Allee 79
5300 Bonn 1, Tel. 0228/658462

Deutsche Aktionsgemeinschaft
Kampf gegen das Waldsterben
c/o BUND, In der Raste 2
5300 Bonn 1, Tel. 0228/230001

Baumschutzgemeinschaft Berlin
Arnulfstr. 20
1000 Berlin 42, Tel. 030/21232690

Deutsche Umwelthilfe e. V.
Güttinger Straße 19
7760 Radolfszell, Tel. 07732/3028

Bei der Deutschen Umwelthilfe erhalten Sie Informationsmaterial über:
Schadbilder an Waldbäumen,
Was jeder einzelne gegen das Waldsterben tun kann,
Waldschadenskarte,
Der tropische Regenwald